MICHAEL
HYATT

SETZE DEINEN
FOKUS!

MICHAEL
HYATT

SETZE DEINEN
FOKUS!

EIN ABSOLUT EFFEKTIVES SYSTEM:
TUE WENIGER UND ERREICHE MEHR!

Michael Hyatt
Setze deinen Fokus
Ein absolut effektives System: Tue weniger und erreiche mehr!
1. deutsche Auflage 2021
ISBN 978-3-96257-239-6
© Narayana Verlag 2021

Titel der englischen Originalausgabe
FREE TO FOCUS
A TOTAL PRODUCTIVITY SYSTEM TO ACHIEVE MORE BY DOING LESS
Copyright ©2019 by Michael Hyatt
Originally published in English under the title *Free to Focus* by Baker Books, a division of Baker Publishing Group, Grand Rapids, Michigan, 49516, USA. All rights reserved.

Übersetzt aus dem Englischen von Joscha Barisch
Satz: Narayana Verlag GmbH
Cover Design: Micah Kandros Design
Coverabbildung: Shutterstock: ©Notion Pic (1403308610)
Coversatz: Narayana Verlag GmbH

Herausgeber:
Unimedica im Narayana Verlag GmbH, Blumenplatz 2, 79400 Kandern
Tel.: +49 7626 974 970-0
E-Mail: info@unimedica.de
www.unimedica.de

Alle Rechte vorbehalten. Ohne schriftliche Genehmigung des Verlags darf kein Teil dieses Buches in irgendeiner Form – mechanisch, elektronisch, fotografisch – reproduziert, vervielfältigt, übersetzt oder gespeichert werden, mit Ausnahme kurzer Passagen für Buchbesprechungen.
Sofern eingetragene Warenzeichen, Handelsnamen und Gebrauchsnamen verwendet werden, gelten die entsprechenden Schutzbestimmungen (auch wenn diese nicht als solche gekennzeichnet sind).
Die Empfehlungen in diesem Buch wurden von Autor und Verlag nach bestem Wissen erarbeitet und überprüft. Dennoch kann eine Garantie nicht übernommen werden. Weder der Autor noch der Verlag können für eventuelle Nachteile oder Schäden, die aus den im Buch gegebenen Hinweisen resultieren, eine Haftung übernehmen.
Der Verlag schließt im Rahmen des rechtlich Zulässigen jede Haftung für die Inhalte externer Links aus. Für Inhalte, Richtigkeit, Genauigkeit, Vollständigkeit, Qualität und/oder Verwendbarkeit der dargestellten Informationen auf den verlinkten Seiten sind ausschließlich deren Betreiber verantwortlich.

Inhalt

IN DEN FOKUS GERÜCKT 1

SCHRITT 1 STOPP 15

1. VISIONIEREN: Entscheiden Sie, was Sie wollen 17

2. EVALUIEREN: Legen Sie Ihren Kurs fest 37

3. REGENERIEREN: Geben Sie Körper und Geist seine
Energie zurück 61

SCHRITT 2 SCHNITT 87

4. ELIMINIEREN: Trainieren Sie das „Nein-Sagen" 89

5. AUTOMATISIEREN: Treten Sie selbst einen Schritt zurück 115

6. DELEGIEREN: Klonen Sie sich – und bessere Lösungen 139

SCHRITT 3 HANDELN 165

7. VERDICHTEN: Planen Sie Ihre Ideale Woche! 167

8. ORGANISIEREN: Priorisieren Sie Ihre Aufgaben 191

9. AKTIVIEREN: Schluss mit Unterbrechungen und
                 Ablenkungen 217

BRINGEN SIE IHREN FOKUS AUF TOUREN! 237

DANKSAGUNG 243

QUELLEN 247

INDEX 259

ÜBER DEN AUTOR 267

STIMMEN ZUM BUCH 269

In den Fokus gerückt

> Was wird Ihr Leben am Ende anderes gewesen sein als die Summe all dessen, worauf Sie sich fokussiert haben?
> OLIVER BURKEMAN

„Ich glaube, ich habe einen Herzinfarkt!" Von allen Sätzen, die man sagen kann, um ein entspanntes Abendessen zu beenden, ist dieser sicher einer der unangenehmsten.

Ich arbeitete damals als Verlagsleiter und war gerade geschäftlich in Manhattan. Ein Kollege und ich beendeten gerade nach einem anstrengenden Tag ein köstliches Essen, als die Brustschmerzen begannen. Ich wollte meinen Freund nicht beunruhigen oder mich selbst in Verlegenheit bringen, also ignorierte ich sie eine Zeit lang, in der Hoffnung, sie würden vorübergehen. Das taten sie aber nicht. Ich lächelte und lachte, bekam aber immer weniger von dem mit, was mein Freund sagte. Ich geriet in Panik, versuchte aber weiterhin, den Schein zu wahren. Der Schmerz wurde stärker. Der Raum verengte sich. Schließlich brach dieser Satz einfach aus mir heraus.

Mein Freund reagierte sofort. Er bezahlte unsere Rechnung, rief ein Taxi und verfrachtete mich umgehend ins nächste Krankenhaus. Nach einigen Voruntersuchungen berichtete der Arzt, dass meine Vitalwerte in Ordnung seien. Es war also doch kein Herzinfarkt. Nach einer gründlicheren Untersuchung stellte auch mein Hausarzt nichts fest. Ich war völlig gesund! Außer, dass ich es eben nicht war. Im Laufe des nächsten Jahres fand ich mich noch zwei weitere Male im Krankenhaus wieder. Jedes dieser Ereignisse verlief genau wie das erste. Die Ärzte versicherten mir immer wieder, dass mein Herz gesund sei, aber ich wusste, dass etwas nicht stimmte.

In meiner Verzweiflung machte ich einen Termin bei einem der Top-Kardiologen in meiner Heimatstadt Nashville. Er unterzog mich einer Reihe von Tests und rief mich, sobald die Ergebnisse vorlagen, in sein Büro. „Michael, Ihr Herz ist in Ordnung", sagte er. „Tatsächlich sind Sie in bester Verfassung. Ihr Problem besteht in zwei Dingen: Sodbrennen ... und Stress." Er sagte, dass ein Drittel der Menschen, die mit Brustschmerzen zu ihm kamen, unter Sodbrennen litten, und den meisten davon stand der Stress bis zum Hals. „Um den Stress sollten Sie sich kümmern", warnte er mich. „Wenn Sie ihm nicht Priorität einräumen, werden Sie bald wieder hier auftauchen – dann mit einem echten Herzproblem."

Ich war genau wie die überarbeiteten, überlasteten Menschen, von denen er mir erzählte. Solange ich mich zurückerinnern konnte, hatte ich ein verrücktes Pensum. Und die Arbeit schien nie weniger zu werden. Damals leitete ich in meiner Firma eine Abteilung und versuchte, eine fast unmögliche Wende herbeizuführen (mehr dazu später). Ich hatte mehr Prioritäten, als ich zählen konnte, und wurde in hundert verschiedene Richtungen gezogen. Ich stand im Zentrum eines jeden Prozesses. Ich erhielt jeden Telefonanruf, jede E-Mail, jede Textnachricht. Ich war rund um die Uhr im Dienst, in einem unaufhörlichen Wirbel von Projekten, Besprechungen und Aufgaben – ganz zu schweigen von Notfällen, Unterbrechungen und Ablenkungen. Meine Familie war überstrapaziert, meine Energie und mein Enthusiasmus ließen nach und jetzt litt auch noch meine Gesundheit. Irgendetwas musste geschehen.

Unser Leben in der Ablenkungsökonomie

Mein Problem bestand damals darin, dass ich zu viel tat – und das meiste davon im Alleingang. Später erkannte ich, dass sich auf alles zu fokussieren in Wirklichkeit bedeutet, dass man gar keinen Fokus hat. Es ist fast unmöglich, irgendetwas von Bedeutung zu erreichen, wenn man durch eine endlose Litanei von Aufgaben und Notfällen rennt. Und doch verbringen viele von uns genauso ihre Tage, Wochen, Monate und Jahre – manchmal sogar ihr ganzes Leben.

Eigentlich sollten wir es inzwischen besser wissen. Seit Jahrzehnten leben und handeln wir in einer sogenannten Informationsökonomie. In den Jahren 1969 und 1970 sponserten die Johns Hopkins University und die Brookings Institution eine Reihe von Konferenzen über die Auswirkungen der Informationstechnologie. Einer der Redner, Herbert Simon, war ein Professor für Informatik und Psychologie an der Carnegie Mellon University. Später erhielt er für seine wirtschaftswissenschaftliche Arbeit den Nobelpreis. In seinem Vortrag warnte er davor, dass das Wachstum der Informationen zu einer Belastung werden könnte. Warum? „Informationen verbrauchen die Aufmerksamkeit ihrer Empfänger", erklärte er, und „eine Fülle von Informationen schafft ein Aufmerksamkeitsdefizit."[1]

Informationen sind nicht länger ein knappes Gut. Nun ist es Aufmerksamkeit. Tatsächlich wird in einer Welt, in der Informationen frei verfügbar sind, Aufmerksamkeit zu einer der wertvollsten Ressourcen der Arbeitswelt. Doch für die meisten von uns ist die Arbeit gerade der Ort, an dem sie am wenigsten zu finden ist. In Wahrheit leben und arbeiten wir in einer Ablenkungsökonomie. Wie der Journalist Oliver Burkeman sagt: „Ihre Aufmerksamkeit wird den ganzen Tag über von Spam-Mails überschwemmt."[2] Den ständigen Fluss von Inputs und Unterbrechungen einzudämmen, kann uns tatsächlich wie ein Ding der Unmöglichkeit erscheinen.

Denken Sie zum Beispiel an E-Mails. Insgesamt werden pro Minute über 200 Millionen E-Mails verschickt.[3] Einige von uns beginnen ihren Arbeitstag mit einigen hundert ungelesenen Mails, während gerade hunderte weitere auf dem Weg sind.[4] Doch damit nicht genug. Nehmen Sie dazu all die Daten-Feeds, Telefonanrufe, Texte, Drop-in-Besuche, Sofortnachrichten, pausenlose Meetings und unvorhergesehene Probleme, von denen unsere Telefone, Computer, Tablets und unsere Arbeitsplätze überschwemmt werden. Untersuchungen zeigen, dass wir im Durchschnitt alle drei Minuten unterbrochen oder abgelenkt werden.[5] „Obwohl die digitale Technologie zu erheblichen Produktivitätssteigerungen geführt hat", meint Rachel Emma Silverman vom *Wall Street Journal*, „scheint der moderne Arbeitsalltag wie geschaffen dafür, den individuellen Fokus zu zerstören."[6]

Wir alle haben das schon erlebt. Unsere Geräte, Apps und Tools lassen uns glauben, dass wir Zeit sparen und hyperproduktiv sind. In Wirklichkeit vertrödeln die meisten von uns den Tag damit, Aktivitäten mit wenig Wert nachzugehen. Wir investieren unsere Zeit nicht in große und wichtige Projekte. Stattdessen werden wir von winzigen Aufgaben tyrannisiert. Zwei Arbeitsprozess-Berater stellten fest, dass „etwa die Hälfte der Arbeit, die Menschen leisten, nicht dazu beiträgt, dass die Organisationen, für die sie arbeiten, ihre Ziele erreichen." Mit anderen Worten: Die Hälfte allen Aufwands und aller investierten Stunden bringen dem Unternehmen gar nichts im Gegenzug für all die Hektik. Sie nennen das „Scheinarbeit"[7]. Wir tun mehr und gewinnen weniger, was eine große Lücke zwischen dem entstehen lässt, was wir erreichen wollen, und dem, was wir tatsächlich erreichen.

Die Kosten der Verschwendung

Die Kosten all dieser vergeudeten Zeit und falsch eingesetzten Talente sind schwindelerregend. Je nach Studie beträgt der Zeitverlust pro Tag für Büroangestellte drei Stunden oder mehr – bis zu sechs Stunden.[8] Nehmen wir an, Sie arbeiten 250 Tage im Jahr (365 Tage abzüglich Wochenenden und zwei Wochen Urlaub). Das wären dann 750 bis 1.500 Stunden Ausfallzeit pro Jahr. Der Schaden für die US-Wirtschaft beläuft sich damit auf bis zu eine Billion US-Dollar.[9] Aber das ist zu abstrakt.

Denken Sie stattdessen an all die ins Stocken geratenen Initiativen, die verschobenen Projekte und das nicht realisierte Potenzial – insbesondere an *Ihre eigenen* ins Stocken geratenen Initiativen, verschobenen Projekte und Ihr eigenes nicht realisiertes Potenzial. Ich habe im Laufe der Jahre Tausende von vielbeschäftigten Führungskräften und Unternehmern beraten. Und das bekomme ich von meinen Klienten am häufigsten zu hören: Der Geldwert der Produktivitätsverluste ist zwar bedeutsam, aber er ist nicht das, was wirklich wehtut. Es sind all die Träume, die ungelebt bleiben, die Talente, die vertrocknen, und die Ziele, die nicht verfolgt werden.

Zwischen den Projekten, die wir verwirklichen wollen, und der Flut anderer Aktivitäten – einigen, die tatsächlich wichtig sind, und anderen, die es nur zu sein scheinen – fühlen wir uns erschöpft, desorientiert und überfordert. Laut Gallup beklagt sich etwa die Hälfte von uns darüber, dass wir nicht genug Zeit haben, um das zu tun, was wir tun wollen. Bei den 35- bis 54-Jährigen oder bei Menschen mit Kindern unter 18 Jahren liegt die Zahl höher – bei mehr als 60 Prozent.[10] In ähnlicher Weise gaben sechs von zehn von der American Psychological Association befragten Personen im Jahr 2017 an, dass sie bei der Arbeit gestresst seien, und fast vier von zehn sagten, dies sei nicht das Ergebnis eines einmaligen Projekts, sondern eine Konstante in ihrem Arbeitsleben.[11] Stress hat auch positive Aspekte. Dass wir unter permanenter Anspannung stehen und das, was uns wichtig ist, nicht mehr umsetzen können, gehört sicher nicht dazu.

Die einzige Möglichkeit, diese Kosten aufzufangen, scheint darin zu bestehen, dass wir zulassen, dass die Arbeit Besitz von unseren Nächten ergreift und in unsere Wochenenden vordringt. So ergab eine Studie des Center for Creative Leadership, dass sich Berufstätige mit Smartphones – und das sind inzwischen so gut wie alle von uns – mehr als 70 Stunden mit ihrer Arbeit beschäftigen.[12] Laut einer vom Softwareunternehmen Adobe in Auftrag gegebenen Studie verbringen US-Arbeitnehmer jeden Tag mehr als sechs Stunden damit, E-Mails abzurufen. Um Zeit für den Rest des Arbeitstages zu gewinnen, checken 80 Prozent ihre E-Mails, bevor sie ins Büro gehen, und 30 Prozent, bevor sie morgens aufstehen.[13] Laut einer anderen Studie von GFI Software checken fast 40 Prozent von uns nachts nach 23 Uhr noch ihre Mails und drei Viertel von uns tun das auch am Wochenende.[14] Berichten zufolge scheint es bei Team-Chat-Apps genauso zu sein, möglicherweise noch schlimmer.

Es ist, als ob wir auf der falschen Seite des Spiegels arbeiten, wie es bei *Alice hinter den Spiegeln* geschildert wird, der Fortsetzung von *Alice im Wunderland*. „Sehen Sie, hier muss man so schnell rennen, wie man nur kann, um an der gleichen Stelle zu bleiben", sagt die Rote Königin zu Alice. „Wenn man irgendwo anders hin will, muss man mindestens doppelt so schnell rennen!"[15] Um das Tempo zu halten, greifen manche Menschen zu Amphetaminen und Psychedelika, um sich einen Vorsprung zu verschaffen.[16] Selbst wenn wir die angeblichen Vorteile kognitiv fördernder Drogen zugeben und gesundheitliche und soziale Belange herunterspielen wollen: Was für eine Welt erschaffen wir da für uns, in der wir unsere Neurochemie frisieren müssen, um wettbewerbsfähig zu bleiben?

Dieses Gerenne bringt seine ganz eigenen Kosten mit sich. Es trägt nicht nur unmittelbar dazu bei, dass wir uns ständig gestresst fühlen. Lange Arbeitszeiten schädigen unsere Gesundheit und unsere Beziehungen und rauben unseren persönlichen Interessen die Zeit, die sie eigentlich verdienen. Wenn Sie am Abend noch gehetzt sind, leidet Ihr Schlaf darunter. Wenn Sie früh ins Büro aufbrechen, lassen Sie den morgendlichen Lauf ausfallen. Wenn Sie beim Fußballspiel Ihrer Kinder E-Mails checken, verpassen Sie dabei den entscheidenden Moment, der der Mannschaft zum Sieg verhilft. Wenn Sie sich spät noch einmal an Ihre Präsentation setzen, müssen Sie das Date mit Ihrem Partner verschieben – schon wieder.

Die Kosten bestehen in dem, was wir dafür aufgeben müssen. Jeden Tag fällen wir ständig Urteile, anhand derer wir uns entscheiden, was unseren Fokus wirklich verdient. Leider muss ich sagen, dass ich mich zu Beginn meiner Karriere viel zu oft für geschäftiges Arbeiten entschieden habe. Mittlerweile weiß ich, dass solche Zugeständnisse es mir unmöglich machen, meinen wirklich wichtigen Aufgaben, meiner Gesundheit, meinen Beziehungen und meinen persönlichen Interessen die Zeit und Aufmerksamkeit zu widmen, die sie verdienen. Und wie Oliver Burkeman sagt: „Was wird Ihr Leben am Ende anderes gewesen sein als die Summe all dessen, worauf Sie sich konzentriert haben?"[17]

Das Tempo in der Ablenkungsökonomie kann unerbittlich sein. Wie oft fühlen Sie sich wie Alice: Sie müssen so schnell rennen, wie Sie können, nur um zu bleiben, wo Sie gerade sind – und doppelt so schnell, um voranzukommen?

Kontraproduktive Produktivität

Um diese Kosten auszugleichen, greifen viele von uns auf Produktivitätssysteme zurück. Wenn wir wie Alice ins Hintertreffen geraten, denken wir, sollten wir vielleicht einfach schneller rennen! Also suchen wir nach Ratschlägen und Tipps im Internet. Wir durchforsten Onlineshops und App Stores nach Ideen und Tools, um unsere Zeit besser zu verwalten und unsere Effizienz zu steigern.

Genau das habe ich auch getan. Nach dem Schrecken, den mir mein Herz eingejagt hat, wusste ich, dass mein Tempo so nicht mehr durchzuhalten war. Es musste einen besseren Weg geben. Ich beschäftigte mich mit jedem Produktivitätssystem, das ich finden konnte. Ich habe sie alle ausprobiert, mit ihnen experimentiert und sie optimiert. Nach und nach begann es sich auszuzahlen und ich fing an, meine Entdeckungen und Erfahrungen mit anderen auszutauschen. Aus diesem Grund habe ich vor 15 Jahren meinen Blog gestartet. Er diente als Produktivitätslabor für mich und meine Leser. Obwohl ich damals CEO eines großen Verlagshauses war, wurde ich als Produktivitätsexperte anerkannt. Später gründete ich dann ein Unternehmen für die Weiterbildung von Führungskräften und heute betreue ich Hunderte von Kunden und bringe jedes Jahr Tausenden bei, was ich über Produktivität weiß.

Damals suchte ich nach einer Möglichkeit, mehr Arbeit – oder zumindest die gleiche Menge ein wenig schneller – zu erledigen, ohne mich dabei umzubringen. Aber ich fand schnell heraus, dass die Lösung nicht darin bestehen konnte, mit der Roten Königin Schritt zu halten. Der Durchbruch kam, als mir klar wurde, dass die meisten „Lösungen" für Produktivität die Dinge sogar noch schlimmer machen. Wenn ich mit Unternehmern, Managern und anderen Führungskräften arbeite, sagen diese mir am Anfang für gewöhnlich, dass sie unter Produktivität verstünden, schneller mehr zu tun. Das liegt daran, dass unsere Vorstellungen von Produktivität aus dem Industriezeitalter stammen. Damals führten die Menschen eine klar definierte Reihe von repetitiven Aufgaben aus und der Gewinn wurde durch marginale Anpassungen in der Ausführung verbessert. Aber das ist eigentlich nicht meine Aufgabe. Es ist auch nicht die der Menschen, die ich betreue. Und ich wette, es ist auch nicht Ihre Aufgabe. Heute üben wir erstaunlich viele unterschiedliche Tätigkeiten aus. Und zum Endergebnis tragen wir hauptsächlich durch neue Projekte bei, nicht durch kleine Verbesserungen bestehender Prozesse.

Und das ist die Wurzel des Übels: Indem wir mit einer veralteten Denkweise an Produktivität herangehen, fordern wir einen Burn-out heraus, was wir ja gerade vermeiden wollen, und erreichen nie unser wahres Potenzial. Niemand kann mit der Roten Königin mithalten. Und wenn man in die falsche Richtung unterwegs ist, bringt es sowieso nichts, schneller zu rennen. Es ist an der Zeit, das ganze Modell zu überdenken.

Ein neuer Ansatz

Die produktivsten unter den Führungskräften, die ich coache, wissen, dass es bei Produktivität nicht darum geht, mehr Dinge zu erledigen, sondern darum, die richtigen Dinge zu tun. Es geht darum, jeden Tag in Klarheit zu beginnen und zufrieden zu beenden – mit dem Gefühl, etwas geschafft zu haben und noch verbleibender Energie. Es geht darum, mehr zu erreichen, indem man weniger tut, und in diesem Buch zeige ich Ihnen, wie das geht.

Setze deinen Fokus ist ein umfassendes Produktivitätssystem, das drei einfachen Schritten folgt, die jeweils aus drei Aktionen bestehen. Ich habe die Schritte so angeordnet, dass Sie optimal in Fahrt kommen, also widerstehen Sie bitte der Versuchung, etwas zu überspringen.

Schritt 1: Stopp. Ich weiß, was Sie jetzt denken: „Stopp? Das kann nicht das richtige Wort sein. Sollte der erste Schritt in einem Produktivitätssystem nicht ‚Los geht's!' lauten?" Nein. In der Tat ist das der Punkt, bei dem die meisten üblichen Produktivitätssysteme falsch liegen: Sie zeigen Ihnen sofort, wie Sie besser oder schneller arbeiten können, halten aber nie inne, um zu fragen: *Wofür eigentlich? Worin liegt der Zweck der Produktivität?* Bei der Antwort darauf geht es ums Ganze. Wenn man nicht zuallererst weiß, *wofür* man arbeitet, kann man auch nicht richtig einschätzen, *wie* man arbeiten sollte. Aus diesem Grund schlägt *Setze deinen Fokus* vor, dass man zunächst aufhören muss, um wirklich beginnen zu können.

Als erstes werden Sie *Visionieren*. Das wird Ihnen helfen zu klären, was Sie von Ihrer Produktivität erwarten. Wir werden Produktivität einen neuen Rahmen geben, sodass sie zur Realität passt statt zu der Welt auf der falschen Seite des Spiegels.

Zweitens: *Evaluieren*. Schauen Sie sich Ihre Aktivitäten an und unterscheiden Sie diejenigen mit echter Wirkung, also einem tatsächlichen Impact, von Kleinkram mit geringer Hebelwirkung. Sie werden hier auch ein Werkzeug entdecken, das die Art und Weise, wie, wann und wofür Sie den Großteil Ihrer Energie aufwenden, völlig revolutionieren wird, wenn Sie es richtig einsetzen. Schließlich werden Sie sich *Regenerieren*, indem Sie herausfinden, wie Sie Ruhephasen aktiv zur Verbesserung Ihrer Leistung nutzen können.

Schritt 2: Schnitt. Sobald Sie eine klare Vorstellung davon haben, wo Sie stehen und was Sie wollen, ist es Zeit für Schritt 2: Machen Sie einen Schnitt! Sie werden feststellen, dass das, was Sie nicht tun, für Ihre Produktivität genauso wichtig ist wie das, was Sie tun. Michelangelo hat David nicht durch das Hinzufügen von Marmor geschaffen. Sind Sie bereit, Ihren Meißel herauszuholen?

Zuerst werden Sie *Eliminieren*. Sie werden die beiden mächtigsten Worte in Sachen Produktivität entdecken und erfahren, wie Sie sie verwenden können, um die Zeiträuber in die Flucht zu schlagen, die Ihnen Ihre Stunden stehlen. Zweitens werden Sie *Automatisieren*. Hier werden Sie Zeit und Aufmerksamkeit zurückgewinnen, indem Sie Aufgaben mit geringem Impact ohne großen Aufwand nebenbei erledigen. Schließlich werden Sie *Delegieren*. Viele schrecken vor diesem Wort zurück, aber machen Sie sich keine Sorgen: Ich zeige Ihnen eine effektive Methode, mit der Sie sich Arbeit vom Hals schaffen und dennoch sicherstellen können, dass sie nach Ihren Standards erledigt wird.

Schritt 3: Handeln. Nachdem alles Unwesentliche weggelassen wurde, ist es nun Zeit zum Handeln. In diesem Abschnitt erfahren Sie, wie Sie die Aufgaben mit hohem Impact in kürzerer Zeit und, was noch wichtiger ist, mit weniger Stress erledigen können.

Produktivität bedeutet nicht, mehr Dinge zu erledigen; vielmehr gilt es, die richtigen Dinge zu erledigen

Ihre erste Aufgabe hier besteht im *Konzentrieren*. Nutzen Sie drei verschiedene Aktivitätskategorien für sich und maximieren Sie so Ihren Fokus. Als nächstes werden Sie *Organisieren*. Damit meine ich, dass Sie lernen, Aufgaben so zu strukturieren, dass sie in Ihren Zeitplan passen. So halten Sie die Tyrannei der Dringlichkeiten in Schach. Zuletzt werden Sie *Aktivieren*, indem Sie Unterbrechungen und Ablenkungen beseitigen und Ihre einzigartigen Fähigkeiten und Fertigkeiten optimal zum Einsatz bringen.

Auf dem Weg werden Sie einige der Klienten kennenlernen, die ich gecoacht habe und die diese Lektionen in ihrem Leben umgesetzt haben. Ich werde Ihnen zeigen, wie Sie das ebenfalls erreichen können. Jede der neun Aktionen endet mit Übungen, die Ihnen helfen, diese Schritte sofort in die Praxis umzusetzen. Lassen Sie diese Übungen nicht aus. Sie sind maßgeschneidert, um Ihnen zum Erfolg zu verhelfen. Die Tage, an denen Sie durch pausenlose Unterbrechungen und eine außer Kontrolle geratene To-do-Liste aus der Bahn geworfen wurden, sind gezählt. Die Nächte, in denen Sie nach einem anstrengenden Tag erschöpft im Bett lagen, ohne sich sicher sein zu können, tatsächlich etwas erreicht zu haben, sind vorbei.

Es ist an der Zeit, in Ihrem Leben den Reset-Knopf zu drücken und endlich ein System einzurichten, das es Ihnen ermöglicht, die Zeit und Energie zur Verwirklichung Ihrer wichtigsten Ziele zu finden – sowohl im Büro als auch in Ihrem Privatleben.

Können Sie sich das vorstellen? Können Sie sich einen Zustand vorstellen, in dem Sie die volle Kontrolle darüber haben, was Sie mit Ihrer Zeit anfangen, in dem *Sie selbst* entscheiden, wie Sie Ihre kostbare Energie einsetzen? Und Sie abends nach einem ausgefüllten und befriedigenden Tag noch voller Energie zu Bett gehen? Ich hoffe, das können Sie, denn diese Zeit wird kommen. Sie können tatsächlich mehr erreichen, indem Sie weniger tun. Machen Sie den ersten Schritt und entdecken Sie, wie das funktioniert.

ÜBERPRÜFEN SIE IHRE PRODUKTIVITÄT

Bevor wir anfangen, empfehle ich Ihnen, das „Free to Focus Productivity Assessment" abzuschließen, falls Sie das noch nicht getan haben. Gehen Sie auf FreeToFocus.com/assessment (Anm. d. Verlags: Alle Inhalte auf der Website von Michael Hyatt sind nur in englischer Sprache verfügbar). Diese Free To Focus – Übungstools, auf die stellenweise verwiesen wird, sind rein optionale Hilfen, die zum Verständnis und für die Anwendung dieses Buchs nicht notwendig sind und übersprungen werden können. Es geht schnell und ist einfach und wichtig, eine Grundeinschätzung Ihrer aktuellen Produktivität zu erhalten. Machen Sie sich nicht selbst fertig, wenn Ihre Punktzahl niedrig ist. Deshalb haben Sie doch dieses Buch gekauft, oder nicht? Einiger Probleme sind Sie sich bereits bewusst – es macht also keinen Sinn, sie jetzt verbergen zu wollen. Wenn Sie andererseits eine hohe Punktzahl erreichen, glauben Sie nicht, dass Sie das Buch schon beiseitelegen können. Ganz gleich, wie gut Sie momentan schon sind: Für diejenigen, die sich ihrer Sache verschreiben, gibt es immer einen nächsten Level des Erfolgs. Ihren persönlichen Produktivitäts-Score erhalten Sie unter FreeToFocus.com/assessment.

SCHRITT 1

STOPP

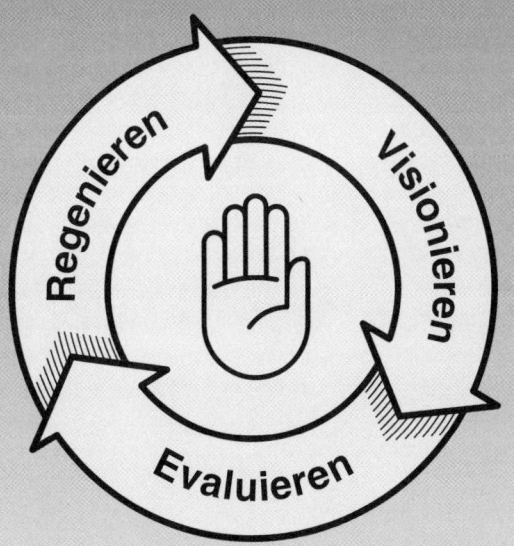

1

Visionieren

Entscheiden Sie, was Sie wollen

„Würdest du mir bitte sagen, welchen Weg ich einschlagen muss?"

„Das hängt in beträchtlichem Maße davon ab, wohin du gehen willst."

ALICE IM WUNDERLAND

Erinnern Sie sich an die Szene aus der amerikanischen Sitcom der 1950er-Jahre *I Love Lucy*, in der Lucy und Ethel in einer Schokoladenfabrik eingestellt werden? Ihre Aufgabe besteht darin, Pralinen einzupacken, die auf einem Fließband vorbeilaufen. Die Vorarbeiterin droht ihnen mit Entlassung, sollte ein einziges Stück unverpackt an ihnen vorbeirutschen. Die beiden legen einen guten Start hin, aber innerhalb von Sekunden rasen die Süßigkeiten nur so an ihnen vorbei. Lucy und Ethel beginnen, sie sich in den Mund zu stecken und füllen ihre Hüte mit

18 STOPP

Wohin mit all den zusätzlichen Aufgaben, Fragen und Aufträgen, mit denen wir auf der Arbeit überhäuft werden? Wenn wir es irgendwie schaffen, damit fertigzuwerden, ist unsere Belohnung wie bei Lucy und Ethel oft noch mehr Arbeit.

dem Überschuss. Als der Ansturm schließlich aufhört, kommt die Vorarbeiterin, um ihre Arbeit zu inspizieren. Sie kann nicht sehen, dass Lucy und Ethel die unverpackten Süßigkeiten versteckt haben, sodass es so aussieht, als hätten sie ganze Arbeit geleistet. Und worin besteht ihre Belohnung? Die Vorarbeiterin lässt das Band noch schneller laufen.

Fast jeder, den ich kenne, hat sich schon einmal gefühlt wie Lucy und Ethel, auch ich. Einigen von uns geht es die meiste Zeit so. Für uns sind es keine Pralinen, die an uns vorüberrasen. Es sind E-Mails, Texte, Telefonanrufe, Berichte, Präsentationen, Meetings, Termine – ein endloses Fließband voller neuer Dinge, die es zu tun, in Ordnung zu bringen oder zu überdenken gilt. Wir sind so produktiv, wie es nur geht, aber wir können eben nur ein gewisses Maß bewältigen.

Also schaufeln wir mit den zusätzlichen Aufgaben unsere Nächte voll und füllen unsere Wochenenden mit Projekten, die wir während der Arbeitswoche nicht fertigbekommen. All das stapelt sich auf unserem geistigen Fließband und erfordert geistige, emotionale und körperliche Energie. Deshalb beschäftigen wir uns mit Produktivitätstipps und Hacks – um Wege zu finden, bei jeder der Millionen Aufgaben, die unsere Aufmerksamkeit erfordern, ein paar Minuten einzusparen. Wenn wir jede einzelne Praline nur den Bruchteil einer Sekunde schneller einpacken, könnten wir vielleicht mithalten. Aber auch nur vielleicht. Für einige von uns funktioniert das. Aber es ist der falsche Ansatz, weil er sich nicht mit dem zugrunde liegenden Problem beschäftigt. Entweder es gelingt uns allzu gut, mit dem irrsinnigen Tempo zurechtzukommen oder wir werden von ihm begraben. So oder so, wir kommen nie zur Ruhe, um uns zu fragen, warum wir das denn überhaupt mitmachen.

Lassen Sie uns also endlich einmal innehalten und uns fragen: Was erwarten wir von unserer Produktivität? Was ist der Zweck? Welche Ziele verfolgen wir damit? Wahre Produktivität beginnt damit, dass wir uns darüber im Klaren sind, was wir wirklich wollen. In diesem Kapitel werde ich Ihnen helfen, Ihre eigene Vision von Produktivität zu formulieren, eine Vision, die nicht dazu führt, dass die Vorarbeiterin das Fließband noch schneller stellt, sondern eine, die für Sie funktioniert. Das ist wichtig. Denn wenn wir ehrlich sind, sind wir manchmal selbst die Vorarbeiterin. Auf der falschen Seite des Spiegels sind wir manchmal nicht Alice – wir sind die Rote Königin.

Um uns dem Kern des Problems zu nähern, werden wir drei Ziele in den Blick nehmen, die normalerweise mit Produktivität verfolgt werden. So viel vorweg: Die ersten beiden sind ziemlich weit verbreitet, funktionieren jedoch nur selten. Die dritte Variante jedoch kann Ihr Leben verändern.

Ziel 1: Effizienz

Wenn Sie irgendeinen Fremden nach dem Zweck von Produktivität fragen, werden Sie höchstwahrscheinlich irgendetwas mit Effizienz zu hören bekommen. Für gewöhnlich basiert das auf der Annahme, dass schnelleres Arbeiten von Natur aus besser sei. Das bringt uns aber leicht in Schwierigkeiten, weil ich glaube, dass die Leute nur schneller arbeiten, damit sie noch mehr Dinge in ihren ohnehin schon vollgepackten Tag hineinstopfen können.

Das Konzept der Produktivität entstand im späten 19. und frühen 20. Jahrhundert aus der Arbeit von Effizienzexperten wie Frederick Winslow Taylor. Taylor wandte auf Fabrikarbeiter einen ingenieurwissenschaftlichen Hintergrund an, um Möglichkeiten zur Effizienzsteigerung zu finden – normalerweise durch die Reduzierung oder sogar völlige Eliminierung der Autonomie der Arbeiter. „Das System steht an erster Stelle", sagte er, und es müsse von der Unternehmensleitung „durchgesetzt" werden.[1] Taylor wies die Manager dazu an, die Methoden und Routinen der Arbeiter bis ins kleinste Detail vorzugeben und jegliche Verschwendung oder Verzögerung zu eliminieren. Der Taylorismus, wie sein Ansatz genannt wird, führte zu Ergebnissen. Die Fabriken konnten eine Effizienzsteigerung verbuchen, da die Arbeiter in kürzerer Zeit mehr Arbeit erledigen konnten. Aber das hatte seinen Preis: Indem er die Befugnisse und die Freiheit der Mitarbeiter einschränkte, verwandelte Taylor sie faktisch in Fertigungsroboter.

Taylor ist vor über 100 Jahren gestorben, aber wir versuchen noch immer, dem gleichen grundlegenden Effizienzmodell zu folgen: viele Stunden arbeiten und dabei so viele Aufgaben wie möglich so schnell wie möglich erledigen. Das Problem dabei ist, dass die meisten von uns keine Fabrikarbeiter sind; wir sind Wissensarbeiter. Wir werden eher wegen unserer geistigen Leistung als wegen unserer körperlichen Arbeitskraft eingestellt. Dadurch haben wir oft einen enormen zeitlichen Spielraum und verfügen über ein hohes Maß an Autonomie bei der Erledigung unserer täglichen Aufgaben. Während die Fabrikarbeiter des 20. Jahrhunderts tagein, tagaus die gleichen Aufgaben erledigten, stehen wir ständig vor neuen Herausforderungen, Chancen und Problemen. All diese Dinge erfordern ein immenses Maß an geistiger Energie – nicht nur, um tatsächlich Lösungen zu finden, sondern manchmal auch einfach nur, um auf dem Laufenden zu bleiben.

Taylors Ziel bestand darin, Wege zu finden, um schneller zu arbeiten. Wenn man das auf eine wissensbasierte Wirtschaft anwendet, scheint die Arbeit jedoch nie zu enden. Es gibt immer eine neue Idee, die geprüft, oder ein Problem, das gelöst werden muss, und wenn wir gute Arbeit leisten und ein Projekt abschließen, werden wir belohnt durch – Sie haben es erraten – noch mehr Arbeit. Wir stecken im sprichwörtlichen Hamsterrad fest, laufen so schnell wir können, machen aber nie wirklich Fortschritte bei der Erledigung unserer ständig wachsenden Projekt- und Aufgabenlisten. Wir haben zu viel Angst davor, hoffnungslos zurückzufallen, sobald wir langsamer werden. Wenn wir versuchen, aus dem Rad auszusteigen, werden wir vielleicht nie wieder aufspringen können, also rennen wir einfach weiter. Was glauben Sie, warum die meisten Leute ihre Arbeits-E-Mails den ganzen Tag, die ganze Nacht und das ganze Wochenende über auf ihrem Handy abrufen – sogar im Urlaub? Weil sie Angst davor haben, dass die Mails sich über ein paar Stunden, einen Tag oder – Gott bewahre – eine ganze Woche anhäufen.

„Für mich hat Produktivität einfach bedeutet, mehr zu erledigen", sagte Matt, einer meiner Coaching-Klienten. Als Gründer und CEO eines Multimillionen-Dollar-Unternehmens der Heizungs- und Sanitärbranche sagte er, er habe sich immer Gedanken darüber gemacht, wie er mehr erreichen könne. „Je mehr man erreicht, desto mehr Zeit hat man, um etwas anderes zu tun –

einfach das Nächstbeste, was auftaucht. Wenn ich also mehr Zeit hatte, konnte ich mehr erreichen, was zu mehr Einkommen und noch mehr Projekten führte. Es geht immer um mehr."

Zu Matts Geschichte kommen wir später zurück. Im Moment reicht es aus, festzuhalten, dass die wichtigste Frage nicht lautet: *Kann ich diese Arbeit schneller, einfacher und billiger erledigen?* Sondern: *Soll ich diese Arbeit überhaupt machen?* Heute ist die Klärung dieser Frage wichtiger denn je, da die Technologie uns einen nie dagewesenen Zugang zu Informationen, anderen Menschen und natürlich zu unserer Arbeit ermöglicht. Wir können jetzt arbeiten, wo und wann immer wir wollen. Unsere technologischen Wunderwerke haben die Sache nicht besser gemacht. Sie haben die Lage eher noch verschlimmert. Das Versprechen des Smartphones lautete, dass es uns die Arbeit erleichtern, die Effizienz verbessern und uns mehr Zeit geben würde, uns auf die wichtigen Dinge zu konzentrieren. Aber hat Ihr Smartphone oder Tablet Ihnen wirklich auf magische Weise mehr freie Zeit verschafft? Ich wette, es hat genau das Gegenteil getan!

Theoretisch können wir heute effizienter sein als zu jedem anderen Zeitpunkt der Geschichte. Noch vor fünfzehn Jahren hätten es sich die meisten Menschen nicht träumen lassen, was wir mit den Supercomputern in unseren Taschen heute alles machen können. Mit unseren Telefonen können wir telefonieren, E-Mails versenden, Termine planen, Aufgaben verwalten, Videokonferenzen abhalten, Tabellenkalkulationen durchsehen, Dokumente erstellen, Berichte lesen, Kunden benachrichtigen, Reisen buchen, Material bestellen, Präsentationen erstellen und praktisch alles andere erledigen. Wir können Geschäfte zwischen Ampelphasen abschließen und Rechnungen überprüfen, während wir im Lebensmittelgeschäft Schlange stehen – und eigentlich müssen wir nicht einmal mehr in der Schlange stehen. Wir können diese Lebensmittel auch einfach über eine App bestellen.

Ich liebe Technik. Ich bin ein regelrechter Geek! Aber heute verstehe ich Technik viel besser als früher. Neue technische Lösungen ermöglichen es uns vielleicht, schneller zu arbeiten. Aber noch ausschlaggebender ist, dass diese Effizienz die Versuchung und Erwartung mit sich bringt, mehr zu arbeiten. Wir nutzen die ganze Zeit, die wir durch Effizienz-Hacks einsparen, um noch mehr Aufgaben in unsere Tage zu stopfen. Wir haben einen Weg gefunden, unsere eigenen Förderbänder zu beschleunigen, und jetzt ertrinken wir in Pralinen, ohne noch irgendwo einen Platz zu haben, um den Überschuss zu verstecken.

Ziel 2: Erfolg

Wenn Effizienz nicht das beste Ziel für unsere Produktivitätsbemühungen ist, wie steht es denn mit der Steigerung unseres Erfolgs?

Es scheint vernünftig anzunehmen, dass eine verbesserte Produktivität zu größerem Erfolg führt, oder? Nun, mehr oder weniger. Das Verfolgen irgendeiner vagen Vorstellung von Erfolg kann uns auch in Schwierigkeiten bringen. Das Problem ist, dass die meisten von uns sich nie die Zeit genommen haben zu definieren, was Erfolg bedeutet. Es ist, als würde man ein Rennen ohne Ziellinie laufen oder zu einer Flugreise aufbrechen, ohne zu wissen, wo wir überhaupt landen wollen. Wie können wir ohne ein klares Ziel jemals wissen, wann wir angekommen sind? Besonders problematisch ist das in Amerika, wo wir uns allzu oft vom Mythos des Mehr verführen lassen: Wir streben nach mehr Produkten, mehr Leistung, mehr Kunden und mehr Gewinn. Das ermöglicht es uns, mehr zu kaufen: mehr Häuser, mehr Spielzeug, teurere Urlaube, mehr Autos. Das wiederum kann zu noch mehr Arbeit, noch mehr Stress und letztendlich zu noch mehr Burn-out führen.

Roy ist ein weiterer meiner Coaching-Klienten. Er betreut landesweit die Kunden einer großen Holzfirma und das war genau sein Problem. „Gemessen an unserer Branche war ich ziemlich produktiv, aber ich konnte meine eigenen Ziele nicht erreichen und es ging nicht mehr weiter", sagte er mir. „Ich war erschöpft, ausgelaugt und gestresst und erreichte trotz allem meine Ziele nicht. Also versuchte ich, noch härter zu arbeiten." Roy arbeitete bereits 70 Stunden pro Woche – manchmal sogar mehr – und er war der Meinung, das Einzige, was zum Erfolg führen könne, sei mehr Einsatz.

„Ich dachte, indem ich stur weiterkämpfe, würde ich auf die andere Seite gelangen, aber das stimmte einfach nicht. Ich dachte wirklich, durch mehr Zeiteinsatz und mehr Stunden würde ich meine Ziele erreichen, doch tatsächlich hat mich das nur weiter in Richtung Burn-out getrieben." Der emotionale Tribut, den er zahlte, wirkte sich zuerst in seiner Familie aus, dehnte sich dann aber auch auf die Arbeit selbst aus. Seine Fähigkeit als Teamplayer litt darunter. Er gab zu: „Ich war ausgelaugt, als ich den Tag begann und ausgelaugt, als ich ihn beendete."

Das ist ein Teufelskreis und seinen Tribut fordert er nicht nur von Roy. Einer Gallup-Umfrage zufolge liegt die durchschnittliche Wochenarbeitszeit in den USA eher bei 50 als bei 40 Stunden. Und einer von fünf Amerikanern arbeitet 60 Stunden oder länger. Auch in Deutschland liegt laut einer Arbeitszeitbefragung der Bundesagentur für Arbeitsschutz und Arbeitsmedizin (BAuA) aus dem Jahr 2018 die durchschnittliche Arbeitszeit meist deutlich höher, als die vertraglich vereinbarte bzw. die gewünschte.[2] Man könnte meinen, es seien Arbeiter, die die längsten Schichten ableisten, aber nein: Es sind Fachkräfte und Büroangestellte, die am längsten arbeiten.[3] In einer Studie unter 1.000 Fachkräften gaben fast 94 Prozent an, 50 oder mehr Stunden pro Woche zu arbeiten. Beinahe die Hälfte dieser Zahl arbeitete mehr als 65 Stunden. Nehmen Sie dazu lange Arbeitswege, familiäre Verpflichtungen und andere Erfordernisse, dann führen sogar geringfügig überfüllte Zeitpläne dazu, dass die Arbeit in die Freizeit hineinwuchert. Dieselbe Studie ergab, dass Berufstätige außerhalb des Büros etwa 20 bis 25 Stunden pro Woche damit verbringen, auf ihren Smartphones an arbeitsbezogener Kommunikation teilzunehmen.[4]

Wir leben in einer Zeit, die der deutsche Philosoph Josef Pieper als „totale Arbeitswelt" bezeichnete, in der die Arbeit das Leben antreibt und nicht umgekehrt.[5] Die Folgen sind wirklich deprimierend. Mehr als die Hälfte der Angestellten sagen, dass sie ausgebrannt sind, 40 Prozent arbeiten mindestens einmal im Monat am Wochenende, ein Viertel regelmäßig nach Feierabend und die Hälfte von ihnen gibt an, dass sie ihren Schreibtisch nicht einmal für eine Pause verlassen können.[6] Als Kronos Incorporated and Future Workplace eine Befragung mit 600 Personalverantwortlichen durchführte, gaben 95 Prozent von ihnen an, dass die Überlastung ihre Bemühungen um die Mitarbeiterbindung untergrabe. Niedrige Löhne, lange Arbeitszeiten und hohe Arbeitsbelastungen nannten sie als die drei wichtigsten Ursachen.[7] Es überrascht nicht, dass kürzlich eine globale Umfrage von Willis Towers Watson ergab, dass gestresste Mitarbeiter deutlich höhere Abwesenheits- und niedrigere Produktivitätsraten aufweisen als ihre glücklicheren und gesünderen Kollegen.[8] Am ernüchterndsten sind Aussagen von Forschern, nach denen Stressfaktoren am Arbeitsplatz allein in den USA für mindestens 120.000 Todesfälle pro Jahr verantwortlich sind.[9] Im Japan der 1970er-Jahre war das Problem so akut, dass die Japaner ein Wort dafür prägten: *karoshi*, „Tod durch Überarbeitung".[10]

Offensichtlich machen wir etwas nicht richtig, wenn unser Ziel bei der Steigerung unserer Produktivität darin besteht, einem vagen Begriff von „Erfolg" hinterherzulaufen. Krank, tot oder im Sterben klingt für mich nicht besonders erfolgreich. Wir sind keine Roboter. Wir brauchen Auszeit, Ruhe, Zeit mit der Familie, Freizeit, Spiel und Bewegung. Wir brauchen große Zeitblöcke, in denen wir nicht an die Arbeit denken, in der wir sie überhaupt nicht auf dem Schirm haben. Manchmal jedoch sorgt unser unerbittliches Streben nach „Erfolg" dafür, dass wir immer dabeibleiben, immer engagiert sind und immer verfügbar. Das ist ein Rezept für den Misserfolg, sowohl für Sie als auch für Ihren Arbeitgeber. Ja, Erfolg ist ein starker Motivator – aber nur, wenn Sie auch wissen, was Erfolg für Sie wirklich bedeutet.

Ziel 3: Freiheit

Wenn es bei der Produktivität nicht vor allem darum geht, die Effizienz zu verbessern oder den Erfolg zu steigern, worin könnte dann das Ziel bestehen? Warum sollten wir uns die Mühe machen? Damit kommen wir zum wahren Antrieb und zur eigentlichen Grundlage von *Setze deinen Fokus*: *Produktivität sollte Ihnen die Freiheit geben, das zu verfolgen, was Ihnen am wichtigsten ist*. Das Ziel, der tatsächliche Antrieb, Ihrer Produktivität sollte Freiheit sein. Ich definiere Freiheit auf vier Arten.

1. Die Freiheit, sich zu fokussieren. Wenn Sie Ihren Zeitplan meistern, Ihre Effizienz und Ihren Output steigern und in Ihrem Leben mehr Raum für die Dinge schaffen wollen, die Ihnen wichtig sind, müssen Sie lernen, Ihren Fokus bewusst zu setzen. Ich spreche von der Fähigkeit, sich auf das Wesentliche zu konzentrieren und sich ganz in die Arbeit zu versenken – und zwar die Art von Arbeit, die einen echten Impact hat und Sie wirklich voranbringt. Sie wollen, dass Ihre Arbeit echte Probleme löst und dass Sie am Abend genau wissen, was Sie erreicht haben und welche Fortschritte Sie im Hinblick auf Ihre Ziele gemacht haben.

Denken Sie an die letzten paar Wochen zurück. Wie viel Zeit stand Ihnen zur Verfügung, um sich wirklich auf Ihre Arbeit zu fokussieren? Sich hinzusetzen und eine Aufgabe mit absoluter Konzentration anzugehen: keine Ablenkungen, keine Anrufe, Texte oder E-Mails. Wo niemand vorbeikam, um hallo zu sagen oder Ihnen irgendeine Frage zu stellen, die Ihnen gerade herzlich egal war? Wenn es Ihnen so geht wie den meisten von uns, bezweifle ich, dass Sie in letzter Zeit viele solcher Momente erleben durften. Selbst wenn wir versuchen, uns zu verstecken, indem wir nicht im Büro arbeiten, sei es von zu Hause aus oder in einem Café – die ständige Erreichbarkeit über Smartphone und Computer lässt die Tür zu einer Million Ablenkungen offenstehen.

Wie wir bereits gesehen haben, wird der durchschnittliche Mitarbeiter alle drei Minuten abgelenkt. Später werden wir untersuchen, welche Auswirkungen jede dieser kleinen Unterbrechungen auf unseren Fokus hat. Hier schon einmal der Hinweis: Gut ist das nicht. Wenn Sie gerade festgestellt haben, dass Sie sich fast nie länger als drei Minuten auf eine Aufgabe konzentrieren, lassen Sie sich aber nicht entmutigen: Sie sind nicht allein damit. Dieses ganze System ist darauf ausgerichtet, Ihnen den Fokus zu geben, der Ihnen gerade noch fehlt. Vertrauen Sie mir – wir werden das schaffen!

2. Die Freiheit, wirklich da zu sein. Wie oft sind Sie ausgegangen und haben den Abend damit verbracht, über die Arbeit nachzudenken, zu reden oder sich Sorgen zu machen? Wie oft überprüfen Sie Ihre beruflichen E-Mails oder Nachrichten, wenn Sie mit Ihrer Familie oder Ihren Freunden unterwegs sind? Die Statistiken, die wir bereits gesehen haben, zeichnen ein ziemlich düsteres Bild unserer Fähigkeit, die Bürotür hinter uns zu schließen und uns auf unsere Beziehungen, unsere Gesundheit und unser persönliches Wohlbefinden zu konzentrieren. Selbst wenn wir technisch gesehen nicht arbeiten, schleppen wir immer noch all unsere ungelösten Aufgaben mit uns herum.

Produktivität sollte Ihnen die Freiheit geben, dem nachzugehen, was Ihnen am wichtigsten ist.

Wenn wir uns nicht von unseren Arbeitsverpflichtungen befreien können, sind wir auch nicht in der Lage, bei unserer Familie und unseren Freunden wirklich voll präsent zu sein oder uns die notwendige Auszeit zu nehmen. Das amerikanische Satiremagazin *Onion* persiflierte das Problem in einem Text mit der Überschrift „Mann, der gerade anfängt, sich zu amüsieren, erinnert sich plötzlich an seine ganzen Verantwortlichkeiten". Der Mann, der an der Grillparty eines Freundes teilnahm, stand demzufolge „ganz kurz davor, auszuspannen", erinnerte sich dann aber an E-Mails, die noch bearbeitet werden mussten, anstehende Termine für Projekte ... und Telefonanrufe, die beantwortet werden mussten". Nachdem er „kurz davor gewesen war, tatsächlich Spaß zu haben", „bereitete er sich nun mental auf eine Präsentation vor".[11] Wir lachen darüber, weil es so wahr ist.

An Effizienz, die mir nur mehr Zeit für noch mehr Arbeitsstunden gibt, oder an Erfolg, der mich zur Arbeit antreibt, wenn ich ausspannen sollte, bin ich nicht interessiert. Mir geht es um Produktivität, nicht um Effizienz, das heißt darum, mir so viel Raum zu schaffen, dass ich, wo immer ich auch bin, voll da sein kann. Wenn ich bei der Arbeit bin, bedeutet das, dass ich ganz bei der Arbeit bin. Wenn ich mit meiner Frau Gail zu Abend esse, bedeutet das, ich bin ganz bei ihr. Die Menschen, die mir in meinem Leben wichtig sind, verdienen das Allerbeste von mir, und ich möchte sie nicht enttäuschen, nur damit ich etwas zusätzliche Zeit und Energie in meine Arbeit stecken kann.

3. Die Freiheit, spontan sein zu dürfen. Für manche mag das albern klingen, aber ich habe in der Freiheit, spontan zu sein, immer einen hohen Wert gesehen. So viele von uns haben ihr Leben bis zur letzten Minute minutiös durchgeplant und wir tolerieren keine Unterbrechungen oder Abweichungen. Das klingt nicht gerade nach einer angenehmen Art, durchs Leben zu gehen.

Stellen Sie sich stattdessen vor, Sie könnten alles fallen lassen, was Sie gerade tun, wenn jetzt Ihre Kinder oder Enkel hereinspazieren, um Hallo zu sagen. Diese Art von Spontanität entsteht nur, wenn Sie in Ihrem Leben für Spielraum sorgen – und der ist das Nebenprodukt echter Produktivität. Wenn Sie wissen, dass Sie die wichtigsten Aufgaben im Griff haben und sich davor hüten, mehr zu übernehmen, als Sie bequem bewältigen können, werden Sie für sich die Freiheit zur Spontaneität entdecken.

4. Die Freiheit, nichts zu tun. Wir sind immer auf Sendung und betrachten dies als eine Tugend. Aber wie wir sehen werden, untergräbt unsere *Always-On*-Kultur tatsächlich unsere Produktivität. Und unsere Freude. Als Gail und ich die Toskana besuchten, entdeckten wir *La dolce far niente* – das süße Nichtstun. Normalerweise fühlen die Menschen sich eher schuldig, wenn sie nichts tun. Ich gebe zu, dass auch ich mich manchmal unproduktiv fühle, wenn ich gerade nichts zu tun habe. Aber genau darum geht es.

Unsere Gehirne sind nicht dafür gemacht, ununterbrochen zu arbeiten. In Leerlaufphasen fließen die Ideen von selbst, die Erinnerungen sortieren sich eigenständig und wir geben uns die Chance zur Entspannung. Wenn Sie darüber nachdenken, werden Sie feststellen, dass Ihnen die meisten Ihrer bahnbrechenden Ideen im Geschäfts- oder Privatleben dann einfallen, wenn Sie entspannt genug sind, um Ihre Gedanken schweifen zu lassen. Kreativität ist abhängig von Phasen des Abschaltens, was bedeutet, dass es ein Wettbewerbsvorteil ist, von Zeit zu Zeit nichts zu tun.

Die richtigen Dinge erledigen

Die Art von Freiheit, von der ich spreche, mag für Sie im Moment unvorstellbar sein, aber ich verspreche Ihnen, es ist kein Ding der Unmöglichkeit. Die erste Handlung auf dem Weg zur Befreiung

Zuerst sollten wir unser Leben nach unseren Vorstellungen gestalten und danach unsere Arbeit auf unsere Lebensziele zuschneiden

Ihres Fokus besteht darin, sich über Ihr Ziel klar zu werden. Wir haben bereits festgestellt, dass das Ziel am besten darin bestehen sollte, sich freizumachen und sich auf das zu konzentrieren, was Ihnen am wichtigsten ist. Wie ich bereits gesagt habe, geht es bei der Produktivität nicht darum, *mehr* Dinge zu erledigen – es geht darum, die richtigen Dinge zu tun. Darum geht es in diesem Buch – Ihnen zu helfen, mehr zu erreichen, indem Sie weniger tun.

Was bedeutet *weniger*? Der Rest dieses Buches wird sich mit dieser Frage beschäftigen. Aber im Grunde geht es darum, von den Aufgaben, die momentan Ihre Zeit in Anspruch nehmen, all diejenigen wegzulassen, für die Sie sich nicht leidenschaftlich interessieren, die Ihnen nicht wichtig sind und in denen Sie, wenn Sie ehrlich sind, nicht gut sind. Erstaunliche Dinge geschehen, wenn man anfängt, sich in erster Linie auf das zu konzentrieren, was man am besten kann und den Rest eliminiert oder delegiert. Im Ergebnis bedeutet das mehr Motivation, bessere Leistung, mehr Spielraum und echte Zufriedenheit in Arbeit und Privatleben.

Viel zu oft richten wir unser Leben nach unserer Arbeit aus. Das heißt, dass unsere Arbeit in der Mitte unseres Terminkalenders hockt wie ein Wal in einer Badewanne. Dann versuchen wir, noch alles andere in unserem Leben darum herumzuquetschen. Ich glaube, wir gehen das verkehrt an. Wir sollten *zuerst* unser Leben gestalten und dann unsere Arbeit auf unsere Lebensziele zuschneiden. Das ist nicht weit hergeholt. Ich arbeite jedes Jahr mit Hunderten von Unternehmern und Führungskräften zusammen, die das so machen und höre von Tausenden mehr, die sich in diese Richtung bewegen. Im Ergebnis leisten sie nicht nur bessere Arbeit, sondern sind auch zufriedener in allen Bereichen.

Aus diesem Grund experimentieren Unternehmen, darunter auch Großkonzerne, mit Arbeitszeitverkürzungen und einer Ausweitung der Mitarbeiter-Selbstbestimmung. Und das zahlt sich aus. In einem Toyota-Werk in Schweden wurden die Schichten auf sechs Stunden reduziert. Die Mitarbeiter waren nicht nur in der Lage, in sechs Stunden die gleiche Menge Arbeit zu erledigen, für die zuvor acht Stunden benötigt wurden. Sie waren auch zufriedener, die Fluktuation sank und die Gewinne stiegen.[12]

Wir wissen das schon seit langem. Henry Ford machte Ford Motors 1926 zu einem der ersten Unternehmen in den USA, das von der Sechs-Tage-Woche auf das Fünf-Tage-Vierzig-Stunden-Modell umstieg, mit dem wir heute so vertraut sind. Damals erschien es den Wirtschaftsanalysten verrückt, aber Ford war ein Visionär. Sein Sohn und Ford-Motors-Präsident Edsel Ford erklärte gegenüber der *New York Times*: „Jeder Mann braucht mehr als einen Tag in der Woche für Ruhe und Erholung. ... Wir sind der Meinung, dass jeder Mann mehr Zeit für seine Familie haben sollte, um richtig zu leben."[13]

Natürlich haben diese Veränderungen einen positiven Einfluss auf die Arbeitsmoral bei Ford Motors gehabt. Viele waren aber überrascht über die Auswirkungen auf den Erfolg des Unternehmens. Die Produktivität schnellte in die Höhe. Die Fabrikarbeiter entwickelten eine neue Wertschätzung für ihr Unternehmen und hatten mehr Energie für ihre Arbeit. Am Ende produzierten die Beschäftigten mit ihrer auf 40 Stunden pro Woche verkürzten Arbeitszeit und den komplett freien Wochenenden tatsächlich mehr, indem sie weniger arbeiteten, was Ford Motors in noch größere Höhen aufsteigen ließ.[14]

Was ist Ihre Vision?

Warum beginnen wir damit, die Zielsetzungen hinter unserer Produktivität zu hinterfragen? Weil Tipps, Hacks und Apps allein das grundlegende Problem nicht lösen werden. Der Kern der Problematik liegt in uns selbst und ist etwas, womit wir seit Jahrhunderten zu kämpfen haben. Basilius der Große, Bischof von Caesarea in der heutigen Türkei, hat sich bereits im vierten Jahrhundert damit befasst. „Ich habe zwar mein Leben in der Stadt hinter mir gelassen", sagte er, nachdem er in ein Kloster gegangen war, „aber bisher konnte ich mich noch nicht selbst zurücklassen". Basilius verglich das mit einem Menschen, der auf einem großen Schiff seekrank wird und versucht, Erleichterung zu finden, indem er auf ein kleines Beiboot überwechselt. Das funktioniert aber nicht. Seine Seekrankheit wird mit ihm in das Boot steigen. Das Problem, so Basilius, ist folgendes: „Wir tragen unsere Beschwerden in uns und daher können wir von ihnen nirgendwo frei sein."[15]

Für die meisten von uns sind glänzende neue Produktivitätslösungen so etwas wie das Beiboot für den seekranken Mann. *Endlich Erleichterung!* Helfen werden sie indes nicht. Wir glauben, unsere Probleme lösen zu können, indem wir auf eine neue App oder ein neues Gerät umsteigen, aber unsere Kernprobleme nehmen wir einfach mit. Um etwas wirklich anders und besser zu tun, müssen wir Produktivität völlig neu denken. Wenn wir als Hauptziel nach mehr Effizienz oder Erfolg streben, werden wir scheitern. Produktivität sollte Ihnen am Ende mehr Zeit zurückgeben und Ihnen nicht noch mehr abverlangen.

Die produktivsten unter meinen Klienten verfolgen das dritte Ziel: Freiheit. Außerdem haben sie eine bestimmte Vorstellung davon, was das für ihr Leben bedeutet. Sie haben ein Bild davon, wie ihr Leben aussehen soll, bevor sie versuchen, ihre Arbeit in dieses Bild einzupassen. Sie wissen, wo sie hinwollen. Wichtig daran ist zu wissen, dass sie keine besonderen Kräfte haben, über die Sie nicht verfügen. Sie haben die Macht, ihre eigenen Entscheidungen umzusetzen, aber die haben Sie auch. Sie haben die Wahl. Also, was darf es sein? Das Ergebnis sieht bei jedem anders aus, aber ich hoffe, dass ich Sie dazu bringen kann, eine Vision dessen zu formulieren, was durch weniger, produktivere Arbeitsstunden für

Sie möglich werden soll. Was werden Sie mit der zusätzlichen Zeit anfangen, die Ihnen für Ihr Leben zur Verfügung stehen wird?

Fragen Sie sich, was Sie wollen: Wie viele Stunden wollen Sie arbeiten, wie viele Punkte wollen Sie auf Ihrer Aufgabenliste haben, wie viele Nächte und Wochenenden möchten Sie arbeiten? Worauf möchten Sie Ihren Fokus legen? Vielleicht möchten Sie sich mehr Zeit für die Art von Arbeit nehmen, die echte Ergebnisse bringt. Daran ist nichts auszusetzen, wenn es wirklich das ist, was Sie wollen. Oder vielleicht wollen Sie sich mehr Zeit für andere Lebensbereiche nehmen, wie Spiritualität, intellektuelle Aktivitäten, Familie, Freunde, Hobbys, Gemeinschaft oder auch etwas völlig anderes. Es liegt ganz bei Ihnen: Niemand sonst kann – oder sollte – Ihnen sagen, was Ihnen wichtig ist. Wenn Sie es einmal herausgefunden haben, halten Sie das Warum um jeden Preis fest. Es wird der Stern sein, der Ihr Schiff durch diese aufregende Reise führt; ohne ihn werden Sie von Ihrem Weg abkommen. Das ist es, was Produktivität Ihnen gibt: die Freiheit zu wählen, worauf Sie Ihre Zeit und Energie konzentrieren wollen.

Sobald Sie die folgende Übung zur Zielfindung abgeschlossen haben, sind Sie bereit für das nächste Kapitel. Dort werden Sie die Möglichkeit haben, zu evaluieren, wie weit Sie bereits auf dem Weg zur Verwirklichung Ihrer Vision gekommen sind und wohin Sie von hieraus gehen wollen.

ENTWICKELN SIE IHRE EIGENE PRODUKTIVITÄTSVISION

Die Formulierung einer neuen Vision für Ihr Leben wird Ihnen einiges an ernsthafter Überlegung abverlangen. Sie müssen in der Lage sein, sich das Ziel deutlich vorzustellen und sich kristallklar vor Augen zu halten, wie Ihr Leben aussehen soll und warum das für Sie wichtig ist. Um anzufangen, füllen Sie die Produktivitätsvision unter FreeToFocus.com/tools aus. Beginnen Sie damit, zu definieren, was Sie mit Ihrer Produktivität erreichen möchten. Dann brechen Sie dieses Ideal auf ein paar aussagekräftige, einprägsame Worte herunter. Abschließend führen Sie sich vor Augen, was auf dem Spiel steht, indem Sie genau umreißen, was Sie gewinnen können, wenn Sie diese Vision umsetzen, und was Sie verlieren, wenn Sie es nicht schaffen.

Denken Sie daran, dass dies eine Vision dessen ist, wie Ihr Leben aussehen könnte. Wahrscheinlich haben Sie heute nicht die Mittel, um Ihre Vision vollständig zu verwirklichen, aber lassen Sie sich deshalb nicht vom Träumen abhalten. *Setze deinen Fokus* soll Ihnen dabei helfen, Fortschritte in Richtung Ihres Ziels zu machen, und Sie werden nie wirklich vorankommen, wenn Sie nicht wissen, wohin Sie gehen.

2

Evaluieren

Legen Sie Ihren Kurs fest

> Jeder landet in seinem Leben irgendwo. Einige wenige landen dort mit Absicht.
>
> ANDY STANLEY

Bevor ich mein eigenes Unternehmen gegründet habe, hatte ich die Ehre, als CEO bei Thomas Nelson Publishers zu arbeiten. Das war eine wunderbare Gelegenheit und das Ergebnis jahrelanger Vorarbeit. Jahre bevor ich als CEO die Zügel in die Hand nahm, war ich als Mitherausgeber der stellvertretende Leiter einer Abteilung. Im Juli 2000 kündigte mein Chef plötzlich und ich wurde gebeten, seinen Posten zu übernehmen. Das machte mich zum Geschäftsleiter von Nelson Books, einer der Verlagsabteilungen von Thomas Nelson.

Als Mitherausgeber hatte ich bereits das Gefühl gehabt, dass mit unserer Abteilung etwas nicht stimmte. Ich war aber nicht auf das vorbereitet, was ich herausfand, als ich das Ruder übernahm. Unser Bereich war offenbar eine Katastrophe. Thomas Nelson hatte damals 14 verschiedene Abteilungen und ich stellte fest, dass die Abteilung, die ich leitete, die am wenigsten profitable von allen war. Das Schlusslicht. „Wenig profitabel" ist in der Tat noch eine harmlose Art, das auszudrücken. In der Tat hatten wir im Vorjahr rote Zahlen geschrieben. Leute in anderen Teilen der Organisation murrten darüber, wie wir die gesamte Firma heruntewirtschafteten. Es musste sich schnellstens etwas ändern.

Ich hatte zwei Ziele. Erstens wollte ich mir vollkommen klar darüber werden, wo wir standen – ganz gleich, wie düster es aussah. Zweitens wollte ich eine überzeugende Vision entwickeln, die ich dem entgegensetzen wollte. Ich war zuversichtlich, dass mein Team und ich, sobald die Anfangs- und Endpunkte klar waren, in der Lage sein würden, einen Kurs festzulegen, um von dem Startpunkt, an dem wir standen, dorthin zu gelangen, wo wir hinwollten. Und ob Sie es glauben oder nicht, genauso ist es auch passiert.

Ich dachte, es würde drei Jahre dauern, meine ursprüngliche Vision zu verwirklichen. Stattdessen schafften wir die komplette Wende in nur 18 Monaten. Auf dem Weg dorthin übertrafen wir unsere Vision in fast jedem Aspekt. Und so wurde die gerade noch marode Abteilung Nelson Books in den nächsten sechs Jahren zur am schnellsten wachsenden, profitabelsten Abteilung von Thomas Nelson. Wir wurden vom Schlusslicht zum Spitzenreiter. Und zwar nicht etwa, weil wir eine großartige Geschäftsstrategie gehabt hätten. Es geschah, weil wir eine klare Vorstellung davon hatten, wohin wir wollten, und weil wir ehrlich waren in Bezug auf unseren Startpunkt. Und jetzt sind Sie an der Reihe.

Die Schnittmenge aus Leidenschaft und Können

In Kapitel 1 haben Sie damit begonnen, Ihr Ziel festzulegen. Wenn Sie die Übung „Produktivitätsvision" abgeschlossen haben, dann haben Sie bereits eine überzeugende Vision für sich selbst entwickelt. (Wenn Sie sie noch nicht durchgeführt haben, empfehle ich Ihnen, jetzt mit dem Lesen aufzuhören und sie zu beenden. Die Kapitel und Übungen bauen aufeinander auf, Sie können es sich also nicht leisten, eine zu überspringen).

Wenn Sie nun wissen, wohin Sie gehen wollen, müssen Sie herausfinden, wo Sie jetzt gerade stehen. Dazu benötigen Sie eine besondere Art von Kompass – den Freiheitskompass. Dieses Werkzeug, das wir im weiteren Verlauf des Buches verwenden, wird Ihnen als Maßstab der Produktivität dienen. Der Kompass wird immer da sein, um Sie daran zu hindern, in die falsche Richtung zu laufen. Außerdem wird er Ihnen helfen, Aufgaben, Aktivitäten und Möglichkeiten anhand von zwei Schlüsselkriterien zu beurteilen: Leidenschaft und Können. Wenn Sie ein Gefühl für diese beiden Dinge entwickeln, wird das Ihr gesamtes Verständnis von Produktivität revolutionieren. Bei einer Aufgabe, die Sie regelmäßig zu erledigen haben, reicht es nicht aus, entweder leidenschaftlich oder kompetent zu sein. Sie müssen beides sein, sonst werden Ihre Energie und Leistung darunter leiden.

Mit Leidenschaft meine ich die Arbeit, die Sie lieben, Arbeit, die Sie antreibt. Gab es jemals eine Zeit in Ihrem Leben, in der Sie so gern an etwas gearbeitet haben, dass Sie dachten: ich kann nicht glauben, dass sie mir dafür auch noch Geld bezahlen? Falls ja, dann wissen Sie, wie sich Leidenschaft anfühlt. Sie sind in der Lage, viele Dinge zu tun, aber am motiviertesten und zufriedensten sind Sie, wenn Sie Dinge tun, die Sie lieben. Wenn man seine Arbeit nicht liebt, ist es anstrengend, an ihr festzuhalten.

Kompetenz ist etwas ganz anderes. Kompetenz bezieht sich nicht darauf, wie viel Freude Ihnen etwas bereitet. Sie gibt an, wie gut Sie etwas können. Wahrscheinlich gibt es etwas, das Sie leidenschaftlich gern tun, aber wenn Sie nicht besonders gut darin sind, wird Sie tatsächlich niemand dafür bezahlen. Ich lebe in Nashville, Tennessee – ich könnte auch sagen in der „Music City", USA, denn Nashville ist das Zentrum der kommerziellen Countrymusik. Hier wimmelt es von Musikern. Aber die meisten sind nicht in der Musikbranche tätig – sie arbeiten als Kellner. Ich bin sicher, dass sie sich leidenschaftlich für Musik interessieren, sonst würden sie sich nicht die Mühe machen. Ich bin sicher, dass die meisten von ihnen auch ziemlich gut ausgebildet sind. In jeder anderen Stadt des Landes könnten sie lokale Berühmtheiten sein. Aber hier in Nashville ist das eine ganz andere Liga. Um es hier zu schaffen, reicht es nicht, ein ganz passabler Musiker zu sein: Hier muss man schon herausragen, um aufzufallen.

Viele Menschen verwechseln Kompetenz mit Eignung, aber das ist nicht dasselbe. Eignung ist eine Fähigkeit oder ein Talent, etwas zu tun. Kompetenz ist etwas mehr. Kompetenz bedeutet, dass man nicht nur etwas beherrscht, sondern dass man damit auch Ergebnisse erzielt, die andere Menschen messen und belohnen können. Bei Führungskräften und Unternehmern geht es dabei meist um Einnahmen, Gewinne und andere Finanzkennzahlen. Bei Musikern können es Downloads, Verkäufe, Menschenmengen oder Auszeichnungen sein. Eignung bedeutet allein Fähigkeit, während Kompetenz Fähigkeit plus Leistung ist. Was die Welt belohnt, ist das, was Sie ihr bieten. Ganz gleich, wie talentiert Sie sind –, wenn Sie in einem bestimmten Bereich keinen Beitrag leisten, sind Sie nicht wirklich kompetent.

> Mit Leidenschaft meine ich Arbeit, die Sie lieben, die Sie antreibt und beflügelt

Eignung bedeutet allein Fähigkeit, während Kompetenz Fähigkeit plus Leistung ist.

Vier Produktivitätszonen

Nun, da wir diese Begriffe geklärt haben, lassen Sie uns einen Blick auf die Funktionsweise des Freiheitskompasses werfen. Stellen Sie sich ein Koordinatensystem vor, bei dem Kompetenz die x-Achse und Leidenschaft die y-Achse bildet. Diese beiden Kriterien werden Ihnen helfen, vier verschiedene Zonen zu identifizieren, innerhalb derer Sie für gewöhnlich arbeiten. Noch bevor wir fertig sind, werden Sie viel besser verstehen, warum bestimmte Tätigkeiten den Tag wie im Flug vergehen lassen und bei anderen die Stunden jämmerlich dahinkriechen. Wir werden die vier Zonen in umgekehrter Reihenfolge durchgehen, sodass Sie den Fortschritt erkennen können, und wir beginnen mit der Zone, die wir alle hassen.

Zone 4: Schinderei: Die Schinderei-Zone besteht aus Aufgaben, für die Sie weder Leidenschaft noch Kompetenz aufbringen. Im Grunde sind das die Dinge, die Sie hassen und in denen Sie auch überhaupt nicht gut sind. Das ist die schlimmste Art von Arbeit für Sie. Es ist eine echte Schinderei.

In meine persönliche Schinderei-Zone fallen Dinge wie Spesenabrechnungen, das Beantworten von E-Mails und die Buchung von Reisen. Ich habe in diesen Dingen null Leidenschaft und null Können, sodass die Beschäftigung damit für mich eine lästige Pflichtübung ist. Diese Aufgaben dauern länger, als sie sollten, und das Endergebnis besteht in einer Menge vergeudeter Zeit. Warum ist die Zeit vergeudet? Weil ich meine Zeit und Energie viel besser und produktiver nutzen könnte, würde ich mich auf andere Dinge fokussieren, auf Dinge, bei denen ich einen echten Beitrag leisten könnte. Ich werde nie gut darin sein, Reisen zu buchen, und ich will auch nie gut darin werden, Reisen zu buchen. Warum sollte ich mich also dazu zwingen, es zu tun?

Evaluieren 43

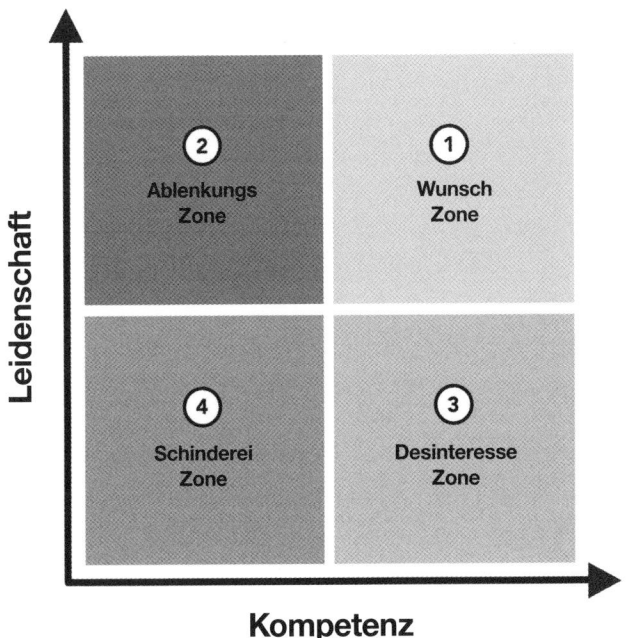

Leidenschaft und Kompetenz bilden ein Raster, das hilfreich bei der Bewertung unserer Aufgaben ist. Wenn Leidenschaft und Kompetenz für bestimmte Aufgaben hoch sind, ist das die Art von Arbeit, die Sie tun sollten. Wenn beide niedrig sind, fühlen sich die Aufgaben wie Schinderei an.

Denken Sie daran, dass etwas, nur weil es in Ihre Schinderei-Zone fällt, nicht für jeden eine Schinderei sein muss. Die Aufgaben sind nicht an sich schlecht – es sind nur eben Dinge, für die Sie persönlich keine Leidenschaft und Kompetenz aufbringen. Ob Sie es glauben oder nicht, es gibt viele Menschen auf der Welt, die genau die Dinge lieben, die Sie hassen und umgekehrt. Ohne eine solche Arbeitsteilung würde unsere komplexe Wirtschaft nicht funktionieren.

Zone 3: Desinteresse: Diese Zone besteht aus Aufgaben, die Sie zwar beherrschen, aber nicht sonderlich gern tun. Sicher,

Sie können das – vielleicht besser als jeder andere in Ihrer Umgebung –, aber es zehrt an Ihrer Energie. Warum? Weil Sie keine Leidenschaft dafür haben. Offen gesagt ist es Ihnen egal und Sie langweilen sich damit. Die meisten von uns neigen von Natur aus dazu, Aufgaben in der Zone der Schinderei zu vermeiden. Wir bleiben aber oft in einem Trott stecken, indem wir Aktivitäten in der Desinteresse-Zone durchführen, nur weil wir sie können.

Das ist etwas, das ich nur zu gut kenne. Ich erwähnte bereits, dass ich einige Erfahrung im Verlagswesen habe. Vor langer Zeit bin ich in das Geschäft eingestiegen, weil ich Bücher schon immer liebte. Der große Motivationsredner Charlie „Tremendous" Jones pflegte zu sagen: „Sie werden in fünf Jahren dieselbe Person sein wie heute, abgesehen von den Menschen, die Sie treffen, und den Büchern, die Sie lesen." Ich kann dieser Aussage nur zustimmen. Tatsächlich war jede bedeutende Wachstumsphase in meinem Leben das direkte Ergebnis entweder einer Person, die ich traf, oder eines Buches, das ich las. Diese Leidenschaft ist es, die mich zum Publizieren getrieben hat, und ich habe mich in jeder meiner Positionen weitergebildet, als ich die Karriereleiter des Unternehmens hinaufkletterte. Doch je höher ich aufstieg, desto weniger war ich an der Herstellung von Büchern beteiligt.

Jede Beförderung führte mich ein wenig weiter fort von den Büchern und etwas mehr hin zu Verwaltungstätigkeiten. Zu der Zeit, als ich CEO wurde, drehte sich meine Arbeit hauptsächlich um Finanzen. Ich habe eine natürliche Begabung für Finanzwesen und schließlich entwickelte ich auch eine gewisse Kompetenz darin. Meine Leidenschaft währte jedoch nicht über die anfängliche Phase des Erlernens und Verstehens hinaus. Unterm Strich hat mich das zu Tode gelangweilt. Das Problem bestand darin, dass ich dafür bezahlt wurde, genau das zu tun. Das zu erkennen war eine der Schlüsselerfahrungen, die mich dazu veranlassten, meine Position zu verlassen und meine Energie wieder auf meine ursprüngliche Leidenschaft und die Entwicklung von Inhalten zu konzentrieren. Von so vielen Menschen habe ich ähnliche Geschichten zu hören bekommen. Wenn wir nicht aufpassen, können wir für Jahre, vielleicht Jahrzehnte, in der Desinteresse-Zone steckenbleiben, einfach weil dadurch die Rechnungen bezahlt werden.

Zone 2: Ablenkung. In dieser Zone beginnt das Leben schon viel erträglicher zu werden. Die Ablenkungszone besteht aus Dingen, die Sie leidenschaftlich gern tun, leider aber nur wenig beherrschen. Das bedeutet, diese Aktivitäten entziehen keine Energie und Sie genießen sie, aber wenn Sie nicht aufpassen, können sie zu massiven Zeitverlusten führen. Das Problem ist, dass Sie darin nicht kompetent sind, was Sie daran hindert, in diesen Bereichen wirklich etwas zu leisten.

Hier liegt das Problem mit der Zone der Ablenkung: Ihre Leidenschaft kann zwar über Ihren Mangel an Kompetenz hinwegtäuschen – aber nur Sie selbst. Andere Leute können besser beurteilen, ob wir in etwas kompetent sind oder nicht. Das bedeutet, dass wir unter Umständen als letzte erfahren, dass wir enorm viel Zeit damit verschwendet haben, unterdurchschnittliche Arbeit für etwas zu leisten, das uns Spaß macht.

Das betrifft nicht nur mittelprächtige Musiker in Nashville. Da gibt es zum Beispiel den Finanzvorstand, der nicht aufhören kann, sich in das Marketing einzumischen. Oder der Verkäufer, der beim Grafikdesign mitmischen will. Oder der Manager, der lieber die Arbeit des Teams erledigt als das Team zu führen. Wenn solche Bemühungen nicht durch andere Menschen (zum Beispiel Kollegen, Kunden, Klienten, Vorgesetzte, ein Publikum, den Markt) als wirklich besonders wertvoll eingestuft werden, dann handelt es sich um Aktivitäten in der Ablenkungszone. Wenn wir Aufgaben identifizieren, die in unsere Ablenkungszone fallen, müssen wir schonungslos mit uns selbst umgehen, denn wir müssen uns eingestehen, dass wir Dinge tun, die wir zwar mögen, die wir aber dennoch eher nicht tun sollten.

Zone 1: Die Wunschzone. In der Wunschzone fallen Ihre Leidenschaft und Ihre Kompetenz zusammen. Hier können Sie Ihre einzigartigen Gaben und Fähigkeiten entfalten, um Ihren wichtigsten Beitrag für Ihr Unternehmen, Ihre Familie, Ihre Gemeinschaft und vielleicht für die ganze Welt zu leisten. Wenn Freiheit Ihr Ziel ist – hier werden Sie sie finden. Der Rest des Buches wird sich darauf konzentrieren, Sie in Ihre Wunschzone zu bekommen und Ihnen zu helfen, im Lauf der Wochen so viel Zeit wie möglich dort zu verbringen.

Wenn Sie in Ihrer Wunschzone arbeiten, hat das einen tiefgreifenden Einfluss auf Ihre persönliche Produktivität. Mehr noch ist es der beste Weg, den ich kenne, um bei der Arbeit und auch sonst im Leben erfolgreich zu sein, denn Sie werden in kürzerer Zeit mehr Arbeit mit größerem Impact leisten, was wiederum Spielraum für andere Lebensbereiche schafft – Familie, Freunde und so weiter. Für meinen Klienten Roy, den wir im letzten Kapitel kennengelernt haben, war das ein Schlüsselerlebnis: „Mich auf meine Wunschzone zu konzentrieren und alles andere wegzulassen, war für mich eine große Sache", berichtete er mir. „Die Erkenntnis, dass es in Ordnung ist, alles zu delegieren – und ich meine wirklich alles –, was nicht in meiner Wunschzone liegt, war eines der befreiendsten Erlebnisse, die ich je hatte."

Indem er die Arbeit außerhalb seiner Wunschzone delegierte, reduzierte Roy seine Arbeitszeit in seinem Hauptjob von 70 auf 40 Stunden pro Woche. Ich sage „Hauptjob", weil er heute weitere zehn Stunden pro Woche für zwei Herzensprojekte arbeitet, die er mit seiner Familie hochgezogen hat. Bevor er sich dazu entschied, nur noch Dinge zu tun, für die er sowohl die Leidenschaft als auch die nötige Kompetenz aufbrachte, hatte er für derlei Extras keine Zeit. Jeder Spielraum wurde durch die Verrichtung von Aufgaben mit geringer Wirkung verschlungen, die seine Energie aufzehrten und seine Effektivität untergruben.

Eine andere Klientin, Rene, berichtete eine ähnliche Geschichte. Renes Firma kauft und verkauft Privatjets. Bevor sie die vier Zonen entdeckte, verlief ihr Leben „in einem Hamsterrad ... ich arbeitete die ganze Zeit". Das Verständnis der Verbindung von Leidenschaft und Können war der Schlüssel, um der Tretmühle zu entkommen. „So konnte ich es mir erlauben, mich auf die Tätigkeiten in meiner Wunschzone zu konzentrieren, und das ermöglichte es mir, wirklich zu sagen: ‚Ich muss nicht andauernd beschäftigt sein. Ich kann Zeit haben, um auch einfach einmal gründlich nachzudenken und an den Dingen zu arbeiten, die mir am wichtigsten sind.'" Die Auswirkungen waren für Rene sofort spürbar. Sie verkürzte ihre Wochenstunden von 60 auf 30. Aber dadurch habe sie noch mehr gewonnen: „Ich lasse mich nicht mehr von Dingen ablenken, die nicht wichtig sind. So habe ich wirklich mein ganzes Leben zurückerobert."

Mariel führt eine Steuerkanzlei und fand sich, wie viele von uns, in der Situation wieder, dass die Arbeit in jeden Winkel ihres Lebens vordrang. Als wir anfingen zusammenzuarbeiten, arbeitete sie regelmäßig 60 bis 70 Stunden pro Woche und nahm die Arbeit immer mit in den Urlaub. „Ich bin in einem Familienunternehmen großgeworden", erklärte sie. „Überstunden zu machen und die ganze Zeit zu arbeiten, war etwas, an das ich gewöhnt war, und ich liebte die Arbeit."

Aber sie stellte fest, dass manche Tätigkeiten einen größeren Impact hatten als andere. „Was am meisten Eindruck auf mich gemacht hat", sagte sie, „war, mich durch meine Zonen zu arbeiten und herauszufinden, was für mich uninteressant oder Schinderei ist und wo wirklich meine Wunschtätigkeiten liegen." Sobald sie ein klares Gefühl dafür gewonnen hatte, war sie in der Lage, Aufgaben außerhalb ihrer Wunschzone zu eliminieren, zu automatisieren und zu delegieren (mehr dazu in Schritt 2). Mariel verkürzte so nicht nur ihre Arbeitszeit um 30 Stunden pro Woche; während sie weniger arbeitete, wuchs ihr Business. Dasselbe gilt für Roy und Rene. Tatsächlich ist das bei allen so, die ich kenne und die in der Schnittmenge von größter Leidenschaft und höchstmöglicher Kompetenz arbeiten.

Zone X: Die Entwicklungszone. Es gibt eine fünfte Zone, die keinen festen Platz in unserem Raster hat. Ich nenne sie die Entwicklungszone. In ihr liegen Tätigkeiten außerhalb der Wunschzone, die sich aber möglicherweise auf diese zubewegen. Vielleicht haben Sie in etwas viel Kompetenz und wenig Leidenschaft, sind aber gerade dabei, Leidenschaft dafür zu entwickeln. Oder es verhält sich anders herum und Sie bauen gerade Ihre Fähigkeiten aus. Es ist wichtig, diese Entwicklungsmöglichkeiten im Auge zu behalten, denn unsere Erfahrung wirkt sich sowohl auf unsere Kompetenz als auch auf unsere Leidenschaft aus.

Wir kommen nicht mit einer Standardkonfiguration zur Welt, sodass wir von Natur aus Leidenschaft oder Kompetenz für etwas mitbringen und das war's. Vielmehr beginnen wir alle mit Neugierde, Interesse und möglicherweise einem unausgebildeten Talent für das eine oder andere. Zeit und Übung spielen eine Rolle dabei, in welche Zone eine Aufgabe fällt, und diese Aufgabe kann auch wandern, je nachdem, wie wir uns im Verhältnis zu ihr entwickeln. Mit anderen Worten: Leidenschaft und Können sind das Ergebnis unserer persönlichen und beruflichen Entwicklung.

Viele Aufgaben in meiner heutigen Wunschzone sind aus der Entwicklungszone dorthin gewandert. Das trifft auf viele Menschen zu. Als meine Tochter Megan Hyatt Miller anfing, für mich zu arbeiten, hatte sie keinerlei Leidenschaft für Finanzanalysen. In den Bereichen Branding und Marketing glänzte sie, aber Tabellenkalkulationen und Hochrechnungen waren mühsam. Weder hatte sie Begeisterung dafür noch konnte sie es besonders gut. Sie war jedoch bereit zu lernen und besaß eine gewisse Begabung. Mit der Zeit und durch Übung entwickelte sie echte Kompetenz. Und das war noch nicht alles. Als Megan ihre Fähigkeiten entwickelte, wuchs auch ihre Leidenschaft. Forschungen des Psychologen Anders Ericsson von der Florida State University und anderer zeigen, dass das Erlernen und schließlich das Beherrschen von Fähigkeiten die Freude an einer Aufgabe beeinflussen können. Ich sage „können", weil das nicht immer so ist; als CEO konnte ich mich in einem Raum voller Banker durchaus behaupten, aber ich habe das selten genossen. Manchmal jedoch macht Übung nicht nur den Meister, sondern auch Freude.[1] Und daran merken wir, dass eine Aufgabe von einer Zone in eine andere gewandert ist.

Das Mindset, also unsere generelle Einstellung zu Dingen, ist ein weiterer Aspekt, der beeinflusst, ob sich Tätigkeiten in unsere Wunschzone verlagern. Megan denkt visionär und ist auf die Zukunft ausgerichtet. „Futuristisch" ist ihre Stärke Nummer eins.[2] Zum Teil wurde Megans wachsendes Interesse an den Zahlen davon genährt, wie eng diese mit den Unternehmenszielen und -strategien zusammenhingen. „Finanzielle Kennzahlen zeigen uns, wie gut wir unsere Vision umsetzen", sagte sie mir. „Darin liegt ihre praktische Relevanz." Heute sind Finanzmodelle, Cashflow-Projektionen und Budgetierung auf höchster Ebene allesamt Aktivitäten in Megans Wunschzone, die heute für MH & Co. als CEO tätig ist.

Manchmal wissen wir von vornherein, dass eine bestimmte Aufgabe nicht unser Ding ist. In einem anderen Fall brauchen wir einfach mehr Erfahrung damit. Wenn wir so eine Ahnung haben, dass wir es in einer bestimmten Tätigkeit zu Leidenschaft und Kompetenz bringen könnten, sollten wir ihr gegenüber aufgeschlossen bleiben.

Finden Sie Ihren wahren Norden

Da Sie nun die vier Zonen der Produktivität kennen, lassen Sie uns einen Blick auf den Freiheitskompass selbst werfen. Der Kompass ist nichts anderes als das Leidenschafts-Kompetenz-Raster, nur so gedreht, dass die Wunschzone die oberste Position einnimmt. Als Navigator müssen Sie zunächst ermitteln, wo Norden ist.

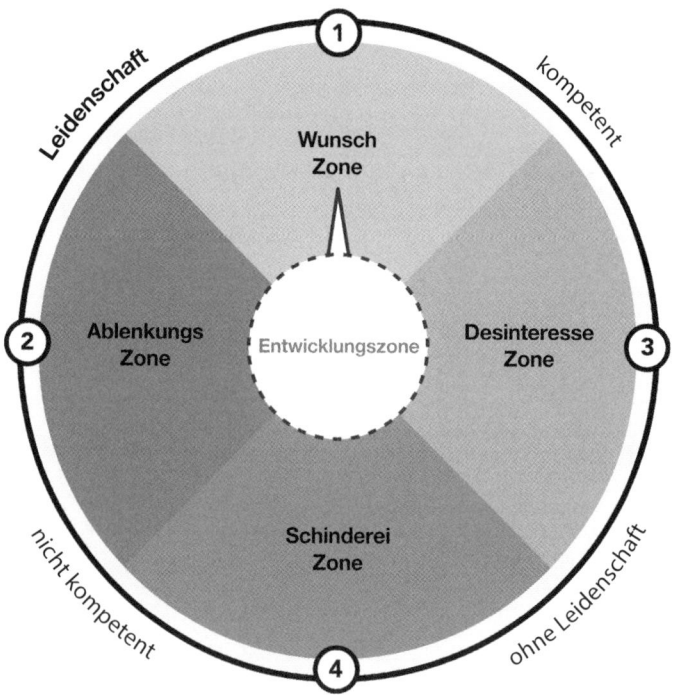

Durch das Drehen des Rasters für Leidenschaft und Können entsteht Ihr Freiheitskompass. Je mehr Sie Ihre Bemühungen nach Norden, zu Ihrer Wunscharbeit, ausrichten, desto produktiver werden Sie sein. Die nebenstehenden Beispiele zeigen Ihnen, wie der Freiheitskompass Ihrer Arbeit eine Richtung gibt.

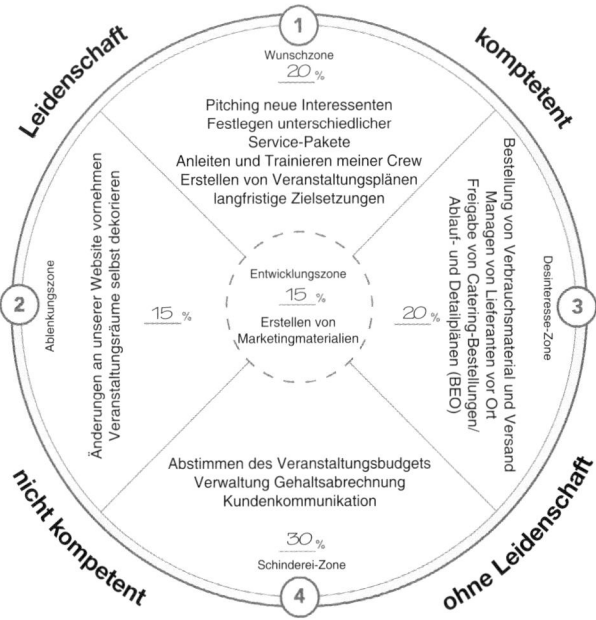

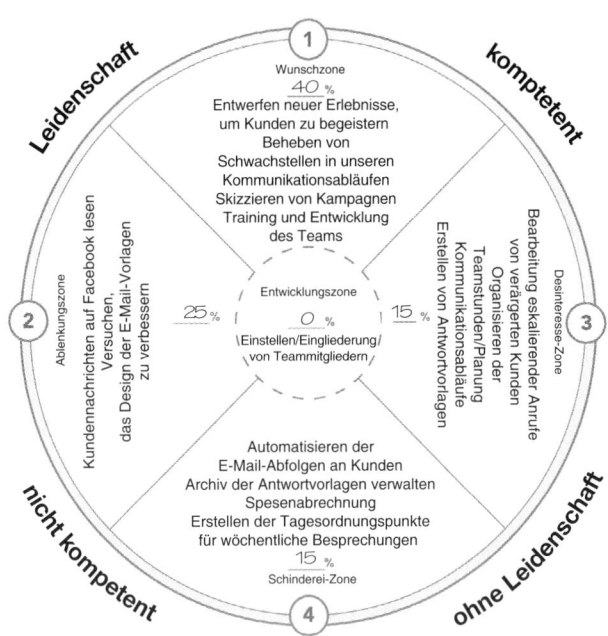

Für Ihre Produktivität ist Zone 1, die Wunschzone, der wahre Norden. Das ist die Richtung, in die Sie steuern möchten. Genau wie ein normaler Kompass Ihr Leben retten kann, wenn Sie sich in der Wildnis verirrt haben, kann der Freiheitskompass Sie durch den Dschungel sinnloser, unproduktiver Arbeit führen.

Dieses Buch will Ihnen helfen, mehr zu erreichen, indem Sie weniger tun. Das ist das Geheimnis der Produktivität, das viele entweder für selbstverständlich halten oder aber völlig übersehen. *Wahre Produktivität besteht darin, mehr von dem zu tun, was in Ihrer Wunschzone liegt und weniger von allem anderen.* Unterstreichen Sie diesen Satz! Schreiben Sie ihn auf einen Post-it-Zettel und heften Sie ihn an Ihren Computerbildschirm. Hängen Sie ihn in Ihrem Auto auf. Rezitieren Sie die Aussage, wenn nötig, zehnmal am Tag, aber merken Sie sich diesen einen Punkt: Wahre Produktivität besteht darin, mehr von dem zu tun, was in Ihrer Wunschzone liegt und weniger von allem anderen. Wenn Sie Ihre Zeit und Energie auf Ihre Wunschzone konzentrieren, werden Sie Ergebnisse erzielen und Freiräume schaffen. Das ist der Schlüssel dazu, mehr zu erreichen, indem Sie weniger tun.

> Wahre Produktivität bedeutet, mehr von dem zu tun, was in Ihrer Wunschzone liegt – und weniger von allem anderen.

Je mehr Zeit Sie in Ihrer Wunschzone verbringen, desto mehr Gutes tun Sie – nicht nur für sich selbst, sondern auch für die Welt um Sie herum. Ich weiß, dass das eine kühne Behauptung ist, also lassen Sie es mich erklären. Wir alle verfügen über einzigartige Gaben – ein spezifisches Paket aus angeborenen Talenten, erworbenen Fertigkeiten, Tatkraft und Wissen, die uns als Individuen besonders auszeichnen – und wir sind niemals effektiver, niemals mächtiger, niemals einflussreicher als dann, wenn wir diese Gaben einsetzen. Sie können nicht ich sein und ich kann nicht Sie sein. Wir alle können jedoch die beste Version von uns selbst sein. Ich glaube, dass genau das geschieht, wenn wir in unserer Wunschzone leben und arbeiten.

Noch ein Wort dazu, bevor wir weitermachen: Das *Free-to-Focus*-System kann Sie zwar rasch in die Wunschzone bringen, aber über Nacht wird das auch nicht geschehen. Heute verbringe ich etwa 90 Prozent meiner Zeit mit Aktivitäten in der Wunschzone und ich möchte, dass auch Sie so schnell wie möglich an diesen Punkt kommen. Stephen, ein Online-Verkaufsassistent und Coaching-Klient, sagte mir, dass er mittlerweile zu 80 bis 90 Prozent in seiner Wunschzone arbeite. Aber so hat er nicht angefangen. Als er das erste Mal an meinem Onlinekurs teilnahm, wurde ihm klar: „Ich mache all diese Dinge in der Schinderei-Zone. Ich habe versucht, alles selbst zu machen – einschließlich Drucker zu reparieren – und es war einfach schrecklich!" Wenn Sie dafür verantwortlich sind, dass wichtige Ergebnisse erzielt werden, können Sie es sich dann leisten, an der Büroausstattung herumzupfuschen? Als Stephen herausfand, wie viel Energie er vergeudete, begann er, den Freiheitskompass zu benutzen, um herauszufinden, in welchen Bereichen er den größten Unterschied machen konnte. So holte er sich nicht nur seine Freizeit zurück, was seine junge Familie sehr freute, sondern er verdoppelte auch seinen Umsatz. „Das hat einen riesigen Einfluss auf das Ergebnis gehabt und mir hat es so auch viel mehr Spaß gemacht."

Da Sie nun den Freiheitskompass kennengelernt haben, behalten Sie Ihren Norden im Auge! Tun Sie Ihr Bestes, um sich mit Hilfe der Werkzeuge in diesem Buch in die für Sie richtige Richtung zu bewegen. Seien Sie geduldig auf Ihrem Weg. Ein Kompass ist ein Wegweiser. Er zeigt die Richtung an, ist aber nicht selbst schon das Ziel. Vielleicht gibt es etwas, das Sie gern tun und für das Sie eine Begabung haben, in dem Sie aber gerade noch Ihre Fähigkeiten ausbauen. Oder vielleicht sind Sie bereits durchaus kompetent, suchen aber noch etwas, was Ihr Feuer entfacht. Das ist gut so: Nutzen Sie die Entwicklungszone als Station, in dem Sie Tätigkeiten zwischenparken können, bei denen Sie sich unsicher sind, von denen Sie aber vermuten, dass sie eines Tages wichtig für Ihr Unternehmen sein könnten – vor allem, wenn sie direkt zu den Zielen beitragen können, die Sie erreichen wollen.

Nun stellt sich aber die Frage: Wenn Produktivität einfach darauf hinausläuft, mehr Dinge in die Wunschzone zu packen und weniger von allem anderen zu tun, warum machen das dann die meisten von uns nicht bereits? Warum scheint dieses Ziel so oft unerreichbar?

Einschränkende Überzeugungen und befreiende Wahrheiten

Das größte Hindernis bei unseren Bemühungen, produktiver zu arbeiten, ist wohl unser eigenes Mindset. Wir suchen uns das nicht aus, aber unser Leben wird durch eine ganze Reihe von Überzeugungen bestimmt, die wir über uns und unsere Situation gesammelt haben. Diese Überzeugungen schränken uns ein, weil sie unserem Potenzial Grenzen setzen und falsche, einengende Barrieren errichten, die uns davon abhalten, größere und bessere Ziele zu erreichen. Wir könnten ein ganzes Buch mit einschränkenden Überzeugungen füllen, aber hier konzentrieren wir uns auf die sieben darunter, die unsere Anstrengungen am schlimmsten sabotieren.

1. „Ich habe einfach keine Zeit dafür." Die einschränkende Überzeugung, die ich am häufigsten höre, lautet: „Ich habe keine

Zeit." Oder anders ausgedrückt: „Ich bin zu beschäftigt." Das habe ich schon von jedem Typ Mensch in jeder Position zu hören bekommen: von CEOs, Geschäftsleuten, Bauarbeitern, Hausfrauen und Studierenden. Das ist ein universelles Problem: Wir alle fühlen uns zu beschäftigt. Wenn Sie mit diesem einschränkenden Glaubenssatz zu kämpfen haben, ersetzen Sie ihn durch diese befreiende Wahrheit: *Ich habe alle Zeit, die ich brauche, um das zu erreichen, was mir am wichtigsten ist.* Werfen Sie einen frischen Blick auf die großen Dinge, die um Sie herum geleistet werden und sehen Sie sich Menschen an, die große Veränderungen in der Welt bewirken. Erinnern Sie sich daran, dass Sie dieselben 168 Stunden pro Woche haben wie sie – auch Sie können in der Zeit, die Ihnen zur Verfügung steht, Großes erreichen.

2. „Ich bin einfach nicht diszipliniert genug." Menschen, die Produktivität im Sinne eines großangelegten, komplizierten Systems aus Notizen und Ordnern, Feinabstimmung und der Auflistung einer Million verschiedener Aufgaben verstehen, sehen sich gewöhnlich mit der einschränkenden *Überzeugung* konfrontiert: „Dafür bin ich einfach nicht diszipliniert genug." Wenn das bei Ihnen so ist, dann ersetzen Sie den Glaubenssatz durch diese befreiende Wahrheit: *Die Arbeit in meiner Wunschzone erfordert nicht viel Disziplin.* Wir beklagen uns normalerweise nicht darüber, nicht genug Disziplin zu besitzen, um Dinge zu tun, die uns Spaß machen. Wir reservieren das Wort Disziplin für die Dinge, die wir ungern tun. Das ist eine Frage des Fokus: Wenn man sein Leben so gestaltet, dass man die meiste Zeit damit verbringt, an Dingen zu arbeiten, die man leidenschaftlich gern tut und beherrscht, dann fällt einem die dazu nötige Disziplin von selbst zu.

3. *„Ich kann über meine Zeit nicht selbst verfügen."* Nicht jeder ist ein CEO, selbstständig oder im Management beschäftigt. Wie Sie den Großteil Ihres Tages gestalten, wird Ihnen vielleicht von Ihrem Chef oder auch von Ihrer Familie diktiert. Allzu oft benutzen wir eine solche Konstellation jedoch als Ausrede, um das Handtuch zu werfen und zu sagen: „Ich habe keine Kontrolle über meine Zeit, das kann also nicht funktionieren." Wenn Sie dieser einschränkenden Überzeugung zum Opfer gefallen sind, ersetzen Sie sie durch die befreiende Wahrheit: *Ich kann die Zeit, über die ich verfüge, besser nutzen.* Sie sind kein passives Objekt, das hilflos durchs Leben treibt und äußeren Einflüssen völlig ausgeliefert ist. Sie haben ein Mitspracherecht, wie Sie Ihr eigenes Leben gestalten. Auch wenn andere über einen Teil Ihrer Zeit verfügen, haben Sie immer noch die Kontrolle über den Rest. Machen Sie das Beste daraus!

4. *„Als hochproduktiver Mensch wird man entweder geboren oder nicht."* Manchmal stehlen wir uns aus der Verantwortung, indem wir so etwas sagen wie: „Entweder man wird als Hochbegabter geboren oder nicht. Bei mir ist das eben nicht so." Diese Aussage ist schlicht und einfach falsch. Die Menschen, die Großes leisten und die Sie auf der Welt am meisten bewundern, kamen nicht mit übermenschlichen Fähigkeiten zur Welt. Sie haben einfach einen Weg gefunden, ihr eigenes Potenzial zu entwickeln – und das können Sie auch. Wenn Sie diesem einschränkenden Glaubenssatz aufsitzen, ersetzen Sie ihn durch diese befreiende Wahrheit: *Produktivität ist eine Fertigkeit, die ich entwickeln kann.* Dieses Buch wird Ihnen genau dabei helfen.

5. *„Ich habe es schon einmal versucht und es hat nicht funktioniert."* Ich wünschte, ich würde jedes Mal einen Dollar bekommen, wenn jemand seine mangelnde Produktivität entschuldigt, indem er sagt:

„Das habe ich schon einmal versucht und da es hat es auch nicht geklappt." Das Mantra von Überfliegern ist das definitiv nicht. Tatsächlich geben erfolgreiche Menschen niemals auf, nur weil sie mit einer Lösung versagt haben. Stattdessen suchen sie weiter nach einer Lösung, die funktioniert, und sie hören nicht auf, bis sie eine gefunden haben. Wenn auch Sie durch die Dinge, die bisher gescheitert sind, entmutigt wurden, dann ersetzen Sie diese einschränkende Überzeugung durch die befreiende Wahrheit: *Mit einem besseren Ansatz kann ich zu besseren Ergebnissen kommen.* Aus diesem Grund habe ich das *Free-to-Focus*-System überhaupt erst erfunden – keines der anderen Produktivitätssysteme, die ich ausprobiert habe, hat für mich je funktioniert. Dieses hier schon.

6. *„Die Umstände gestatten es im Moment nicht, aber das wird sich bald ändern."* Von all den einschränkenden Überzeugungen, die wir uns hier anschauen, ist die tödlichste vielleicht die: „Unter den momentanen Umständen ist es mir leider unmöglich, aber das geht vorbei. Irgendwann werde ich dann mehr hinbekommen." Dieser Glaubenssatz, auch wenn er vernünftig erscheint und Hoffnung für die Zukunft verheißt, kann jegliche Chance zunichtemachen, jemals produktiver zu werden. Was zunächst vorübergehend scheint, wird schließlich dauerhaft werden, es sei denn, Sie ändern *jetzt* etwas. Vielleicht haben Sie gerade viel Arbeit, es kommt in Ihrer Familie zu einer hektischen Zeit oder zu einem ungewöhnlichen Anstieg Ihrer sozialen oder gesellschaftlichen Verpflichtungen. Was auch immer es ist, beherzigen Sie diese Warnung: Es ist niemals nur vorübergehend. Solche geschäftigen Perioden ziehen die Grenzen unserer Zeiteinteilung immer wieder neu und die Dinge werden nie wieder „normal" werden. Es liegt an Ihnen zu definieren, wie das „Normale" aussehen soll; wenn Sie nicht die Kontrolle über Ihre Zeit übernehmen, wird es jemand anders tun. Wir können unseren Fortschritt nicht immer

wieder aufschieben. Stattdessen müssen wir uns diese befreiende Wahrheit zu eigen machen: *Ich muss nicht warten, bis sich meine Umstände ändern, um anzufangen und Fortschritte zu machen.* Wenn Sie auf den perfekten Zeitpunkt warten, um produktiver zu werden und die ersehnte Freiheit zu erlangen, werden Sie ewig warten. Sie können jetzt sofort mit positiven Veränderungen beginnen, ganz unabhängig von Ihren Umständen.

7. „Ich bin nicht gut im Umgang mit Technik." Schließlich macht Ihnen vielleicht die einschränkende Überzeugung zu schaffen: „Ich komme nicht gut mit Technik oder komplizierten Systemen zurecht." Wir alle suchen nach einer einfachen, eleganten Lösung – und die ist in der Welt der Produktivität ehrlich gesagt schwer zu finden. Wenn Sie sich über die Vielzahl der verschiedenen komplizierten Produktivitätsapps, -tools und -systeme da draußen den Kopf zerbrechen, sollten Sie sich diese befreiende Wahrheit zu Herzen nehmen: *Echte Produktivität erfordert keine Technik und keine komplizierten Systeme. Es geht mehr darum, meine täglichen Aktivitäten auf meine Prioritäten auszurichten, und das kann ich tun.* Wirklich jeder kann das, aber es beginnt damit, dass man daran glaubt, dass man es kann.

Das sind die sieben einschränkenden Überzeugungen, die ich im Laufe der Jahre am häufigsten gehört habe, auch wenn die Liste keineswegs vollständig ist. Vielleicht sind Ihnen beim Lesen noch viele weitere in den Sinn gekommen. Unser Mindset ist etwas, das wir auf unserem Weg zu mehr Produktivität oft übersehen. Doch dieses Versehen kann, wenn wir nicht vorsichtig sind, all unsere besten Bemühungen zunichtemachen. Wenn Sie sich nicht mit den Stimmen in Ihrem Kopf auseinandersetzen, werden Sie nie ein klares Bild davon bekommen, wo Sie momentan stehen – und das bedeutet, dass Sie nie in der Lage sein werden, dorthin zu navigieren, wo Sie hin wollen.[3]

Einschränkende Überzeugung	Befreiende Wahrheit
Ich habe einfach keine Zeit dafür.	Ich habe alle Zeit, die ich brauche, um das zu erreichen, was am wichtigsten ist.
Ich bin einfach nicht diszipliniert genug.	Die Arbeit in meiner Wunschzone erfordert nicht viel Disziplin.
Ich kann über meine Zeit nicht selbst verfügen.	Ich kann die Zeit, über die ich verfüge, besser nutzen.
Als hochproduktiver Mensch wird man geboren oder nicht.	Produktivität ist eine Fertigkeit, die ich entwickeln kann.
Ich habe es schon einmal versucht und es hat nicht geklappt.	Mit einem besseren Ansatz komme ich zu besseren Ergebnissen.
Die Umstände gestatten es im Moment nicht, aber das wird sich bald ändern.	Ich muss nicht warten, bis sich meine Umstände ändern, um anzufangen und Fortschritte zu machen.
Ich bin nicht gut im Umgang mit Technik.	Echte Produktivität erfordert keine Technologie oder komplizierten Systeme. Es geht mehr darum, meine täglichen Aktivitäten auf meine Prioritäten auszurichten, und das kann ich tun.

Ziel dieses Kapitels war es, Sie bei der Beurteilung Ihrer gegenwärtigen Situation zu unterstützen. Für einige kann das der schwierigste Teil des *Setze deinen Fokus*-Prozesses sein. Aber er ist für alles, was nun folgt, von zentraler Bedeutung. Wenn Sie die folgende Übung abgeschlossen haben, werden wir über Regeneration sprechen, um damit Schritt 1 abzuschließen.

VERTEILEN SIE IHRE AUFGABEN NEU!

Die Evaluation Ihrer aktuellen Position ist ein wichtiger Schritt auf dem Weg zum Erreichen Ihrer Produktivitätsziele, aber es ist ein Schritt, den viele Leute auslassen. Wenn Sie sich nicht ganz genau und ohne sich etwas vorzumachen anschauen, wo Sie stehen und wie Sie dorthin gekommen sind, werden Sie niemals so schnell vorankommen, wie Sie wollen.

Verwenden Sie die Aufgabenblätter *Task Filter* und *Freedom Compass* unter FreeToFocus.com/tools. Listen Sie Ihre regelmäßigen Aufgaben und Aktivitäten auf. Sobald die Liste vollständig ist, bewerten Sie jeden Punkt nach Leidenschaft und Können. Bestimmen Sie anhand dessen, zu welcher Zone jede Aufgabe gehört. (Ignorieren Sie die Spalten Eliminieren, Automatisieren und Delegieren vorerst; auf diese werden wir später zurückkommen).

Wenn Sie Ihre Aufgaben kategorisiert haben, nehmen Sie sich eine zusätzliche Minute Zeit, um sie in Ihren Freiheitskompass zu übertragen, wobei Sie jede Aufgabe in die entsprechende Zone eintragen. Schreiben Sie alle Aktivitäten der Entwicklungszone in die Mitte. Hängen Sie Ihren ausgefüllten Freiheitskompass dort auf, wo Sie ihn oft sehen, und benutzen Sie ihn als Erinnerung, um sich so weit wie möglich auf die Aktivitäten in der Wunschzone zu konzentrieren.

3

Regenerieren

*Geben Sie Körper und
Geist seine Energie zurück*

Fast alles funktioniert wieder, wenn man für ein paar Minuten den Stecker zieht – auch Sie.

ANNE LAMOTT

Alexandra Michel, Professorin an der Universität von Pennsylvania und ehemalige Mitarbeiterin von Goldman Sachs, führte eine zwölfjährige Studie über Investmentbanker durch, die regelmäßig zwischen 100 und 120 Stunden pro Woche arbeiteten. Zur Erinnerung: Eine Woche hat insgesamt 168 Stunden. Wie wir in Kapitel 1 gesehen haben, müssen Unternehmer, leitende Angestellte und Fachkräfte mit einer Wochenarbeitszeit von mehr als 50 Stunden bereits einige zeitliche Abstriche machen. 120 Stunden zu arbeiten bedeutet, dass *alles andere* im

Leben völlig an den Rand gedrängt wird: Schlaf, Beziehungen, Bewegung, Erholung, spirituelle und gemeinschaftliche Aktivitäten und vieles mehr. Um den Verlust auszugleichen, wurden den Bankangestellten durch ihren Arbeitgeber rund um die Uhr administrative Unterstützung, Essens- und Wäschereidienste und andere Haushaltshilfen zur Verfügung gestellt.

Angesichts ihres Fokus auf eine einzige Sache waren die Banker anfangs sehr produktiv. Sie kamen mit Energie und Elan an den Arbeitsplatz, nutzten die zusätzlichen Dienstleistungen ihres Arbeitgebers und arbeiteten hart und lange, wobei sie große Fortschritte machten. Aber das war nicht von Dauer – konnte es auch gar nicht sein.

„Ab dem vierten Jahr kam es bei den Bankangestellten teilweise zu lähmenden physischen und psychischen Zusammenbrüchen", berichtete Michel. „Sie litten unter chronischer Erschöpfung, Schlaflosigkeit, Rücken- und Körperschmerzen, Autoimmunkrankheiten, Herzrhythmusstörungen, Abhängigkeiten und Zwängen wie Essstörungen, wodurch sie ein vermindertes Urteilsvermögen und eine verminderte ethische Sensibilität zeigten." Das alles ging einher mit einem Leistungseinbruch. „Sie kompensierten ihre abnehmende Leistung einfach dadurch, dass sie noch länger arbeiteten, was sie in einen Teufelskreis aus eskalierenden Arbeitszeiten und chronischen körperlichen und emotionalen Leiden brachte."[1]

Mit dieser Herangehensweise jagen wir unserem eigenen Schwanz hinterher. Jack Nevison, der Gründer von New Leaf Project Management, hat die Zahlen aus mehreren verschiedenen Studien über lange Arbeitszeiten zusammengetragen. Er fand heraus, dass es eine Obergrenze gibt: Ab 50 Stunden Arbeit in der Woche gibt es für die zusätzliche Zeit keinen Produktivitätsgewinn mehr. Tatsächlich geht es dann rückwärts. Eine der Studien, die er durchführte, fand heraus, dass 50 Stunden am Arbeitsplatz nur etwa 37 Stunden nützliche Arbeit ergaben. Bei 55 Stunden sank sie fast auf 30 ab. Je mehr man dieser Studie zufolge über die Schwelle von 50 Stunden hinaus arbeitet, desto unproduktiver wird man. Nevison nennt dies die Fünfzig-Stunden-Regel.[2]

Das bedeutet, dass wir angesichts der Anzahl der Stunden, die wir im Durchschnitt arbeiten, kurz davorstehen, Rückschritte bei unserer Produktivität zu machen, wenn wir das nicht bereits tun. Morten T. Hansen, Professor für Management an der UC Berkeley, vergleicht überlange Arbeitszeiten mit dem Ausquetschen einer Orange. „Am Anfang", sagt er, „erhält man eine Menge Flüssigkeit. Aber wenn man weiter drückt, bis die Knöchel weiß werden, kommen nur noch ein oder zwei Tropfen heraus. Irgendwann erreicht man den Punkt, an dem man so fest drückt wie möglich, aber keinen Saft mehr produziert."[3] In einer aufschlussreichen Studie stellten Manager keinen messbaren Unterschied fest zwischen der Leistung von Mitarbeitern, die 80 Stunden pro Woche arbeiteten, und denen, die das nur vortäuschten; die zusätzlichen Stunden führten zu keinen wirklichen Produktivitätsgewinnen.[4] Wenn wir bis zur Erschöpfung arbeiten, erreichen wir

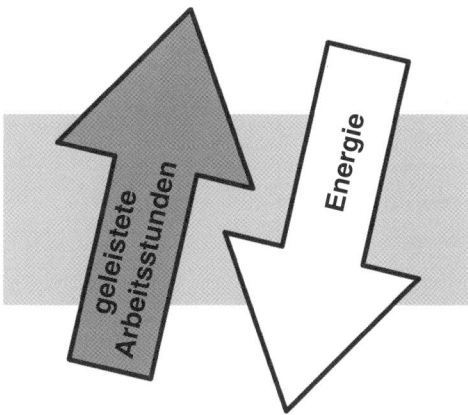

Zeit ist fix, aber Energie ist flexibel. Das bedeutet, dass es ein umgekehrtes Verhältnis zwischen den geleisteten Arbeitsstunden und dem Ertrag durch den Einsatz Ihrer Energie gibt. Je mehr Stunden Sie arbeiten, desto unproduktiver sind Sie.

weniger, indem wir mehr tun – das Gegenteil von dem, was wir hier wollen. Um dagegen mehr durch weniger zu erreichen, müssen wir einige unserer fest verankerten falschen Vorstellungen von Zeit und Energie loslassen.

Die Banker fielen einem gängigen Produktivitätsmythos zum Opfer: dass die Energie vorgegeben ist, Zeit aber dynamisch gehandhabt werden kann. Sie glaubten, sie könnten einen beständigen Ertrag aus ihren Anstrengungen erzielen, während sie ihre Überstunden beliebig ausdehnten –, dass sie nach 100 Stunden genauso klug, stark und engagiert sein würden wie nach 50 Stunden. Hier ein Zitat von Elon Musk, dem Gründer und CEO von Tesla und SpaceX, der diesen Trugschluss auf klassische Weise belegt: „Wenn andere Leute 40 Stunden pro Woche und Sie 100 Stunden pro Woche arbeiten, dann werden Sie, selbst wenn Sie dasselbe tun …, in vier Monaten das erreichen, wofür die anderen ein Jahr benötigen."[5] Dabei zäumen die Banker und Musk das Pferd von hinten auf: 100 Arbeitsstunden sind nicht nur quantitativ, sondern auch qualitativ anders als 50. Die Zeit ist vorgegeben, aber die Energie ist eine dynamische Größe. Jeder Tag enthält die gleiche Anzahl von Stunden, während Ihr Energieniveau in Abhängigkeit von mehreren Variablen steigen oder abfallen kann, darunter Ruhe, Ernährung und emotionale Gesundheit.

> Zeit ist fix, aber Energie ist flexibel.

Die meisten von uns wissen das intuitiv. Wenn wir morgens ausgeruht sind, können wir doppelt so viel erreichen wie nach dem Mittagessen. Das ist die Dynamik der Energie. Die gute Nachricht ist, dass Sie diese Dynamik zu Ihren Gunsten nutzen können, sodass Sie mit wenig Druck viel Saft erhalten. Genau darum geht es bei der Regeneration: Persönliche Energie ist eine erneuerbare Ressource, die durch sieben grundlegende Praktiken wieder aufgefüllt wird:

1. Schlaf
2. Essen
3. Bewegung
4. Beziehungspflege
5. Freizeit
6. Reflexion
7. Den Stecker ziehen

Lassen Sie uns beim ersten Punkt anfangen.

Praxis 1: Schlaf

In einer Grabrede für einen seiner Spitzenmanager sagte der ehemalige Disney-CEO Michael Eisner: „Der Schlaf war sein Feind. Er meinte, er habe ihn davon abgehalten, immer volle Leistung zu bringen. Es gab da immer noch ein weiteres Treffen, an dem er teilnehmen wollte. Der Schlaf, so dachte er, hielt ihn davon ab, Dinge zu erledigen."[6] Wir alle glauben manchmal an diesen Mythos, aber das ist nichts, worüber wir uns freuen sollten. Wir reden uns ein, dass wir noch eine weitere Sitzung oder Aufgabe in den Tag hineinquetschen könnten, würden wir nur ein wenig früher aufstehen oder etwas später schlafen gehen. Der Mythos ist allgegenwärtig.

Im Durchschnitt schlafen die Amerikaner knapp unter sieben Stunden pro Nacht.[7] Dabei ist diese Zahl, die bereits unter den empfohlenen acht Stunden liegt, wahrscheinlich zu hoch, weil die Menschen normalerweise über die Zeit sprechen, die sie im Bett verbringen, und nicht über die Stunden, in denen sie tatsächlich schlafen. Nach Angaben von Forschern bekommen wir etwa 20 Prozent *weniger* Schlaf, als wir denken.[8] Und das ist der Durchschnitt! In der Geschäftswelt rühmen wir uns damit, noch weit weniger Schlaf zu bekommen.

Führungspersönlichkeiten von PepsiCo, Southwest, Fiat Chrysler, Twitter und Yahoo! haben alle behauptet, dass sie mit der Hälfte der empfohlenen Schlafdauer auskommen.[9] Je weniger Zeit wir im Bett verbringen, desto mehr wird damit geprahlt und damit schaffen wir eine selbst auferlegte Erwartungshaltung unter den Unternehmern und Führungskräften auf allen Ebenen. Wenn man zu den Besten und Klügsten gehören will, muss man übermenschlich sein. Aber wir sind nicht übermenschlich. In einer Umfrage äußerten sich zwei Drittel der Führungskräfte unzufrieden mit der Menge an Schlaf, die sie bekommen, und mehr als die Hälfte beklagte sich über eine schlechte Schlafqualität.[10] Das hat einen hohen Preis.

Wir behandeln das Kopfkissen wie einen Feind der Produktivität, aber letztlich ist es der Verzicht auf Schlaf, der unserer Arbeit schadet. *The Lancet* untersuchte zum Beispiel Chirurgen, die 24 Stunden lang wach blieben. Die Ärzte machten mehr Fehler und für Routineeingriffe brauchten sie 14 Prozent länger. Die Beeinträchtigung war ebenso groß wie im Zustand der Trunkenheit.[11] Und dafür muss man nicht einmal die ganze Nacht durcharbeiten. Nach einer anderen Studie funktionierten Menschen, die zwei Wochen lang nur sechs Stunden pro Nacht geschlafen hatten, in etwa so gut, als hätten sie einen anständigen Rausch.[12] Indem wir uns unserer Nachtruhe berauben, führen wir also unser eigenes Versagen herbei, anstatt unsere Produktivität zu steigern.

Allnächtliche Regeneration ist die Grundlage der Produktivität. Ausreichender Schlaf hält uns geistig wach. Er verbessert unser Erinnerungs- und Lernvermögen und unsere Möglichkeiten, Fortschritte zu machen. Er verjüngt unseren emotionalen Zustand, baut Stress ab und lädt unseren Körper wieder auf. Ohne Schlaf fällt es uns indessen schwerer, konzentriert zu bleiben, Probleme zu lösen, gute Entscheidungen zu treffen oder auch, gut mit anderen Menschen auszukommen.[13] Die Neurowissenschaftlerin Penelope A. Lewis sagt: „Menschen mit Schlafmangel haben weniger originelle Ideen und neigen außerdem dazu, an alten Strategien festzuhalten, die möglicherweise nicht mehr wirksam sind."[14]

Das ist genau der Grund, warum effektive Führungskräfte und Unternehmer Wert darauf legen, ausreichend Schlaf zu bekommen. Denken Sie an den ehemaligen Amazon-CEO Jeff Bezos. „Acht Stunden Schlaf machen für mich einen großen Unterschied", sagte er gegenüber *Thrive Global*. „Diese Menge brauche ich, um mich wach und ausgeruht zu fühlen."[15] Mark Bertolini, der Vorsitzende und CEO von Aetna, bietet Angestellten tatsächlich finanzielle Anreize, damit sie genug Schlaf bekommen. „Wer halb einschläft, kann keine gute Arbeit leisten. Am Arbeitsplatz [voll] präsent zu sein und bessere Entscheidungen zu treffen, hat viel mit dem zu tun, worauf wir unser Geschäft aufbauen."[16]

Wirklich erholsame Ruhe läuft auf zwei Dinge hinaus: Quantität und Qualität. Erwachsene – unabhängig davon, was in ihrem Terminkalender steht oder wer gerade ihre Zeit und Aufmerksamkeit beansprucht – benötigen sieben bis zehn Stunden Schlaf pro Nacht, um Höchstleistungen zu erbringen. Sie müssen es sich selbst gestatten, so viel zu schlafen, wie Sie für notwendig halten, um ihr Bestes zu geben. Zugegebenermaßen kann das manchmal schwierig sein. Wenn Ihr Terminkalender vollgepackt ist, müssen Sie möglicherweise weniger Zeit auf Facebook oder Netflix verbringen („Wir konkurrieren mit dem Schlaf", hat Reed Hastings, CEO von Netflix, zugegeben[17]). Wenn Sie kleine Kinder haben, müssen Sie und Ihr Partner möglicherweise in Schichten schlafen oder sogar gelegentlich einen Babysitter für die Nacht engagieren, um ungestörte Ruhe zu bekommen. Sie könnten sogar in Erwägung ziehen, für ein paar Nächte zur gleichen Zeit wie Ihre Kinder ins Bett zu gehen, um ein paar zusätzliche Stunden Schlaf zu bekommen.

Auch indem Sie einen kurzen Mittagsschlaf in Ihren Tagesplan aufnehmen, können Sie Ihre Schlafmenge verbessern. Lachen Sie nicht, Nickerchen sind meine geheime Produktivitätswaffe. Jeden Tag nach dem Mittagessen mache ich einen kleinen Mittagsschlaf und er hält mich den ganzen Nachmittag über frisch und wach. Aber schlafen Sie nicht länger als 20 oder 30 Minuten, sonst fällt es Ihnen vielleicht schwer, aufzuwachen, und Sie fühlen sich nicht mehr gestärkt, sondern groggy. Es gibt eine lange Liste von Führungspersönlichkeiten, Künstlern, Wissenschaftlern und anderen, die ihre Leistung durch eingeplante Nickerchen verbessert haben. Um nur einige zu nennen: Winston Churchill, Douglas MacArthur, John F. Kennedy, J. R. R. Tolkien und Thomas Edison.[18] Seien Sie nicht überrascht, wenn es eine Weile dauert, bis Sie den Dreh heraus haben. „Wie Fallschirmspringen ist auch das Nickerchen Übungssache", sagt die Essayistin Barbara Holland.[19]

Was die Qualität betrifft, so gibt es mehrere Möglichkeiten, sie zu verbessern. Studien zeigen übereinstimmend, dass das Ausschalten aller Bildschirme (Fernseher, Telefon, Tablet, Computer usw.) eine Stunde vor dem Schlafengehen Ihren Schlaf dramatisch verbessern kann. Gehen Sie bewusst mit Ihrer Schlafumgebung um, indem Sie Rollos einbauen, die Raumtemperatur senken oder weißes Rauschen von einer Musikanlage, einer App oder einfach von einem elektrischen Ventilator in Ihrem Schlafzimmer einsetzen.[20] Kleine Änderungen können einen großen Unterschied machen und dafür sorgen, dass Sie erfrischter und energiegeladener in den Tag starten.

Praxis 2: Essen

Unsere Ernährung hat einen sofortigen, nachhaltigen und spürbaren Einfluss auf unser Energieniveau. Es gibt einen Grund, warum Sportler so sorgsam darauf achten, was sie zu sich nehmen. Das beste Produktivitätssystem der Welt kann Ihnen nicht helfen, wenn Sie Ihrem Körper die Nährstoffe vorenthalten, die er braucht, um mit höchster Effizienz arbeiten zu können.

Denken Sie zum Beispiel ans Mittagessen. Eine 2012 von Right Management durchgeführte Umfrage am Arbeitsplatz ergab, dass nur jeder fünfte Angestellte zum Mittagessen seinen Schreibtisch verlässt. Weitere zwei von fünf Mitarbeitern essen etwas an ihrem Schreibtisch. Fast 40 Prozent der Arbeitnehmer und Manager essen „nur von Zeit zu Zeit" oder „selten, wenn überhaupt" zu Mittag.[21] Wir können das Mittagessen als eine störende Unterbrechung betrachten, aber in Wirklichkeit macht es sich in Bezug auf unseren Energiehaushalt mehr als bezahlt. Andererseits kann das Überspringen der Mahlzeit dazu führen, dass wir schläfrig, benommen und müde werden.

Auch das Verlassen unserer Schreibtische zum Essen zahlt sich aus – gerade auch im Hinblick auf die Kreativität. „Kreativität und Innovation entstehen, wenn Menschen ihre Umgebung wechseln und vor allem, wenn sie sich in einer naturnahen Umgebung bewegen", sagt Kimberly Elsbach, Expertin für Arbeitspsychologie an der UC Davis Graduate School of Management. Sie argumentiert: „Drinnen am selben Ort zu bleiben ist dem kreativen Prozess wirklich abträglich. Es wirkt sich auch schädlich auf Denkprozesse aus, die notwendig sind, damit Ideen reifen können und eine Person in den Genuss eines ‚Aha!'-Moments kommt.[22] Wenn man das Mittagessen versäumt, bedeutet das also, dass man bahnbrechende Momente opfert, die Ihr Unternehmen auf die nächste Stufe bringen könnten. Stattdessen bekommen Sie eine ununterbrochene Monotonie aus Anrufen und Besprechungen, Tabellenkalkulationen und E-Mails vorgesetzt.

Natürlich kann die Diskussion darüber, was eine gesunde Ernährung ausmacht und was nicht, in hundert verschiedene Richtungen führen und sie alle liegen außerhalb des Rahmens dieses Buches. Ich werde Ihnen jedoch einige Ratschläge geben, für den Fall, dass eine gesunde Ernährung für Sie noch nie eine Priorität war.

Erstens sind natürliche Lebensmittel wie Gemüse, Obst, Nüsse und Fleisch eine bessere Wahl als praktisch alles, was Sie abgepackt bekommen. Wenn etwas schwer auszusprechende Zutaten enthält oder voller Zucker steckt, sollten Sie es sich vielleicht zweimal überlegen. Und seien Sie besonders achtsam, wenn Sie auswärts essen – aus der Speisekarte erfahren Sie selten etwas über die Qualität der verwendeten Produkte.

Zweitens: Gehen Sie nicht davon aus, dass Sie wissen, wie eine gesunde Ernährung aussieht, bevor Sie sich ausgiebig damit beschäftigt haben. Der Weg zu einer schlechten Ernährung ist gepflastert mit Mutmaßungen darüber, was gesund ist und was nicht. Allzu oft werden die Menschen durch Produkte irregeführt, die fälschlicherweise als „gesund", „fettarm" oder mit anderen wohlklingenden, aber nichtssagenden Schlagworten beworben werden, die von den Marketingleuten auf die Packungen gedruckt werden. Selbst Empfehlungen von offizieller Seite haben sich im Laufe der Jahre verändert und werden von vielen Gesundheitsfachleuten ständig hinterfragt, diskutiert und kritisiert. Herauszufinden, was wirklich gesund ist, ist gar nicht so einfach. Stellen Sie also Ihre eigenen Nachforschungen an und finden Sie heraus, was für Sie am besten funktioniert.

Drittens: Achten Sie darauf, was Sie trinken. Sogenannte Energydrinks, Limonaden und viele andere Getränke können Sie trotz des Zucker-Highs, das Sie vielleicht kurzfristig spüren, stärker erschöpfen, als Sie es vor dem Konsum dieser Getränke waren. Am besten halten Sie sich so weit wie möglich an Wasser.

Viertens: Erkundigen Sie sich über Nahrungsergänzungsmittel. Sie können helfen, eine unausgewogene Ernährung auszugleichen. Ich achte im Hinblick auf mein Energieniveau immer besonders auf die Vitamine B_{12} und D. Diese beiden spielen eine wichtige Rolle dabei, wie gut wir Stress wegstecken und wie energetisch wir uns fühlen.

Fünftens ist es auch wichtig, *mit wem* Sie essen. Mahlzeiten sind ganz hervorragende Gelegenheiten, Beziehungen aufzubauen. Beim Essen geht es nicht nur ums Nachtanken. Es geht auch um Freude und Verbundenheit. Die Qualität der Stunden, in denen Sie am Esstisch sitzen, ist für Ihre Produktivität genauso zentral wie die Zeit, die Sie im Bett verbringen.

Praxis 3: Bewegung

Allzu oft reden wir uns ein, dass wir keine Energie zum Trainieren übrig hätten. Dabei ist das Training selbst ein Energizer: Wir bekommen mehr zurück, als wir hineinstecken. Tatsächlich haben nur wenige Dinge einen so direkten Einfluss auf unser Energieniveau wie ein ordentliches Training. Wenn man sich morgens bewegt, zahlt sich das für den ganzen Tag enorm aus.

Den Centers for Disease Control and Prevention zufolge „haben nur wenige Entscheidungen bezüglich des Lebensstils einen so großen Einfluss auf die Gesundheit wie körperliche Aktivität."[23] Eine regelmäßige Trainingsroutine hält das Gewicht unter Kontrolle und ist mit weniger Stress, mehr Vitalität, erhöhtem Energieniveau, verringertem Risiko für Herzkrankheiten und Krebs und insgesamt mit verbesserter Lebensqualität und erhöhter Lebensdauer verbunden. Außerdem kommen Sie in den Genuss all dieser Vorteile, auch ohne täglich Stunden im Fitnessstudio verbringen zu müssen. Die CDC empfehlen: „Indem Sie mindestens 150 Minuten pro Woche aerobe Aktivität mittlerer Intensität durchführen, verringern Sie Ihr Risiko, frühzeitig zu sterben.[24] Das sind weniger als 25 Minuten pro Tag, in denen Sie sich körperlich ein wenig betätigen. Schon ein zügiger Spaziergang nach dem Mittagessen kann Ihnen zu großen Fortschritten bei der Verbesserung Ihrer Gesundheit, beim Abnehmen und Halten Ihres Gewichts, bei der Verbesserung Ihres Schlafs und bei der Steigerung Ihres Energieniveaus verhelfen.

Die Leute sagen oft, dass sie keine Zeit zum Trainieren haben. Untersuchungen zeigen jedoch, dass Menschen, die Sport treiben, den Spagat zwischen Arbeit und Privatleben besser hinbekommen als diejenigen, die das Training auslassen.

Bewegung stärkt nicht nur Ihren Körper, sondern auch Ihren Geist. Körperliche Aktivität versetzt unser Gehirn in die Lage, auf einem höheren Niveau zu arbeiten. Der Journalist Ben Opipari schrieb dazu in der *Washington Post*: „Ein einziges Training kann sofort die höheren kognitiven Funktionen anregen und Sie für die Arbeit produktiver und effizienter machen. Wenn Sie Ihre Beine trainieren, aktivieren Sie auch Ihr Gehirn; das bedeutet, dass ein Training zur Mittagszeit Ihre kognitive Leistung steigern kann ... Es verbessert die exekutiven Funktionen, höhere Gehirnaktivitäten, die es den Menschen ermöglichen, Argumente zu formulieren, Strategien zu entwickeln, Probleme kreativ zu lösen und Informationen zu synthetisieren." Und noch einmal: Das muss nicht viel Zeit in Anspruch nehmen. Opipari sagt: „Schon 20 Minuten aerobes Training bei 60 bis 70 Prozent der maximalen Herzfrequenz reichen aus."[25]

Beim Thema Produktivität bin ich kein Freund der schnellen Hacks – wenn Sie aber Ihre geistige und körperliche Energie steigern und eine erstklassige Atmosphäre zum Nachdenken und zur Problemlösung schaffen und gleichzeitig allgemein Ihre Gesundheit verbessern wollen, dann sollten Sie es vielleicht einmal mit dem Fitnessstudio versuchen oder anfangen zu laufen oder zumindest zu gehen. Das funktioniert wirklich.

Erfolgsmenschen sind berüchtigt für ihre Unfähigkeit, eine vernünftige Work-Life-Balance herzustellen. Es mag abwegig klingen, aber auch hier kann Bewegung einen großen Unterschied machen. Sie denken jetzt vielleicht: „Wie kann mir eine weitere Sache in meinem bereits vollgepackten Terminkalender helfen, mein Privat- und Arbeitsleben in Einklang zu bringen?" Das ist eine interessante Frage und die Forschung hat sie bereits beantwortet. Russell Clayton schrieb in der *Harvard Business Review*: „Neue Forschungsergebnisse ... zeigen eine klare Beziehung zwischen geplanter, strukturierter, wiederholender und zielgerichteter körperlicher Aktivität ... und der Fähigkeit, die Übergänge zwischen Arbeit und Privatleben in den Griff zu bekommen."[26]

Clayton erklärt diese Erkenntnisse anhand von zwei Hauptergebnissen. Erstens erklärt er, dass „Bewegung den Stress reduziert, und weniger Stress macht die Zeit, die man in beiden Bereichen verbringt, produktiver und angenehmer." Zweitens stellt er fest, dass Bewegung ein größeres Gefühl der Selbstwirksamkeit schafft, womit das Vertrauen gemeint ist, das wir in unsere Fähigkeit setzen, Dinge zu erledigen. Einfach ausgedrückt: Bewegung baut unseren Stress ab und gibt uns das *Gefühl*, stark genug zu sein, um alles meistern zu können. Dieses Mindset hat einen großen Einfluss darauf, wie wir sowohl zu Hause als auch bei der Arbeit mit unseren Aufgaben umgehen.[27] Es wirkt sich darauf aus, wie Sie an die Arbeit herantreten, wie Sie mit Kunden und Konkurrenten umgehen und für wie fähig Sie sich halten, große Ziele zu erreichen. Wenn Sie sich trotz Ihres straffen Zeitplans an Ihren Trainingsplan halten wollen, sind Sie gezwungen, Ihre Selbstdisziplin zu schärfen und Ihre Opferbereitschaft zu erhöhen. Es hilft Ihnen auch, Ihre Effizienz, Ihr Engagement, Ihre Planung und Ihren Fokus zu schärfen, was Sie in die Lage versetzt, mit konkurrierenden Interessen und Möglichkeiten zu jonglieren. Kurz gesagt, es verschafft Ihnen einen Vorteil in jedem Lebensbereich.

Um das zu demonstrieren, führten finnische Forscher fast 30 Jahre lang eine Vergleichsstudie unter 5.000 männlichen Zwillingen durch. Sie stellten fest, dass regelmäßige Bewegung mit einem langfristig 14 bis 17 Prozent höheren Einkommen verbunden war – selbst bei Zwillingen, die ungefähr das gleiche genetische Potenzial hatten. Die Forscher kamen zu dem Schluss, dass Bewegung „die Menschen gegenüber Schwierigkeiten auf der Arbeit resistenter macht und ihren Wunsch steigert, sich in Wettbewerbssituationen zu behaupten."[28] Diese Eigenschaften sind im geschäftlichen Umfeld direkt anwendbar und stellen einen massiven Wettbewerbsvorteil dar.

Praxis 4: Beziehungspflege

Wir können nicht über unser Energiemanagement sprechen, ohne die Auswirkungen einzubeziehen, die andere Menschen auf unser Energieniveau haben. Die Menschen um uns herum haben die Macht, unsere Energie dramatisch zu steigern oder uns komplett zu entleeren – schneller als fast alles andere. Man kann so viel schlafen wie man will, sich gesund ernähren und jeden Tag trainieren, aber wer sich von anderen Menschen abschottet und sich nicht die Zeit nimmt, in gute Beziehungen zu Freunden und zur Familie zu investieren – oder schlimmer noch, sich mit Energievampiren abgibt –, der lässt einen der stärksten Energizer überhaupt außer Acht.

„Es ist eine unbestreitbare Tatsache, dass es nicht nur davon abhängt, was Sie tun und wie Sie es tun ... sondern auch davon, mit wem Sie es tun beziehungsweise wer es ihnen antut", schreibt der Psychologe Henry Cloud in *The Power of the Other*. Im Zusammenhang mit dieser Beobachtung und dem Umgang mit unserer Energie sagt er: „Es geht nicht nur darum, Ihre Arbeitsbelastung zu managen und Pausen einzulegen; genauso wichtig ist es, die Energiequellen um Sie herum zu managen. Mit anderen Worten: Produktivität ist zwischenmenschlich."[29]

Dylan Minor, Assistenzprofessor an der Northwestern Kellogg School of Management, demonstrierte das durch eine Studie an Arbeitern in einem großen Technologieunternehmen. Nachdem er die leistungsstärksten Arbeiter identifiziert hatte, analysierte er ihre Wirkung auf die Menschen um sie herum. Die Leistung anderer Mitarbeiter, die sich in einem Radius von sieben bis acht Meter um einen Spitzenperformer herum aufhielten, stieg um 15 Prozent, was einer Verbesserung des Unternehmensgewinns um rund eine Million Dollar entsprach.[30] Aber wie Cloud auch schreibt: „Menschen spenden Energie, aber sie nehmen sie einem auch weg."[31] Minor fand heraus, dass „negative Effekte", die von Niedrigperformern ausgehen, doppelt so viel Einfluss auf die Gewinne haben können wie die von Hochperformern – nur eben in die falsche Richtung.[32]

Dieses Phänomen betrifft nicht nur Ihre Arbeit (und die Leute, die Sie dort normalerweise treffen), sondern es schließt Ihr gesamtes soziales Umfeld ein (jeden, mit dem Sie regelmäßig Kontakt haben). Ihre Mitarbeiter, Kollegen, Kunden und Klienten spielen ebenso eine Rolle in Ihrem Energiemanagement wie Freunde, Familienmitglieder, Bekannte, Gemeindemitglieder und andere – sogar Social-Media-Freunde und Follower. Einige dieser Personen werden, wie ich Dan Sullivan einmal sagen hörte, inklusive Batterien geliefert. Sie laden einen auf. Andere nicht und die können Sie aussaugen. Wie auch immer, sie alle beeinflussen Ihr Energielevel.

Für eine optimale Regeneration müssen Sie diese Zusammenhänge bewusst steuern. Ein Abend mit Freunden, ein Ausflug mit der Familie oder eine Tasse Kaffee mit einem Kollegen kann sich im Laufe der Zeit durch enorme Dividenden in Energie und Beziehungskapital auszahlen. Ebenso kann ein unangenehmes politisches Streitgespräch per Social Media mit einem alten College-Freund Sie für Stunden in ein Loch stürzen. Cloud empfiehlt ein Beziehungs-Audit. Umgeben Sie sich mit Energieproduzenten oder Energiesaugern? Selbst wenn die Umstände Beziehungen mit negativen Menschen erforderlich machen, kann das Wissen um deren Wirkung bereits verhindern, dass es zu sehr auf Sie abfärbt. Manchmal höre ich Leute sagen, dass sie keine Zeit für Freundschaften haben. Überarbeitete Menschen finden selten die Zeit dafür. Beziehungspflege ist in dieser Hinsicht wie Schlaf oder Bewegung. Sie ist für eine hohe Leistung unerlässlich, aber sie ist eines der ersten Dinge, die auf der Strecke bleiben, wenn die Aufgaben sich stapeln. Um wirklich produktiv sein zu können, müssen wir jedoch den Menschen Vorrang einräumen. Sie sind ein menschliches Wesen und kein Roboter. Vielleicht haben Sie das vergessen, aber nicht alles lässt sich in Häkchen auf Ihrer To-do-Liste bemessen. Einige der besten Dinge im Leben geschehen in den Zeiträumen zwischen unseren Aufgaben – in den Momenten, die wir bewusst mit anderen Menschen verbringen.

Praxis 5: Freizeit

Arbeit allein macht nicht glücklich. Mangelnde Freizeit lässt Sie abstumpfen und macht Sie nicht nur unglücklich, sondern auch ineffektiv, einfallslos, unkonzentriert und unproduktiv. Unterschätzen Sie also niemals die Macht der Freizeit, was auch immer Sie sonst gerade an wichtigen Dingen zu tun haben. Es wird in Ihrem Leben immer Probleme, Deadlines und Aufgaben geben.

Das wird sich so schnell nicht ändern. Wenn Sie den Spaß immer hintanstellen – oder ihn vor sich herschieben, bis Sie irgendwann in Rente gehen –, kommen Sie nie in den Genuss der regenerativen Kraft der Freizeit.

Wie definiere ich Freizeit? Als Zeit, in der Sie tun können, was Sie wollen: einfach nur um des Tuns willen, aus Freude, um Leute zu treffen oder um Ihrer Kreativität freien Lauf zulassen. Das kann das Golfspiel sein oder ein Hobby wie Malen. Es kann das Ringen mit den Kindern sein oder mit dem Hund Stöckchen werfen, Wandern oder Forellenangeln. Es ist ein Abenteuer. Ein Vergnügen. Das Erlernen des Spiels auf der Indianerflöte (eine meiner Lieblingsflöten), Frisbee im Park, Schwimmen im Meer oder Tennis spielen. Es könnte ein Gitarrenzirkel sein. Schach oder Dame, Brettspiele oder Puzzles. Manchmal geht es um die Herausforderung und den Wettbewerb, andere Male geht es einfach nur ums Spiel selbst. Was Sie auch immer genau tun und wo Sie es tun: Freizeit und Spiel sind für Ihre Regeneration unerlässlich.

Da das Spiel als solches nicht auf ein Produkt ausgerichtet ist, läuft es ganz aus sich selbst heraus. Und das ist seine geheime Kraft: Wenn Sie nicht auf etwas hinarbeiten, dürfen Sie ineffizient sein, das heißt, Sie können einen Schritt zurücktreten und Erfahrungen sammeln, neue Dinge ausprobieren und sich die Welt anders vorstellen, als sie zu sein scheint. Wie die Autorin Virginia Postrel sagt: „Das Spiel fördert einen geschmeidigen Geist, die Bereitschaft, in neuen Kategorien zu denken, und die Fähigkeit, unerwartete Assoziationen zu entdecken. Der Geist des Spiels ermutigt nicht nur zur Problemlösung, sondern fördert durch neuartige Analogien auch Originalität und Klarheit."[33] Freizeit und Spiel verhelfen Ihnen zu kreativen Durchbrüchen.

Wir kennen alle die Gewohnheiten erfolgreicher Menschen, aber was ist mit ihren *Hobbys*? Wie der Psychiater Stuart Brown sagt: „Arbeit funktioniert nicht ohne Freizeit."[34] Die Besten und

Die schönsten Dinge in Ihrem Leben werden Sie vermutlich nie auf einer To-do-Liste abhaken.

Klügsten wissen das bereits. Bill Gates spielt Tennis. Er spielt auch Bridge mit Warren Buffet. Der ehemalige Twitter-CEO Dick Costolo wandert, fährt Ski und züchtet Bienen. Und Sergey Brin, der Mitgründer von Google, turnt, fährt Rad und spielt Inlinehockey.[35] Diese Art von Aktivitäten sind nicht separat von ihrem Erfolg zu betrachten. Sie sind ein Teil davon. Die US-Präsidenten George W. Bush, Jimmy Carter, Ulysses S. Grant und Dwight Eisenhower haben alle gemalt. Winston Churchill ebenfalls. „Churchills große Stärke", so der Historiker Paul Johnson, „war seine Fähigkeit, sich zu entspannen", und die Malerei machte einen Teil dieser Stärke aus. Er nahm das Hobby in einer schwierigen Zeit seiner Karriere auf und blieb ihm für den Rest seines Lebens treu – sogar während der dunkelsten Stunden des Zweiten Weltkriegs. Johnson schließt mit den Worten: „Die Balance, die er zwischen Arbeit, Erholung und kreativer Freizeitaktivität hielt, kann für jede Führungsperson ein Vorbild sein."[36]

Wie Churchill selbst sagte, liegt der Schlüssel zur Regeneration darin, von unseren Arbeitsroutinen abzuweichen. Wir setzen Körper und Geist in unserer Freizeit anders ein als bei der Arbeit. „Man kann einen bestimmten Teil seines Geistes abnutzen, indem man ihn ständig anstrengt und dadurch ermüdet, gerade so wie man die Ellbogen eines Mantels abnutzen kann", schrieb er in einem Essay über Malerei und fügte eine wichtige Unterscheidung hinzu:

> „Es gibt jedoch einen Unterschied zwischen den lebenden Zellen des Gehirns und unbelebten Gegenständen. ... [D]ie müden Teile des Geistes können ausgeruht und gestärkt werden – nicht nur durch Ruhe, sondern auch durch das Benutzen anderer Teile. Es reicht nicht aus, nur die Lichter auszuschalten, die das gewöhnliche Hauptbetätigungsfeld ausleuchten; es geht darum, ein neues Betätigungsfeld zu beleuchten."

Er fuhr fort: „Es ist sinnlos, dass ein ... Geschäftsmann, der seit sechs Tagen arbeitet oder sich über ernste Dinge Gedanken macht, am Wochenende auch arbeitet oder sich über Kleinigkeiten den Kopf zerbricht."[37] Damit es zu einer Regeneration kommen kann, ist es wichtig, etwas anderes zu machen.

Das könnte ein Grund dafür sein, dass die Zeit, die wir in der Natur verbringen, eine so stärkende Wirkung auf uns hat. Eine Pause von der Hektik des Lebens zu nehmen, um sich mit der Natur zu beschäftigen, und sei es auch nur für ein paar Minuten, kann sich positiv auf unsere geistige Ausdauer und unsere kognitive Leistungsfähigkeit auswirken. In einer Studie erreichten Menschen, die Gedächtnis- und Aufmerksamkeitstests durchführten, eine um 20 Prozent höhere Punktzahl, nachdem sie durch einen Garten mit Bäumen gegangen waren.[38] Das muss nicht lange sein. Kurze „Mikropausen" in der Natur wirken sich schon erkennbar positiv auf unseren Verstand aus.[39] Längere Wanderungen, auf denen wir in die Natur eintauchen, bieten hingegen große Vorteile für unsere Kreativität und unsere Problemlösungsfähigkeiten. Nachdem sie vier Tage in der Wildnis verbracht hatten ohne Verbindung zu irgendeiner Art von digitaler Technologie, schnitten Studierende bei einem Problemlösungstest 50 Prozent besser ab. „Unsere Ergebnisse zeigen, dass es einen kognitiven Vorteil gibt, wenn wir Zeit in einer natürlichen Umgebung verbringen", so die Forscher.[40]

Und die positiven mentalen Auswirkungen beschränken sich nicht auf kognitive Marker wie Konzentration, Kreativität und Problemlösung. Die Natur verbessert auch unsere Stimmung, unsere Großzügigkeit und vieles mehr.[41] Zeit in der Natur zu verbringen ist außerdem eine großartige Möglichkeit zur körperlichen Regeneration. Ich kann mich immer gut entspannen, wenn ich abschalte und an der frischen Luft bin. Die Natur ist ein Stresskiller, der eine Reihe von weiteren Vorteilen bietet, darunter

- mehr körperliche Energie
- weniger Angstgefühle
- reduzierte Muskelverspannung
- verminderte Stresshormone
- niedrigere Herzfrequenz
- gesenkter Blutdruck[42]

Viele dieser Vorteile wirken sich natürlich auch auf unsere psychische Gesundheit aus, was zu einer sich selbst verstärkenden positiven Dynamik führt. Wir können in diesen Vorteilen optionale Erweiterungen oder Verbesserungen unseres Lebens sehen. Aber in Wirklichkeit gehören sie zu unserer Grundausstattung. Es liegt in unserer Natur, Zeit mit Spielen, Entspannen und Ausruhen zu verbringen, vor allem in natürlicher Umgebung. Wenn Sie leistungsfähig bleiben wollen, müssen Sie regelmäßige Perioden von Erholung, Bewegung und freiem Spiel in Ihren vollen Terminkalender einbauen.

Praxis 6: Reflexion

Eine weitere Quelle der Regeneration ist die Reflexion. Das kann viele Formen annehmen, aber am häufigsten beinhaltet es so etwas wie Lesen, das Führen eines Tagebuchs, Introspektion, Meditation, Gebet oder Gottesdienst. So vieles von dem, was wir bisher behandelt haben, betont den Körper: Schlafen, Essen, Bewegung und so weiter. All diese Dinge sind auch gut für die Seele. Aber wir sollten auch Zeit darauf verwenden, unseren Geist und unser Herz bewusst zu regenerieren. Dieser erste Abschnitt von *Setze deinen Fokus* heißt „Stopp" und Reflexion ist oft das Letzte, wofür wir innehalten – wenn wir es denn jemals tun. Aber wir müssen uns Zeit dafür nehmen. Wenn wir das nicht tun, laufen wir Gefahr, uns selbst zu verlieren.

Für vielbeschäftigte Menschen wie uns ist es so einfach, mit Warp-Geschwindigkeit durchs Leben zu hetzen, zu handeln und Entscheidungen zu treffen, ohne jemals anzuhalten, um herauszufinden, wohin wir eigentlich gehen, wen wir dadurch mit beeinflussen und worauf all diese Handlungen und Entscheidungen hinauslaufen. Dieser Mangel an Bewusstsein über Wochen, Jahre und Jahrzehnte hinweg schafft ein Leben, das planlos, wie im Vorübergehen und nur als Reaktion auf äußere Kräfte gelebt wird. Das ist nicht die Art von Leben, auf das man gern zurückblicken möchte.

Im Zusammenhang mit unseren überfüllten Terminkalendern, den sozialen Medien und unserer Kultur der sofortigen Befriedigung aller Bedürfnisse ist das doppelt wichtig. Es ist möglich, auf der Oberfläche unseres Lebens entlang zu tanzen und nie tiefer zu gehen als Statusupdates, One-Klick-Einkäufe und Serienstreaming. Wir werden uns nie vollständig regenerieren, wenn wir nicht langsamer werden und über unser Leben und die Art und Weise, wie wir uns durch die Welt bewegen, reflektieren.

Nehmen Sie sich vor, sich jeden Tag Zeit zur Reflexion zu nehmen. Welche Ideen sind Ihnen wirklich wichtig? Wie fühlen Sie sich? Geben Sie sich selbst Raum zum Nachsinnen über Ihren Tag, einschließlich Ihrer täglichen Entscheidungen, Siege, Verluste, Ideen, Einsichten und allem anderen, was den Tag besonders gemacht hat. Diese Übung stellt sicher, dass Sie mit einem größeren *Warum* verbunden sind und sich nicht in den Einzelheiten des Lebens verlieren. Wenn Sie fest mit Ihrem *Warum* verbunden sind, erhalten Sie die Energie und Kraft, die Sie brauchen, um Ihre Arbeit zu vollenden und das Rennen zu beenden – jeden Tag aufs Neue.

Praxis 7: Den Stecker ziehen

Schaffen Sie es, diese Praktiken umzusetzen? Das ist keine rhetorische Frage. Selbst wenn Sie glauben, dass sie gut für Sie sind, kann die Umsetzung schwierig sein. Wenn wir an Überstunden gewöhnt sind, ist die Versuchung groß, auch dann noch die Verbindung zu unserer Arbeit aufrecht zu halten, wenn wir eigentlich gerade versuchen, genau diese Verbindung zu unterbrechen. Wir driften dann in wenig hilfreiche Muster wie Wochenendarbeit und Schlafmangel ab, obwohl wir unseren Spielraum nutzen sollten, um unsere Energie zu erneuern. Das Telefon haben wir immer in der Tasche, die E-Mail ist nur einen Klick entfernt und die Benachrichtigungen klingeln und summen und verlangen nach Aufmerksamkeit.

Sie könnten in einen persönlichen, raumgroßen Faradayschen Käfig investieren, um sich vor jedem eingehenden Signal zu schützen. Das ist vielleicht zu viel des Guten. Dennoch brauchen wir einen Weg, um sicherzustellen, dass wir immer wieder den Stecker ziehen. Da dies für so viele Menschen einen Kampf bedeutet, empfehle ich, ein paar Regeln aufzustellen, die Ihnen helfen, die Verbindung nachts, am Wochenende und in den Ferien zu unterbrechen. Hier sind die vier Regeln, die ich anwende (mit einer Ausnahme, die Sie in Kapitel 8 finden). Fühlen Sie sich frei, Ihre eigenen Regeln aufzustellen und sie jedem mitzuteilen, der Ihnen bei der Umsetzung hilft.

Erstens: *Denken Sie nicht an die Arbeit.* Verbannen Sie sie aus Ihrem Kopf! Die Beschäftigung mit der Arbeit, während Sie gerade Zeit mit Familie und Freunden verbringen, führt dazu, dass Sie zwar körperlich anwesend, geistig aber abwesend sind. Selbst wenn Sie dort sind, sind Sie nicht wirklich da. Seien Sie auf der Hut vor den Sorgen, die sich vielleicht unbemerkt an Sie heranschleichen. Wenn Sie spüren, dass Sie über die Arbeit nachzudenken beginnen, konzentrieren Sie sich stattdessen auf etwas anderes.

Zweitens: *Arbeiten Sie nicht.* Zur Arbeit gehört auch, dass Sie in Kontakt und auf dem Laufenden bleiben. Schalten Sie Ihr Telefon in den Nicht-stören-Modus, ignorieren Sie Ihre E-Mails und

Ihre Projektmanagement-App und schalten Sie alles ab. Sie könnten Ihr Telefon in eine Schublade legen. Schließen Sie Desktop-Anwendungen wie Team-Chat-Apps oder das E-Mail-Programm und öffnen Sie sie während Ihrer arbeitsfreien Zeit nicht mehr.

Drittens: *Sprechen Sie nicht über die Arbeit.* Vermeiden Sie es, während der Auszeit über Projekte, Verkäufe, Werbeaktionen oder sonstige Probleme der Arbeit zu diskutieren. Das verschafft Ihnen und Ihrer Familie eine dringend benötigte Pause. Geben Sie den Menschen in Ihrer Umgebung die Erlaubnis, ein Foul auszurufen, wenn Sie doch wieder anfangen, über die Arbeit zu reden.

Viertens: *Lesen Sie nichts über die Arbeit.* Dazu gehören arbeitsbezogene Bücher, Zeitschriften und Blogs, aber auch andere Dinge wie Podcasts und Schulungsvideos. Pflegen Sie andere Interessen und nutzen Sie Ihre Freizeit, um Leidenschaften zu entwickeln, die nichts mit Ihrer Arbeit zu tun haben.

Neben ausgiebigem Schlaf ist das Ausstöpseln vielleicht die schwierigste der sieben Übungen. Als Forscher 1.000 Studierende in zehn Ländern vor die Aufgabe stellten, die Verbindung zu ihren Geräten für nur 24 Stunden zu kappen, waren die meisten von ihnen nicht dazu imstande. „Ich fühlte mich wie ein Drogenabhängiger", sagte einer. „Ich saß in meinem Bett und starrte ausdruckslos vor mich hin", berichtete ein anderer. „Ich hatte nichts zu tun."[43] Genau deshalb sind die anderen Praktiken so wichtig. Ich schlage nicht vor, dass Sie die Verbindung zu all Ihren Geräten trennen; das könnte zwar hilfreich sein, aber es ist ein bisschen extrem. Stattdessen schlage ich vor, dass Sie Ihre Regenerationszeit mit sinnvollen, arbeitsfremden Aktivitäten wie Spielen, Beziehungspflege und Reflexion füllen, damit Sie sich vollständig erholen.

Erneuern Sie sich selbst!

Ich hoffe, dass dieses Kapitel mit ein paar hartnäckigen Mythen über Zeitmanagement versus Energiemanagement aufgeräumt hat. Denken Sie daran, dass Zeit keine erneuerbare Ressource ist. Sie ist begrenzt. Sie können nichts tun, um dem Tag auch nur eine einzige Sekunde hinzuzufügen. Energie ist jedoch flexibel. Sie kann erneuert werden und wir können Schritte unternehmen, um sie zu unserem Vorteil zu beeinflussen. Wir können unsere Energie enorm steigern, indem wir genug schlafen, uns gut ernähren, uns bewegen, unsere Beziehungen pflegen, spielen, reflektieren und immer wieder den Stecker ziehen, um uns zu regenerieren. Dann können wir diese Energie so lenken, wie wir wollen, und zwar so, dass wir unser *Warum* stärken, unser Leben verbessern und zu der Freiheit finden, nach der wir alle streben.

Erstaunliche Dinge geschehen, wenn wir zu einem Stopp kommen: Wir schaffen Raum für eine klare Vision unserer Ziele, in dem wir selbst bestimmen können, was aus unserem Leben werden soll. Wir bekommen Zeit, um zu evaluieren, wo wir gerade stehen und wie unsere gegenwärtige Situation genau aussieht. Und wir nehmen uns die Zeit, uns zu regenerieren, indem wir bewusst in uns selbst und unsere Energiereserven investieren, ruhiger und gesünder werden und unsere Beziehungen niveauvoller gestalten. Es mag vielleicht kontraintuitiv erscheinen, mit einem Stopp anzufangen, aber ich hoffe, Sie haben inzwischen erkannt, wie wichtig es ist, Luft zu holen. Wie wir gelernt haben, kommt man nicht ans Ziel, wenn man nicht weiß, wo man jetzt gerade ist und wohin man gehen will. Wenn Sie die folgenden Übungen abgeschlossen haben, sind Sie bereit, mit Schritt 2 fortzufahren: Schnitt. Dann werden Sie sehen, wie Ihre neue Produktivitätsvision wirklich Gestalt annimmt.

REGENERATIONS-ASSESSMENT

Es kann schwierig sein, Zeit für Dinge wie Ruhe, gesunde Ernährung und Bewegung, Beziehungen und Zeiten der Besinnung zu finden. Aber das Leben ist besser, wenn wir diese Dinge zur Priorität machen. Am Ende haben wir mehr Energie und Ausdauer und das verbessert letztlich jeden Bereich unseres Lebens – einschließlich unserer Produktivität.

Laden Sie eine Kopie des Regenerations-Assessments von FreeToFocus.com/tools herunter. Ordnen Sie sich anhand der Fragen zur Selbsteinschätzung ein und zählen Sie dann Ihre Punkte. Obwohl wir uns im Allgemeinen oft müde fühlen, wird dieses Tool bestimmte Bereiche aufzeigen, die möglicherweise besondere Aufmerksamkeit benötigen. Erwägen Sie die Bewertung alle paar Monate zu wiederholen, um zu sehen, wie Sie sich verbessern und welche Bereiche noch Aufmerksamkeit erfordern.

Laden Sie als Nächstes eine Kopie des Rejuvenation Jumpstart von FreeToFocus.com/tools herunter. Dieses Tool ermöglicht es Ihnen, über ein mögliches Ziel für jede der sieben Praktiken nachzudenken, die wir in dieser Lektion behandelt haben. Wenn Sie mindestens ein Ziel pro Bereich festgelegt haben, wählen Sie die beiden aus, auf die Sie sich im kommenden Monat konzentrieren möchten. Um Ihre Ziele vor Augen zu haben, bestimmen Sie schließlich einen Aktivierungstrigger für jedes dieser beiden Ziele. Das ist einfach etwas, das Sie an Ihr Ziel erinnert. Das könnte eine Notiz an Ihrem Badezimmerspiegel oder eine Erinnerung auf Ihrem Telefon sein – was auch immer für Sie funktioniert, um sich an Ihre Ziele zu erinnern und Sie zu den erforderlichen Maßnahmen anzuregen.

SCHRITT 2

SCHNITT

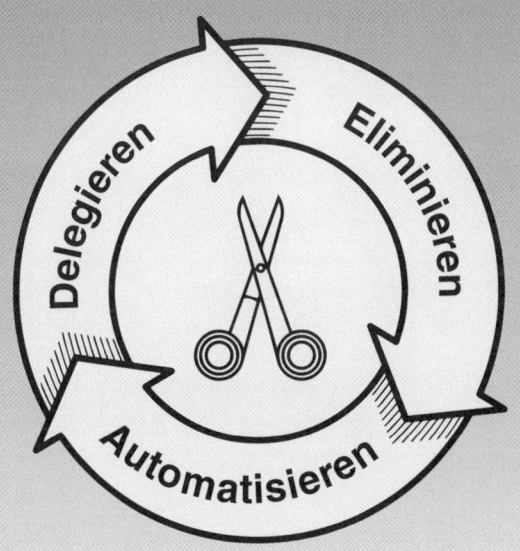

4

Eliminieren

Trainieren Sie das „Nein-Sagen"

Tatsächlich bin ich auf die Dinge, die wir nicht getan haben, genauso stolz wie auf die, die wir getan haben.

STEVE JOBS

Vor vielen Jahren quälte ich mich selbst durch eine der schlimmsten Wochen meines Berufslebens. Ich sage hier bewusst „quälte ich mich selbst", weil ich mir dieses Leiden selbst auferlegt hatte – indem ich bei viel zu vielen Dingen Ja gesagt hatte. In einer Woche nahm ich an Vorstandssitzungen für drei verschiedene Unternehmen teil, von denen zwei außerhalb der Stadt stattfanden. Außerdem sollte ich zwischen den Vorstandssitzungen und Reisen noch fünf Vorträge halten. Oh, und erwähnte ich schon, dass ich währenddessen auch noch unter Termindruck das redigierte Manuskript für eines meiner Bücher durchsah? Während ich von Meeting zu Meeting hetzte, sprach und redigierte, kümmerte ich mich natürlich auch um die 669 E-Mails, die auf meinem privaten Account eingingen. Ich fühlte mich erschöpft und überlastet, aber das war allein meine eigene Schuld. Zu all diesen Dingen hatte ich ja gesagt.

Wahrscheinlich haben auch Sie Wochen – vielleicht gar Monate oder Jahre – wie diese erlebt. Zwischen Arbeit, Familie, sozialen Aktivitäten, Kirche/Gemeinde und einer Million anderer Arten von Verpflichtungen schenken wir unsere kostbare Energie praktisch jedem, der darum bittet. Wir wissen, dass wir nicht zu jedermann ja sagen können, aber wir nehmen immer noch viel mehr auf uns, als wir sollten. Warum tun wir uns das an? Bei vielen ist der Grund ein Mangel an Mut. Vielleicht meiden wir Konflikte oder wir fühlen uns schuldig, weil wir Menschen enttäuschen könnten. Oder wir befürchten, eine Gelegenheit zu verpassen. Was auch immer der Grund sein mag, es ist wichtig, dass wir uns angewöhnen, nein zu sagen.

> Mut ist die Bereitschaft, um eines wichtigen Wertes oder Prinzips willen trotz Angst zu handeln.

Der Trick besteht darin, sich daran zu erinnern, was auf dem Spiel steht. Sie haben sich bereits mit Ihrem *Warum* auseinandergesetzt; jetzt müssen Sie dieses *Warum* die ganze Zeit vor Augen haben. Mut ist die Bereitschaft, trotz Ihrer Befürchtungen zu handeln, um einem wichtigen Wert oder Prinzip treu zu bleiben. Ihr *Warum* ist ein solcher wichtiger Wert und ein bedeutendes Prinzip! Das bedeutet, dass es schützenswert ist, und wenn Sie es nicht schützen, wird das niemand tun.

Wenn wir die Freiheit haben wollen, unseren Fokus selbst zu wählen, müssen wir alles beseitigen, was uns dabei im Wege steht.

Das bedeutet nicht einfach nur, dass wir zu vielen schlechten Ideen nein sagen müssen; es bedeutet auch, dass wir eine ganze Menge guter und lohnender Ideen ablehnen müssen. In der heutigen geschäftigen Welt ist es ganz einfach, überlastet und überfordert zu bleiben. Die harte Arbeit besteht darin, den Mut aufzubringen, nein zu Anfragen zu sagen, die unwichtig sind, und alle unwichtigen Aufgaben zu eliminieren, die bereits jetzt Ihre Zeit und Energie auffressen. Während sich andere Produktivitätssysteme darauf konzentrieren, die perfekte To-do-Liste zu erstellen, würde ich unsere Energie lieber auf weniger ausgetretene Pfade lenken: die Not-to-do-Liste.

In diesem Kapitel erfahren Sie, wie Sie Ihre Zeit zurückgewinnen können, indem Sie Unwesentliches weglassen – all jene Aufgaben, die Ihren Tag vereinnahmen, Sie aber Ihren Zielen nicht näher bringen. Wir werden diese Zeitverschwender angehen, indem wir fünf Möglichkeiten untersuchen, wie Sie sie mit Fingerspitzengefühl aus Ihrem Kalender und Ihrer Aufgabenliste streichen können, ohne dabei Ihr Geschäft zu ruinieren. Auf diese Weise lernen Sie, wie Sie unnötige Aufgaben und Verpflichtungen streichen, die wahren Kosten all Ihrer gedankenlosen Jas berechnen und die Macht des Neins entfesseln können. Nein zu sagen – das mag heute vielleicht noch unmöglich klingen, aber es ist einfacher, als Sie denken. Wenige Dinge werden Sie und Ihre Produktivität mehr in Schwung bringen als das mächtige kleine Wort Nein. Lassen Sie uns jetzt damit beschäftigen, wie man es richtig verwendet.

Die Dynamik der Zeit

Poker ist nicht dafür bekannt, Reichtümer zu erschaffen; es ist eher ein Transfer von Reichtum. Es handelt sich dabei um das, was gemeinhin als ein Nullsummenspiel bezeichnet wird. Jeder Spieler bringt Geld an den Tisch und das ist alles an Geld, was es in

Auch wenn wir nicht gerne Nein sagen — jedes Ja enthält von Natur aus auch ein Nein

diesem Spiel gibt. Wenn fünf Spieler jeweils 100 Euro zum Setzen mitbringen, dann beträgt der Einsatz des Spiels 500 Euro. Das ist alles. Während des Spielverlaufs halten die Spieler wechselnde Anteile dieser 500 Euro, aber zu jedem beliebigen Zeitpunkt beträgt die Summe der Anteile aller Spieler 500 Euro. Wenn sie so lange spielen, „bis nur einer übrig bleibt", erhält dieser Gewinner 500 Euro – nicht mehr und nicht weniger. Nichts, was irgendjemand während des Spiels tut, das die ganze Nacht dauern kann, wird mehr Geld generieren; von Anfang an bis zum Schluss müssen sie mit 500 Euro auskommen.

Mit der Zeit ist es genauso. Es ist ein Nullsummenspiel. Es gibt nur eine begrenzte Menge davon, weil die Zeit festgelegt ist, wie wir in Kapitel 3 gesehen haben. Sie ist fix. Sie und ich bekommen nur 168 Stunden pro Woche. Wenn die Zeit, und damit Ihr Kalender, ein Nullsummenspiel ist, dann müssen wir uns klarmachen, dass wir, wenn wir zu einer Sache ja sagen, zu einer anderen nein sagen müssen. *Auch wenn wir es hassen, nein zu sagen, müssen wir verstehen, dass jedes Ja von Natur aus ein Nein enthält.* Wenn sich zum Beispiel jemand um 7 Uhr morgens mit mir zum Frühstück treffen will, kann ich dazu nicht ja sagen, ohne nein zu meinem morgendlichen Workout zu sagen. Wenn ich während der Woche ja zur Einladung eines Kunden zum Abendessen sage, sage ich nein zu einem Abendessen mit meiner Frau. Verstehen Sie, wie das funktioniert? Die Wahrheit ist: Auch wenn wir es hassen, nein zu sagen, so sagen wir unbewusst doch immer wieder nein – und zwar immer dann, wenn wir ja sagen.

Am Ende summieren sich all diese kleinen Jas und Neins auf und dann stellen wir fest, dass unser Terminkalender voll ist. Wir sind an einem Punkt angelangt, an dem wir nichts mehr hinzufügen können, ohne etwas anderes zu streichen. Das bedeutet, dass wir Entscheidungen treffen müssen, und diese Entscheidungen werden oft nicht zwischen etwas Gutem und etwas Schlechtem getroffen, sondern zwischen konkurrierenden Möglichkeiten, die gut, besser und am besten sind.

Gehen Sie bewusst mit Trade-offs um

Ja und *Nein* sind die beiden mächtigsten Worte in Sachen Produktivität. Wir müssen jedoch erkennen, dass in jedem dieser Worte immer eine Kosten-Nutzen-Abwägung steckt. Wie wir oben gesehen haben, sagen wir jedes Mal, wenn wir ja zu einer Sache sagen, nein zu etwas anderem. Das ist unvermeidlich. Die Zeit ist festgelegt, erinnern Sie sich? Ich kann diese Einladung zum Dinner mit einem Kunden nicht annehmen und gleichzeitig mit meiner Frau zu Abend essen. Selbst ohne das Wort *Nein* zu sagen, würde die Annahme dieses Treffens bedeuten, der wichtigsten Person in meinem Leben nein zu sagen. Das ist das Tauschgeschäft bzw. der Trade-off für das Ja-Sagen zum Kunden.

Natürlich sage ich nicht, dass diese impliziten Trade-offs grundsätzlich schlecht sind. Genau das Gegenteil ist der Fall. Wenn Sie erst einmal das Wesen von Trade-offs verstanden haben, wird es Ihnen leichter fallen, nein zu sagen, wenn es nötig wird. Alles, was Sie tun müssen, ist über den Trade-off nachzudenken, den Sie eingehen, sobald Sie eine Gelegenheit ergreifen. Die meisten von uns tun das nicht. Wir sagen zu schnell ja und realisieren erst später, was wir im Austausch für dieses Ja bezahlt haben. Wenn Sie jedoch bewusst in diese Entscheidungen gehen und verstehen, dass Sie absichtlich eine Sache gegen eine andere eintauschen, können Sie die Kontrolle über diese Entscheidungen ausüben. Sie können wissentlich die Kosten eines Jas berechnen, indem Sie sich einige unangenehme Fragen stellen. Sie können sich zum Beispiel fragen: *Was werde ich aufgeben müssen, wenn ich zu dieser Gelegenheit ja sage?* Oder: *Erlaubt mir ein Nein hier und jetzt, ja zu etwas Besserem zu sagen?* Ein offensiver Umgang mit Trade-offs gibt Ihnen Macht, vor allem, wenn es Ihnen schwerfällt, nein zu sagen.

Sortieren Sie Ihre Verpflichtungen

Wenn wir die Trade-offs bei unseren Entscheidungen untersuchen, brauchen wir irgendeinen Filter, eine Methode, die es uns ermöglicht, eine Einladung, Anfrage oder Gelegenheit zu bearbeiten und zu entscheiden, ob wir ja oder nein sagen sollen. Würde das die Dinge nicht einfacher machen? Stellen Sie es sich einfach vor: Eine Anfrage kommt herein, wir lassen sie durch einen vorbereiteten und vertrauten Entscheidungsfilter laufen und die richtige Antwort wird plötzlich glasklar. Wissen Sie was: Wir haben bereits einen Filter eingerichtet, der genau das tut.

In Kapitel 2 haben Sie die Arbeitsblätter „Aufgabenfilter" und „Freiheitskompass" ausgefüllt. Wie ein echter Kompass wird er Sie in die richtige Richtung weisen. Er wird Sie an Ihren wahren Norden, Ihre Wunschzone, erinnern, wenn Sie sich verirren oder falsch abzweigen. Wenn neue Anfragen und Gelegenheiten auftauchen und wenn Sie Ihre bestehenden Aufgaben und Verpflichtungen überprüfen, ist das die Faustregel, an der Sie ein Leben lang festhalten müssen: Alles, was außerhalb Ihrer Wunschzone liegt, ist ein Kandidat für die Eliminierung. Ich sage nicht, dass alle solchen Verpflichtungen gestrichen werden sollen oder können, aber diese Dinge sind allesamt Kandidaten. Wenn sich etwas außerhalb Ihrer Wunschzone befindet, sollten Sie zumindest kurz innehalten und sich die Frage stellen: *Könnte ich das eliminieren?*

Das Streichen von Verpflichtungen und Ablehnen von Anfragen entspricht vielleicht nicht dem Bild von Produktivität, das Sie hatten, als Sie dieses Buch zum ersten Mal in die Hand genommen haben, aber jetzt sollten Sie es besser wissen. Sie sind kein Opfer des Mythos mehr. Sie wissen, dass es bei wahrer Produktivität nicht darum geht, mehr Dinge in Ihren vollen Terminkalender zu stopfen; es geht darum, die richtigen Dinge zu tun. Und das bedeutet, dass es wichtig ist, Unwesentliches wegzulassen.

Stellen Sie sich das wie Gartenarbeit vor. Ein guter Gärtner lässt die Pflanzen nicht einfach wild wachsen. Stattdessen schneidet er die Pflanze ständig zurück. Er schneidet alles ab, was tot oder ungesund ist. Das nennt man Rückschnitt. Der Gärtner schneidet so lange zurück, bis nur noch die robustesten Teile der Pflanze übrigbleiben. Warum? Weil die Pflanze erst dann richtig gedeihen und ihr volles Potenzial ausschöpfen kann, wenn das ganze tote Gewicht entfernt ist. Dasselbe gilt für Sie. Indem Sie das Unnötige weglassen, schaffen Sie den Raum, in dem die Dinge, die wirklich wichtig sind, gedeihen können. Viele Menschen werden in dieser Phase nervös, aber eigentlich sollten Sie hier den meisten Spaß haben. Jetzt, da Sie wissen, wie Sie sich mithilfe des Freiheitskompasses orientieren können, können Sie mit dem Rückschnitt Ihrer Verpflichtungen, Projekte und Aufgaben beginnen. Und das Beste daran ist, dass Sie das angstfrei tun können, da Sie wissen, dass Sie nur Dinge reduzieren, die Ihre Produktivitätsmaschine ausbremsen.

Lassen Sie uns mit dem beginnen, was bereits auf Ihrer Aufgabenliste steht. Schnappen Sie sich das Arbeitsblatt „Aufgabenfilter", mit dem Sie in Kapitel 2 begonnen haben. Jetzt ist es an der Zeit, Ihre Liste noch einmal durchzugehen und zu schauen, welche Dinge Sie bereits hier unter „Eliminieren" abhaken können. Und so funktioniert das: Sehen Sie sich die Aufgaben auf Ihrer Liste an, die Sie nicht als Aktivität in der Wunschzone eingestuft haben. Fragen Sie sich bei jeder Aufgabe: Muss das wirklich sein? Kann ich das einfach streichen? Wenn Sie zum Beispiel in Kapitel 2 Ihre täglichen Aktivitäten überprüft und etwas wie „Surfen im Internet" auf Ihre Aufgabenliste gesetzt haben, wette ich, dass Sie das nicht in die Wunschzone aufgenommen haben. Es kann also gestrichen werden. Andere Aufgaben, wie zum Beispiel „Lieferantenmanagement", könnten hingegen zwar außerhalb Ihrer Wunschzone liegen, müssen aber dennoch erledigt werden. In diesem Fall können Sie sie möglicherweise nicht eliminieren, also setzen Sie hier kein Häkchen. Machen Sie sich aber keine Sorgen: Wir werden später über Möglichkeiten sprechen, diese Art von Aufgaben zu automatisieren oder zu delegieren. Vorerst kreuzen Sie einfach die Dinge an, die ohne negative Folgen für Sie oder Ihr Unternehmen ersatzlos gestrichen werden können. Wenn etwas gestrichen werden kann, ohne dass es irgendjemanden interessieren würde, dann streichen Sie es! Wir werden später darauf zurückkommen, wie weitere Dinge gekürzt werden können; für den Moment seien Sie einfach ehrlich und kreuzen Sie die Dinge an, die definitiv wegmüssen.

Seien Sie jedoch gewarnt: Diese Übung wird für viele Ihrer Lieblingstätigkeiten – Dinge, die wahrscheinlich in Ihrer Ablenkungszone liegen – nicht gut ausgehen. Manchmal müssen Sie den Mut haben, auch zu sich selbst nein zu sagen.

Eine der schnellsten Möglichkeiten, sich auf ergebniswirksame Arbeit zu konzentrieren, besteht darin, Aufgaben und Verpflichtungen mit geringem Impact, die Ihre Listen füllen und Ihren Kalender überladen, zu eliminieren.
Streichen Sie möglichst viele Aufgaben aus Ihrer Schinderei-Zone und der Ablenkungszone.

Legen Sie eine Not-to-do-Liste an

Ich habe schon eine Million To-do-Listen-Apps und -Systeme gesehen, aber noch keine einzige Lösung für Not-to-Do-Listen. Auch hier leidet der größte Teil der Welt unter dem Mythos, dass der Schlüssel zur Produktivität darin liege, mehr Dinge schneller zu erledigen. Sie haben diesen Ansatz wahrscheinlich auch schon ausprobiert. Das Problem ist jedoch, dass die immer länger werdende To-do-Liste nicht funktioniert. Sie bringt uns nur dazu, mehr Zeit mit noch mehr Dingen zu verbringen, die letztlich keine Rolle spielen. Aus diesem Grund geht es beim *Setze deinen Fokus*-System so viel ums Streichen und Reduzieren.

In meiner Arbeit mit Kunden habe ich festgestellt, dass es bei einigen Dingen schwierig sein kann, sie zu streichen. Manchmal halten wir an unserer „Scheinarbeit" fest, auch wenn wir es eigentlich besser wissen. Manchmal haben wir Angst davor, nein zu sagen, weil wir die Menschen nicht beleidigen oder enttäuschen wollen. Ein anderes Mal siegt die Gewohnheit und es regt sich der Einspruch in uns: „Aber diese Arbeit habe ich schon immer gemacht." So rutschen wir in das hinein, was Paul McCartney missbilligend den „bequemen Trott"[1] genannt hat: Die Arbeit ist nicht anregend und hilft uns nicht dabei, unsere Hauptziele und Projekte voranzubringen, aber wir haben uns eben daran gewöhnt.

Das größte Hindernis könnte Ihre eigene Einstellung sein. Ich habe mit Dutzenden von Menschen gearbeitet, die sich in ihrer Arbeit gefangen und gelangweilt fühlen, Aber sie ändern nichts, weil sie Angst haben, dass Veränderungen Unordnung in ihr Leben bringen. Ihr Fokus liegt auf dem, was sie verlieren könnten und nicht auf dem, was sie zu gewinnen haben. Allzu oft arbeiten wir mit einer Knappheitsmentalität, die uns dazu treibt, an Dingen festzuhalten, die wir aufgeben sollten, nur weil wir Angst davor haben, dass sich keine neue Gelegenheit ergibt. Hören Sie mir zu:

Wir leben in einer Welt ungeheuren Überflusses. Je länger ich lebe, desto mehr bin ich davon überzeugt.

> Wir leben in einer Welt ungeheuren Überflusses.

Ich glaube nicht wirklich an „einmalige Gelegenheiten". Es gibt immer mehr Gelegenheiten, als wir nutzen können, und wir dürfen nicht zulassen, dass die Angst, etwas zu verpassen, uns an überfüllten To-do-Listen verzweifeln lässt. Am Anfang des Buches habe ich Michelangelo erwähnt. Glauben Sie vielleicht, er war besorgt darüber, ein weiteres Stück Marmor abzuschlagen, obwohl er wusste, dass darunter etwas Schönes und Bedeutungsvolles zu finden war? Nein. Außerdem wusste er, dass es, wenn er einen Fehler gemacht hatte, noch eine Menge anderer Marmorstücke gab, mit denen er arbeiten konnte. Scheuen Sie sich also nicht, den Meißel in die Hand zu nehmen und sich an die Arbeit zu machen. Sie werden nie wirklich vorankommen, solange Sie den Ballast der Aufgaben aus Ihrer Schinderei-Zone und der Ablenkungszone mit sich herumtragen.

Nein sagen zu neuen Anfragen

Sobald Sie begriffen haben, dass die Zeit ein Nullsummenspiel ist, Sie dazu übergegangen sind, die Trade-offs bewusst abzuwägen und wissen, wie Sie Ihre Verpflichtungen sortieren und Ihre Not-to-do-Liste erstellen, ist es an der Zeit, nein zu sagen. Abhängig von Ihrer aktuellen Liste von Aufgaben und Verpflichtungen, ganz zu schweigen von den neuen, die jeden Tag unerbittlich und ohne Unterlass hereingeflattert kommen, werden Sie sich wahrscheinlich daran gewöhnen müssen, *sehr oft* nein zu sagen. Als ich anfing, feste Grenzen zu setzen, war das bei mir ganz sicher so. Zu lernen, wie man nein sagt, ist ein wichtiger Teil Ihres Produktivitätspuzzles, also sollten wir etwas Zeit damit verbringen, uns mit den Feinheiten eines guten Neins auseinanderzusetzen.

„Nein" ist selten eine beliebte Antwort, aber das bedeutet nicht, dass sie unhöflich, grob oder taktlos sein muss. Tatsächlich ist es möglich, auf eine so positive Art und Weise nein zu sagen, dass sowohl Sie als auch die andere Person besser als zuvor dran sind. Es gibt zwei Situationen, in denen Sie höflich ablehnen müssen. Erstens müssen Sie sich mit neuen Anfragen befassen, die Sie noch nicht beantwortet haben. Das ist einfacher. Das zweite Szenario erfordert etwas mehr Fingerspitzengefühl und Finesse, ganz zu schweigen von einem gesunden Maß an persönlicher Integrität. Das betrifft Dinge, zu denen Sie sich bereits verpflichtet haben und von denen Sie jetzt wissen, dass sie außerhalb Ihrer Wunschzone liegen. Für die beiden Situationen gibt es unterschiedliche Strategien, also lassen Sie uns mit den Anfragen beginnen, die Sie noch nicht beantwortet haben.

Ganz gleich, wie großartig Ihr Produktivitätssystem funktioniert, nichts kann Menschen davon abhalten, neue Terminanfragen an Sie zu richten. Wenn Sie produktiver und effizienter werden, könnten Sie einen Ruf entwickeln, der Sie mehr als je zuvor zum Ansprechpartner für noch mehr Arbeit macht. Deshalb müssen Sie eine kugelsichere Strategie entwickeln, wie Sie auf anmutige Weise nein zu neuen Anfragen sagen, die außerhalb Ihrer Wunschzone liegen und die es letztendlich nicht wert sind, von Ihnen getan zu werden. Zur Unterstützung finden Sie hier fünf Tipps für ein taktvolles Nein.

1. Gestehen Sie sich ein, dass Ihre Ressourcen begrenzt sind. Ihre Zeit und ihre Energie sind begrenzte Ressourcen. Wir haben gesehen, dass Zeit fix ist, das heißt, Sie können zu den Stunden, die Ihnen täglich zur Verfügung stehen, nichts hinzufügen und nichts von ihnen wegnehmen. Aber wie steht es mit Energie? Wenn sie veränderlich ist, ist sie dann immer noch begrenzt? Auf jeden Fall. Auch wenn Ihre Energie fluktuieren kann, hat sie dennoch Grenzen. Sie können proaktiv Ihre Energiereserven aufbauen, aber trotzdem haben Sie nicht unendlich viel davon. Irgendwann werden Sie alles, was Sie haben, verbrannt haben und erschöpft sein.

Wenn Sie den totalen Burnout vermeiden wollen, müssen Sie mit Ihrer Zeit und Energie genauso planvoll haushalten wie mit Ihren Finanzen. Sie haben doch nicht jeden Monat einen endlosen Geldstrom zur Verfügung, oder? Natürlich nicht. Sie können ihn etwas beeinflussen, indem Sie Überstunden machen oder ein neues Konto eröffnen, aber Ihr Einkommen ist immer noch begrenzt. Mit dem Geld müssen Sie einen Monat lang auskommen. Sorgsame Budgetplaner wissen im Voraus, wohin jeder Euro fließen soll. Sie wissen, dass das Geld, wenn es einmal ausgegeben ist, weg ist. Wenn Ihnen in der Mitte des Monats das Geld ausgeht, müssen Sie sich damit abfinden, dass manche Dinge erst am nächsten Zahltag besorgt werden können. Dann haben Sie Ihre finanziellen Ressourcen ausgeschöpft. Mit Ihrer Zeit und Energie ist das genauso. Da Sie nur eine begrenzte Menge zur Verfügung haben, sollten Sie zuerst ein Budget für die wichtigsten Posten aufstellen.

2. Entscheiden Sie, wer in direktem Kontakt zu Ihnen stehen sollte und wer nicht. Die Priorisierung von Personen und Projekten ist eine der größten Hürden für Führungskräfte, aber ihre Bewältigung ist unerlässlich. Wenn Sie Ihre Zeit- und Energieressourcen nicht sorgfältig budgetieren, wird es jemand anderes tun. Die Menschen werden Sie mit Anfragen und Erwartungen überhäufen und Ihnen jede Minute Ihres Tags und jedes Gramm Energie rauben. Eine Politik der offenen Tür mag in der Theorie nach einer guten Idee klingen, doch in der Praxis sorgt sie dafür, dass Sie mit Ihrer Arbeit nie fertig werden. Eine gute Führungspersönlichkeit zu sein, bedeutet nicht, immer sofort zu springen, wenn jemand ruft. Stattdessen bedeutet es, sich auf Ihre wichtigsten Prioritäten zu konzentrieren und gleichzeitig über ein System zu verfügen, das sicherstellt, dass alles andere ohne Sie erledigt wird. Wenn Sie der Ansprechpartner für jedes Projekt und Problem sind, befindet sich Ihr System grundsätzlich in einer Schieflage. Sie können nur einer begrenzten Anzahl von Menschen wirklich von Nutzen sein. Stellen Sie also sicher, dass Sie denjenigen Priorität einräumen, die Ihre persönliche und direkte Aufmerksamkeit auch wirklich brauchen.

3. Lassen Sie Ihren Kalender für Sie nein sagen. Eine der besten Möglichkeiten, nein zu sagen, besteht darin, Ihrem Kalender die Schuld zu geben. Um das zu tun, können Sie die Technik des sogenannten „Time-Blockings" anwenden. Sie erfordert ein wenig bewusste Auseinandersetzung im Vorfeld. Wenn Sie sich mein Modell für meine „Ideale Woche" (Kapitel 7) ansehen, werden Sie sehen, dass ich große Zeitabschnitte für bestimmte Aktivitäten mit hoher Priorität blockiere. Mein Kalender bzw. jeder, der auf meinen Kalender schaut, sieht diese Blöcke als Meetings – und genau das sind sie auch. Ich plane Meetings mit mir selbst. Wenn mein Kalender auf diese Weise eingerichtet ist, bin ich auf eingehende Anfragen vorbereitet. Wenn eine Anfrage hereinkommt, die nicht meinen Kriterien entspricht und die meine zu einer bestimmten Zeit eingeplanten

> Ich kann keine neue Anfrage annehmen, ohne mich aus einer bereits eingegangenen Verpflichtung zurückzuziehen,– selbst wenn diese ursprüngliche Verpflichtung nur mir selbst gegenüber bestand.

Aktivitäten unterbrechen würde, sage ich einfach, dass ich bereits eine andere Verpflichtung habe – was ja auch absolut richtig ist.²

Das mag ein Problem für Sie darstellen, deshalb sage ich es noch einmal: Selbst wenn ich allein in meinem Büro arbeite, lüge ich nicht, wenn ich sage, dass ich eine andere Verpflichtung habe. Ich verpflichte mich zu Aufgaben von hoher Priorität, die ich mir selbst übertragen habe oder die ich bereits von anderen übernommen habe. Ich kann keine neue Anfrage annehmen, ohne mich aus einer bereits eingegangenen Verpflichtung zurückzuziehen, selbst wenn diese ursprüngliche Verpflichtung nur mir selbst gegenüber besteht. Ich mache mir klar, wie der Trade-off aussieht und lasse meinen Kalender nein für mich sagen.

4. Eignen Sie sich eine Strategie an, wie Sie auf Anfragen reagieren. Der beste Zeitpunkt, um zu planen, wie Sie auf eine Anfrage reagieren möchten, ist der, in dem sie noch gar nichts von ihr wissen. Wenn Sie im Voraus eine Strategie festlegen, ist es im jeweiligen Entscheidungsmoment viel einfacher, sie zu befolgen. Persönlich fühle ich mich immer ein wenig unter Druck, wenn jemand um meine Zeit oder Aufmerksamkeit bittet. Wenn ich nicht von Anfang an wüsste, was ich in einer solchen Situation tun würde, würde ich dem Druck viel leichter nachgeben und eine Aufgabe übernehmen, von der ich eigentlich weiß, dass ich mich nicht damit beschäftigen sollte.

In seinem Buch *Nein sagen und trotzdem erfolgreich verhandeln* stellt Harvard-Professor William Uryvier Strategien für den Umgang mit den Anforderungen unserer Zeit vor.³ Drei dieser Strategien funktionieren nicht und doch haben wir sie alle irgendwann angewendet. Nur eine der vier Strategien funktioniert und zwar fast immer höchst effektiv. Wenn wir nun jede der vier Strategien durchgehen, versuchen Sie, sich an einen Zeitpunkt zu erinnern, an dem Sie den jeweiligen Ansatz angewendet haben.

Die erste ist das, was Ury als *Entgegenkommen* bezeichnet. Wir sagen ja, wenn wir eigentlich nein sagen wollen. Zu dieser Art von Reaktion kommt es gewöhnlich dann, wenn wir die Beziehung zu der Person, die die Anfrage stellt, als wichtiger einschätzen als unsere eigenen Interessen. Wir wollen keinen Konflikt verursachen oder die Person nicht im Stich lassen. Also kommen wir ihrer Bitte nach.

Die zweite Strategie ist der *Angriff*. Hier sagen wir nein, aber auf eine unschöne Weise. Das ist das Gegenteil von Entgegenkommen. Hier räumen wir unseren eigenen Interessen mehr Bedeutung ein als der Beziehung zum Gegenüber. Unsere Reaktion auf die Anfrage ist oft eine Überreaktion, die aus Gereiztheit, Unmut, Angst oder Druck entsteht. Aus welchem Grund auch immer erwischt uns die Anfrage auf dem falschen Fuß und wir gehen zum Angriff über.

Die dritte Strategie ist die *Vermeidung*. Hier äußern wir uns gar nicht. Wir nehmen den Anruf nicht entgegen oder antworten nicht auf die E-Mail. Wir tun so, als hätten wir die Nachricht nicht gelesen. Wir ignorieren die Anfrage einfach ganz oder warten sehr lange, bevor wir antworten, in der Hoffnung, dass sich die Situation inzwischen von selbst löst, ohne dass wir uns einbringen müssen. So gehen wir in der Regel vor, weil wir befürchten, die andere Partei zu beleidigen, aber wirklich nicht tun wollen, was sie von uns verlangen könnte. Infolgedessen ignorieren wir das Problem einfach und hoffen, dass es von selbst verschwindet. Leider ist das nur selten der Fall.

Diese drei schlechten Strategien funktionieren schon einzeln nicht; zu einer noch gemeineren Falle können sie werden, wenn sie hintereinander geschaltet werden.[4] Mal sehen, ob Ihnen diese Situation bekannt vorkommt: Jemand bittet Sie per E-Mail um Hilfe bei einer Sache. Sie wollen damit nichts zu tun haben, also ignorieren Sie die E-Mail (Vermeidung). Eine Woche später bekommen sie eine zweite E-Mail mit derselben Bitte. Das ärgert Sie, also feuern Sie eine Antwort mit einem scharfen oder knappen Nein zurück (Angriff). Ein paar Stunden und vielleicht ein unangenehmes Gespräch später fühlen Sie sich schuldig, weil Sie überreagiert haben, und willigen quasi als Entschuldigung widerwillig ein, das zu tun, worum Sie gebeten wurden (Entgegenkommen). Das ist ein Teufelskreis von schlechten Reaktionen, an dessen Ende Sie dann doch genau das tun, was sie von Anfang an nicht tun wollten.

Glücklicherweise gibt es eine vierte Strategie, die der *Affirmation*. Diese Reaktion funktioniert und in der Regel schafft sie eine Win-Win-Situation für alle, ohne dass wir die Beziehung oder unsere eigenen Prioritäten opfern müssen. Diese gesunde Antwort nennt Ury ein „positives Nein" und sie basiert auf einer einfachen Formel aus drei Teilen: Ja–Nein–Ja.[5] Sie funktioniert folgendermaßen:

1. **Ja.** Sagen Sie ja zu sich selbst und dazu, dafür einzutreten, was Ihnen wichtig ist. Das sollte auch die Bejahung der anderen Person beinhalten. Sie wollen ja niemandem einen Strick daraus drehen, dass er in Ihnen eine mögliche Lösung seines Problems sieht.

2. **Nein.** Die Antwort fährt fort mit einem eindeutigen, faktischen Nein, das klare Grenzen setzt. Räumen Sie jede Mehrdeutigkeit aus und lassen Sie keinen Spielraum für Interpretationen, die dahin weisen, dass Sie es ja möglicherweise zu einem anderen Zeitpunkt tun könnten. Sie tun niemandem einen Gefallen, indem Sie Ihr Gegenüber im Glauben lassen, sie würden ihm später helfen, wenn Sie das eigentlich gar nicht vorhaben.

3. **Ja.** Schließen Sie Ihre Antwort ab, indem Sie die Beziehung zu Ihrem Gegenüber noch einmal bekräftigen und eine al-

ternative Lösung anbieten. Auf diese Weise übernehmen Sie nicht selbst die Verantwortung, zeigen aber, dass Ihnen die Sache nicht egal ist und Sie die Person bei einer Lösungssuche unterstützen.

Hier ist ein Beispiel aus dem wirklichen Leben, wie ich diesen Ansatz in meiner täglichen Arbeit anwende. Als ehemaliger Verlagsleiter fragen mich Nachwuchsautoren häufig an, ihre Manuskripte zu prüfen. Jede Woche erhalte ich mehrere solcher Anfragen. Ich möchte ihre harte Arbeit und ihren Mut, mich zu fragen, würdigen, aber ich sehe einfach keine Möglichkeit, jede Anfrage zu lesen, geschweige denn ein sinnvolles Feedback zu geben. Deshalb habe ich eine Antwort unter Verwendung von Urys Affirmationsstrategie ausgearbeitet.

Zunächst beginne ich mit einem Ja: „Herzlichen Glückwunsch zu Ihrem Manuskript! Nur sehr wenige Autoren schaffen es so weit. Vielen Dank für Ihr Interesse an einem Review durch mich." Dann gehe ich zu einem Nein über: „Aufgrund meiner sonstigen Verpflichtungen bin ich leider nicht mehr in der Lage, Manuskripte zu prüfen. Deshalb muss ich ablehnen." Beachten Sie bitte, dass ich keine Unklarheiten gelassen habe in Bezug darauf, dass ich es mir irgendwann später ansehen könnte, wenn ich denn einmal die Zeit dazu finde. Ich habe eine klare Grenze mit einem eindeutigen Nein gesetzt. Ich schließe wiederum mit einem Ja: „Ich kann Ihnen jedoch einige Hinweise im Hinblick auf eine Veröffentlichung Ihres Projekts geben. Falls Sie das noch nicht getan haben, empfehle ich Ihnen, zunächst meinen Blog-Eintrag ‚Ratschläge für Erstlingsautoren' zu lesen. Darin biete ich Ihnen eine Anleitung für die ersten Schritte, die Sie unternehmen sollten. Ich biete auch einen kompletten Audiokurs mit 21 Lektionen mit dem Titel *Get Published* an, in den meine über 30-jährige Erfahrung im Verlagswesen eingeflossen ist. Ich hoffe, dass ich Ihnen damit helfen konnte." Und natürlich füge ich Links zum Blog und zur Schulung bei. Ich habe diese Antwort als E-Mail-Vorlage gespeichert, sodass ich sie immer parat habe, wenn eine dieser Anfragen meinen Posteingang erreicht. (Im nächsten Kapitel werde ich näher auf E-Mail-Vorlagen eingehen.)

Stellen Sie sich nun verschiedene Situationen vor, mit denen Sie regelmäßig konfrontiert werden, zum Beispiel eine Anfrage für ein Treffen, ein Verkaufsangebot, eine Einladung zum Mittagessen oder einen Teil eines neuen Projekts, das nicht auf Ihrer Prioritätenliste steht. Die grundlegende Ja-Nein-Ja-Antwort kann auf alles angewendet werden. Bejahen Sie die Absicht, geben Sie an, warum Sie nicht teilnehmen können, und bejahen Sie erneut. Interessanterweise habe ich selten jemanden erlebt, der mich unter Druck setzt, nachdem er eine Antwort mit dieser Formel erhalten hat. Normalerweise antworten sie mit so etwas wie: „Kein Problem, ich verstehe. Vielen Dank für Ihre Antwort." Gelegentlich erhalte ich negatives Feedback, aber das ist zu erwarten. Das führt uns zu dem fünften und letzten Tipp zu einem taktvollen Nein.

5. Akzeptieren Sie die Tatsache, dass Sie missverstanden werden. Es ist wichtig, sich auf negatives Feedback vorzubereiten. Es spielt keine Rolle, wie liebenswürdig Ihre Ablehnung formuliert ist. Auch wenn Sie aus den richtigen Gründen nein sagen, kann es natürlich vorkommen, dass Sie jemanden enttäuschen. Manchmal wird er seine Enttäuschung Ihnen gegenüber direkt zum Ausdruck bringen, was dann immer unangenehm ist. Wenn das geschieht, antworte ich höflich, indem ich mein Mitgefühl ausdrücke, aber auch mein Nein bekräftige. Wenn Sie Ihre eigenen Grenzen nicht respektieren, wird es auch sonst niemand tun.

Es ist unvermeidlich, dass Sie im Leben ab und an jemanden enttäuschen. Stellen Sie also sicher, dass Sie nicht diejenigen enttäuschen, die Ihnen am wichtigsten sind, wie sich selbst oder Ihre

Familie. Wenn ich zum Beispiel all diese Manuskripte lesen würde, könnte ich nie rechtzeitig zum Abendessen mit meiner Frau nach Hause kommen oder Zeit mit meinen Kindern und Enkelkindern verbringen. Wenn schon jemand mir enttäuscht den Rücken zuwenden muss, dann werde ich alles daransetzen, dass das nicht mein engster Kreis ist.

So ziehen Sie sich aus bestehenden Verpflichtungen zurück

Jetzt wissen Sie bereits, wie Sie mit neuen Anfragen umgehen können, die Sie noch nicht angenommen haben. Aber was ist mit den Dingen, zu denen Sie bereits ja gesagt haben? Wahrscheinlich hatten Sie schon eine lange Liste bestehender Verpflichtungen, bevor Sie dieses Buch in die Hand genommen haben, und jetzt kratzen Sie sich am Kopf und fragen sich, was Sie mit all den Dingen anfangen sollen, die außerhalb Ihrer Wunschzone liegen und die Sie zur Beseitigung markiert haben. Lassen Sie mich hier ganz klar sagen: Menschen mit Integrität halten ihr Wort. Mit anderen Worten: Wenn Sie sich bereits verpflichtet haben, etwas zu tun, auch wenn es nicht in Ihren neuen Rahmen passt, dann sollten Sie auch einen Weg finden, Ihre Verpflichtung einzuhalten. Es ist jedoch nichts verkehrt daran, wenn Sie versuchen, im beiderseitigen Einverständnis aus der Verpflichtung auszusteigen. Außerdem: Wenn Sie sich davor sträuben, etwas zu tun, oder wenn Sie wissen, dass es eine schlechte Verwendung Ihrer Zeit ist, wird Ihr Engagement wahrscheinlich sowieso kein großer Gewinn für die andere Person sein. Im besten Fall werden Sie diesen Tätigkeiten dann nur minimale Anstrengung und Aufmerksamkeit widmen. Das ist ein guter Grund, die Vereinbarung neu zu verhandeln, also lassen Sie uns kurz vier Tipps beim Neuverhandeln einer bestehenden Verpflichtung in Augenschein nehmen.

Erstens: Übernehmen Sie Verantwortung für Ihre Verpflichtungen. Wälzen Sie die Schuld nicht auf andere ab und versuchen Sie nicht, sich dumm zu stellen. Manchmal tun wir das, indem wir etwas sagen wie: „Ich wusste ja gar nicht, worauf ich mich da einlasse." Selbst wenn das wahr ist, hätten Sie die Bedingungen abklären müssen, bevor Sie zugestimmt haben.

Zweitens: Bekräftigen Sie Ihre Bereitschaft, Ihre Verpflichtung einzuhalten. Versuchen Sie nicht, sich vor der Abmachung, die Sie getroffen haben, zu drücken. Das kann zu einem Vertrauensverlust führen, nicht nur bei der Person, mit der Sie es in erster Linie zu tun haben, sondern auch bei jedem anderen, der davon hört. Wenn Sie sich weigern, etwas zu Ende zu bringen oder bei der Suche nach einer Lösung zu helfen, schadet das Ihrem Ruf und das sollten Sie vermeiden.

Drittens: Erklären Sie, warum die Einhaltung Ihrer Verpflichtung nicht die beste Lösung für die andere Partei ist. Konzentrieren Sie sich auf das, was für die anderen am besten ist, nicht auf sich selbst. Niemand kümmert sich wirklich darum, wie sich etwas auf Ihr Leben auswirken wird. Wahrscheinlich interessiert Ihr Gegenüber nur die Tatsache, dass Sie ihm gegenüber eine Verpflichtung eingegangen sind und erwartet, dass Sie diese auch erfüllen – und das sollten Sie auch. Wenn Sie ihm jedoch helfen zu erkennen, dass Ihre Teilnahme möglicherweise nicht in seinem besten Eigeninteresse ist, wird ihm eher daran gelegen sein, Sie bei der Suche nach alternativen Möglichkeiten zu unterstützen.

Viertens: Bieten Sie an, bei der Lösung des Problems zu helfen. Ich wiederhole: Entledigen Sie sich nicht einfach der Last, indem Sie sie den anderen aufbürden. Sie werden es Ihnen übelnehmen und dazu haben sie dann auch jedes Recht. Bieten Sie stattdessen an, bei der Suche nach einer alternativen Lösung behilflich zu sein. Machen Sie in der Zwischenzeit deutlich, dass Sie Ihr Engagement nicht aufgeben, bis Sie eine letztlich für beide Parteien annehmbare Lösung gefunden haben.

Mit diesen vier Schritten stellen Sie sicher, dass Sie alles Ihnen Mögliche getan haben, um die Verpflichtung von Ihrer Liste zu streichen, ohne die andere Partei im Stich zu lassen. Damit, dass Sie auf sie eingehen, halten Sie Ihr Gewissen rein und Ihre Integrität intakt.

Stellen Sie sich vor, Sie hätten zugestimmt, in einem Ausschuss mitzuarbeiten, aber nun haben Sie festgestellt, dass Sie null Leidenschaft dafür haben und auch nicht kompetent genug sind, um Ihre Sache gut zu machen. Die Tätigkeit liegt mitten in Ihrer Schinderei-Zone. Wie können Sie da wieder herauskommen? Zuerst könnten Sie zu der Person, die Sie eingeladen hat, gehen und etwas sagen wie: „Ich weiß es sehr zu schätzen, dass Sie mich um Hilfe gebeten haben, aber jetzt, da ich mich darauf eingelassen habe, ist mir klar geworden, dass es ein Fehler war." Dadurch übernehmen Sie die Verantwortung für die von Ihnen getroffene Entscheidung. Sie könnten fortfahren: „Da ich diese Verpflichtung eingegangen bin und Sie sich auf mich verlassen, bin ich bereit, sie auch zu erfüllen und meine Zeit abzuleisten." Dies ist Ihre Bekräftigung. Dann können Sie erklären, wie Ihre Teilnahme dem Projekt unbeabsichtigt schaden könnte: „Abgesehen davon glaube ich ehrlich gesagt nicht, dass meine Beteiligung dem Ausschuss von großem Nutzen wäre. Sie brauchen jemanden, der sich leidenschaftlich für die Mission einsetzt und sich in dem Bereich auskennt, für den ich verantwortlich bin. Leider ist mir klar geworden, dass ich hier weder mit Leidenschaft dabei noch besonders fachkundig bin. Ich denke, ich nehme jemandem den Platz weg, der besser dafür qualifiziert ist." Dann könnten Sie zum vierten Schritt übergehen und anbieten, bei der Lösung des Problems zu helfen. Das könnte etwa so klingen: „Wären Sie bereit, mich von meinem Engagement zu entbinden, wenn wir gemeinsam jemanden finden, der für diese Aufgabe besser geeignet ist? Ich denke, davon würden alle profitieren: Sie, ich und der ganze Ausschuss."

Dieses Gespräch habe ich in verschiedenen Varianten schon oft geführt und ich habe diese vier Schritte in einer Vielzahl von Situationen angewendet. Besonders freue ich mich darüber, dass anschließend nie jemand sauer auf mich war. Manchmal haben sie abgelehnt. In diesen Fällen schlucke ich dann meinen Widerwillen herunter und ziehe mein Engagement durch, indem ich mich nach besten Kräften dafür einsetze. Weniger haben sie auch nicht verdient; es war nicht ihre Schuld, dass ich eine schlechte Entscheidung getroffen habe, und die Konsequenzen sollten einzig auf mich zurückfallen und nicht auf sie. Aber oft genug hat sich die andere Person tatsächlich bereit erklärt, sich mit mir nach einem Ersatz für mich umzuschauen, und damit waren wir letztlich alle besser dran.

Feiern Sie den Prozess des Eliminierens

Dieses Kapitel sollte es Ihnen ermöglichen, mit gutem Gewissen so viele Verpflichtungen wie möglich aus Ihrem Kalender zu streichen. Wie ein guter Gärtner das mit toten Ästen tut, sollten Sie Ihren Kalender von so vielen Dingen außerhalb Ihrer Wunschzone befreien wie möglich. In Ihrem Terminkalender und Ihrer To-do-Liste wollen Sie nur noch Dinge sehen, die da auch hineingehören. Eliminieren bedeutet, alle unpassenden Dinge wegzulassen – auch wenn das 80 Prozent Ihrer Liste sind. Dabei kann der Eliminierungsprozess Sie auch vor ein unerwartetes Dilemma stellen: Eventuell fühlen Sie sich schuldig durch die ganze Zeit, die Sie gewinnen. Vielleicht haben Sie das Gefühl, andere Menschen zu enttäuschen, indem Sie nein sagen, wenn Sie doch eigentlich die Zeit haben, ihnen zu helfen. Das ist eine Falle. Wenn das Eliminieren unnötiger oder unerwünschter Aufgaben Ihnen freie Zeit und Spielraum verschafft, dann ist das

Wenn das Streichen unnötiger oder unerwünschter Aufgaben Ihnen freie Zeit oder Spielraum verschafft, dann ist das ein Grund zum Feiern!

ein Grund zum Feiern! Und ganz sicher ist es kein Grund, sich schlecht zu fühlen.

Wie Steve Jobs einmal gesagt hat: „Innovation bedeutet, zu tausend Dingen nein zu sagen." Geben Sie nicht dem Drang nach, tausend andere Dinge als Ersatz für diejenigen zu finden, zu denen Sie nein gesagt haben. Sie sollen keinen Eins-zu-Eins-Austausch vornehmen, indem Sie Dinge von Ihrer Liste streichen. Wie ich nun schon oft wiederholt habe, sollte das Ziel der Produktivität darin bestehen, mehr zu erreichen, indem man weniger tut. Das werden Sie nicht schaffen, wenn Sie sich nicht damit anfreunden, weniger zu tun. Ihr Denken und Ihre Tatkraft sind dann am besten, wenn Sie gut ausgeruht sind und die Vorteile Ihrer Freizeit nutzen. Das inspiriert die Kreativität und Problemlösungsfähigkeit wie nichts anderes. Bekennen Sie sich also mit einem klaren Ja zu Ihrer Freizeit und fühlen Sie sich nicht im Geringsten schuldig oder beschämt, wenn Sie nein zu Aktivitäten sagen, die außerhalb Ihrer Wunschzone liegen. Wenn Sie das beherzigen, werden Sie noch sehr froh darum sein – ebenso wie die Menschen, die Sie am meisten lieben.

Atmen Sie tief durch. Im nächsten Kapitel erfahren Sie, wie Sie einige der lästigen Aufgaben automatisieren können, die noch immer einen Platz auf Ihrer Liste beanspruchen.

SCHREIBEN SIE EINE NOT-TO-DO-LISTE!

Es ist an der Zeit, mit der Beseitigung des Unwesentlichen in Ihrem Leben zu beginnen! An diesem Punkt beginnt Ihre Vision von Freiheit, in den Fokus zu treten. Beginnen Sie mit Ihrem Arbeitsblatt Aufgabenfilter und markieren Sie offensichtliche Kandidaten für die Eliminierung. Laden Sie als Nächstes eine Not-to-do-Liste unter FreeToFocus.com/tools herunter. Verwenden Sie dieses Arbeitsblatt, um diejenigen Aufgaben festzuhalten, die Sie niemals übernehmen sollten.

Ihr Aufgabenfilter hat Ihnen einen Vorsprung verschafft, aber geben Sie sich damit nicht zufrieden. Fällt Ihnen noch etwas anderes ein? Listen Sie Meetings, Beziehungen und Gelegenheiten auf, in die Sie niemals Zeit investieren sollten. Vielleicht ist es ein Gremium, das Sie aufgeben müssen, oder ein Bericht, der seinen Nutzen verloren hat. Wenn Sie Ihre Not-to-do-Liste vervollständigen, sollten Sie in der Lage sein, zurückzublicken und zu erkennen, dass jeder der aufgelisteten Punkte zu wenig Impact hat, um Ihre Aufmerksamkeit zu beanspruchen.

5

Automatisieren

Treten Sie selbst einen Schritt zurück

Die Zivilisation schreitet voran, indem sie die Zahl der Operationen vergrößert, die wir durchführen können, ohne an sie zu denken.

ALFRED NORTH WHITEHEAD

Wenn es Ihnen wie den meisten Führungskräften in der heutigen Zeit geht, dann sind Ihre Tage gefüllt mit Fragen, Forderungen, Bitten, Spontanbesuchen, E-Mails, Telefonanrufen, Texten, Sofortnachrichten und einer Million anderer Ablenkungen durch Menschen, die alle Ihre volle Aufmerksamkeit beanspruchen. Wie wir jedoch bereits gelernt haben, ist unsere Aufmerksamkeit sowohl endlich als auch wertvoll. Wir können unsere volle Aufmerksamkeit niemals allen schenken und manchmal können wir jemandem auch gar keine schenken. Wenn Sie Ihre Produktivität maximieren wollen, müssen Sie genau herausfinden, wo Ihre

Aufmerksamkeit wirklich unerlässlich ist und wo nicht, und wenn etwas Ihre Aufmerksamkeit verdient, müssen Sie herausfinden, wie viel davon benötigt wird. Hier ein Tipp: Wenn etwas weder in Ihrer Wunschzone liegt, noch hohe Priorität hat, sollten Sie auch nicht viel Hirnleistung dafür bereitstellen.

Eine Methode, um wichtige Aufgaben mit wenig Investition an Aufmerksamkeit zu erledigen, ist die Automatisierung. Wenn ich von Automatisierung spreche, gehen die Leute normalerweise davon aus, dass ich Roboter, Apps und Makros meine. Aber für die Automatisierung, die ich meine, müssen Sie weder ein Ingenieur noch ein Geek sein. Jeden Tag bekommen wir es mit Aufgaben zu tun, die erledigt werden müssen, ohne dass wir groß darüber nachdenken können. Aber wer sagt, dass Sie jeder Tätigkeit Ihre *volle* Aufmerksamkeit widmen müssen? Was wäre, wenn Sie sich selbst aus der Gleichung nehmen und die Arbeit trotzdem erledigen könnten? An dieser Stelle kommt die Automatisierung ins Spiel, und ich unterteile das Thema gern in vier Bereiche:

1. Selbst-Automatisierung
2. Automatisierung durch Vorlagen
3. Prozess-Automatisierung
4. Automatisierung durch Technik

In diesem Kapitel betrachten wir alle vier Bereiche und untersuchen mehrere wichtige Automatisierungsstrategien, die es Ihnen ermöglichen, für viele Ihrer Aufgaben in der Schinderei- und Desinteresse-Zone den Autopilot einzuschalten.

Selbst-Automatisierung

Ihr erster Schritt besteht darin, sich selbst zu automatisieren. Dazu gehört die Einführung von Routinen, Ritualen und Gewohnheiten, die es Ihnen leichter machen, möglichst effizient Ihre höchsten Prioritäten umzusetzen. Der Schwerpunkt liegt hier darauf, so viele Dinge wie möglich in Ihrem Leben auf Autopilot zu stellen, damit Sie nicht jedes Mal, wenn sie auftauchen, innehalten und darüber nachdenken müssen. Durch den Aufbau von Ritualen und Routinen weiß Ihr Körper, was er zu tun hat, auch wenn Sie nicht bewusst darüber nachdenken. Die meisten Menschen müssen sich zum Beispiel nicht auf die spezifische Abfolge beim Duschen konzentrieren; sie wissen einfach, was zu tun ist, nachdem sie das Wasser aufgedreht haben. Ihr Körper übernimmt das Ruder und lässt den Kopf frei, um währenddessen über andere Dinge nachzudenken. Das ist ein Grund, warum wir unter der Dusche oft so tolle Ideen haben. Wenn Sie diesen einfachen Ansatz auf verschiedene Facetten Ihres Lebens anwenden, kann das Ihr ganzes Leben verändern.

Rituale verstehen. Ein Ritual ist „jede Übung oder jedes Verhaltensmuster, die bzw. das regelmäßig auf eine bestimmte Art und Weise ausgeführt wird."[1] Beispielsweise haben die meisten Profisportler ein Ritual, das sie vor dem Spiel durchführen, eine Reihe von Handlungen, die sie geistig und körperlich darauf vorbereiten, ihr Bestes zu geben. Das gilt für Leistungsträger in allen Berufen. Mason Curreys Buch *Daily Rituals: How Artists Work* untersucht die täglichen Rituale von mehr als 150 Romanautoren, Dichtern, Dramatikern, Malern, Philosophen, Wissenschaftlern, Mathematikern und anderen. Rituale helfen den Menschen unterschiedlichster Berufsgruppen, das gleiche Ziel zu erreichen, das auch wir hier anstreben: mehr zu erreichen, indem sie weniger tun. Tägliche Rituale, so Currey, „können ein fein abgestimmter Mechanismus sein, um eine Reihe begrenzter Ressourcen auszunutzen: Zeit (die begrenzteste aller Ressourcen) sowie Willenskraft, Selbstdisziplin und Optimismus."[2]

Rituale bieten drei Hauptvorteile. Erstens glauben zwar viele, dass Rituale die Kreativität unterdrücken, doch in Wahrheit befreien sie die Kreativität. Die richtige Ausarbeitung von Ritualen erfordert ein enormes Maß an Kreativität und Überlegung. Ein Ritual erfordert diese Anstrengung jedoch nur einmal pro Aufgabe. Das Ziel besteht darin, zu vermeiden, dass das Rad jedes Mal neu erfunden werden muss, wenn das gleiche Problem wiederholt auftaucht. Stattdessen konzentrieren Sie Ihre kreative Energie einmal auf etwas und wenden diese Lösung dann systematisch jedes Mal wieder an. So sind Sie frei, Ihre Kreativität derweil auf andere Dinge zu fokussieren. Denken Sie an Ihre tägliche Fahrt zur Arbeit. Sie brauchen überhaupt nicht an die Bewegungen zu denken, die Sie gerade machen. Sicher, in den ersten ein bis zwei Wochen müssen Sie einiges an Energie darauf verwenden, den besten Weg ins Büro zu finden, den Verkehr zu umgehen und herauszufinden, wann Sie genau losfahren müssen. Nach dieser anfänglichen Anstrengung unter Einsatz mentaler Energie übernimmt jedoch das Ritual das Steuer. Von da an sind Sie frei, Ihren kreativen Fokus während der Fahrt auf andere Dinge zu lenken.

Zweitens beschleunigen Rituale Ihre Arbeit. Sobald Sie ein Ritual ausgearbeitet haben, wissen Sie bei jedem Schritt genau, was als Nächstes kommt. Das geschieht automatisch; Sie müssen überhaupt nicht darüber nachdenken, was Sie bei dieser Aufgabe natürlich viel effizienter macht.

Drittens korrigieren Rituale Ihre Fehler. Es wäre vielleicht noch zutreffender zu sagen, dass sie Fehler *verhindern,* da Sie durch die Ausarbeitung von Ritualen verschiedene Punkte bereits vorhersehen, an denen etwas schiefgehen könnte, und Sie so Sicherheitsnetze für jeden Schritt im Prozess einbauen können. Selbst wenn Sie frühzeitig auf ein Problem stoßen, können Sie die Lösung einfach in Ihr Ritual einbauen, sodass sich die Rituale mit der Zeit selbst korrigieren. Der Chirurg und medizinische Autor Atul

Gawande hat die Macht von in Checklisten kodifizierten Ritualen hervorgehoben, um auf verschiedensten Fachgebieten Fehler zu eliminieren und hebt die „Tugenden der Reglementierung"[3] hervor. In seinem eigenen Gebiet, der Medizin, retten Checklisten jedes Jahr Tausende von Leben und Hunderte von Millionen Dollar.

Vier Grundrituale. Sie können ein Ritual um jede sich wiederholende Aufgabe in Ihrem Leben herum aufbauen. Tatsächlich können Sie Rituale dafür erschaffen, wie, wann und in welcher Abfolge eine Reihe verschiedener Aufgaben zu erfüllen ist. Ich verwende und empfehle vier Gründungsrituale: morgens, abends sowie zu Beginn und am Ende meiner Arbeitszeit. Die Zeit dafür plane ich in meiner Idealen Woche ein, auf die ich in Kapitel 7 zurückkommen werde. Dadurch, dass ich das System am Laufen halte, bin ich in der Lage, jeden Tag einige notwendige Aufgaben vorhersehbar und effizient durchzuführen, was meinem Geist jeden Tag mehr freie Stunden verschafft, als wenn ich versuchen würde, mich jedes Mal spontan an die durchzuführenden Aktionen zu erinnern.

Mein Morgenritual beginnt in dem Moment, in dem ich aufwache und trägt mich jeden Morgen bis ins Büro. Es besteht aus neun Punkten, wie etwa „Kaffee kochen", „Bibel lesen", „Tagebuch/Journal" und „Meine Ziele überprüfen". Zusammen bilden diese neun Handlungen ein Ritual: Ich gehe sie jeden Tag auf die gleiche Weise durch, in der gleichen Reihenfolge, was mir hilft, sie bestmöglich auszuführen und mich auf den Rest des Tages vorzubereiten. Mein abendliches Ritual funktioniert ähnlich, nur dass es mir hilft, mich zu entspannen und mich auf den Schlaf vorzubereiten. (Und hier noch ein Profi-Tipp: Stellen Sie sich einen Wecker, damit Sie pünktlich zu Bett gehen.) Die Morgen- und Abendrituale eines jeden Menschen können sich je nach Persönlichkeit, Interessen, Lebensabschnitt und anderen Kriterien voneinander unterscheiden.

Und wie kann man Arbeitsbeginn und -ende gestalten? Die beiden zugehörigen Rituale sind in meinem Kalender für jeden Wochentag gekennzeichnet. Mein Ritual zum Beginn des Arbeitstages startet um 9:00 Uhr und das Ritual für das Ende meines Arbeitstages beginnt um 17:00 Uhr. Zu diesen beiden Zeitpunkten führt mein Gehirn alle Aktionen aus, die für den Beginn oder das Ende des Arbeitstages erforderlich sind. Ich habe mir genau überlegt, was zu tun ist, damit jeder Arbeitstag gut beginnt und gut zu Ende geht, und ich habe diese Aufgaben in ein Ritual gepackt.

Sobald ich das Büro betrete, beginne ich mein Ritual für den Arbeitsbeginn. Indem ich jeden Tag die gleichen Handlungen in der gleichen Reihenfolge wiederhole, übernimmt mein Muskelgedächtnis die Führung und ich kann mich effizient durch all die kleinen Aufgaben arbeiten, die ich zu Beginn eines jeden Tages ausführen muss. Auch hier variieren die Elemente und deren Reihenfolge von Person zu Person, aber es seien die fünf Aufgaben genannt, die ich erledigen muss, um jeden Tag in Höchstform in den Arbeitstag zu starten:

1. meinen E-Mail-Eingang leeren
2. beim Team-Messenger Slack auf den neuesten Stand kommen
3. Social Media checken
4. Überprüfen der Big 3 (die wir in Kapitel 8 besprechen werden)
5. meinen Terminplan überprüfen

Dieses Ritual dauert in der Regel etwa 30 Minuten, daher ist die erste halbe Stunde eines jeden Arbeitstages diesem Ritual gewidmet. Das hält mich davon ab, diesen Aufgabenkomplex über den ganzen Vormittag hinweg in die Länge zu ziehen, während ich versuche, mich auf andere Dinge zu konzentrieren. Es verhindert auch, dass mich die Pläne eines anderen aus dem Konzept bringen.

Jeden Abend um 17:00 Uhr starte ich mein Abschlussritual für den Arbeitstag. Es sollte einen nicht wundern, dass dieses Set von Aktionen fast genauso abläuft wie mein Startritual: E-Mails, Team-Messenger und so weiter. Das liegt daran, dass ich zu diesem Zeitpunkt seit etwa acht Stunden keine E-Mails oder andere Nachrichten mehr abgerufen habe und weiß, dass ich noch auf Fragen oder Probleme antworten sollte, die sich im Laufe des Tages ergeben haben. Da ich weiß, dass ich abends ausführlicher antworte als morgens, plane ich etwa eine Stunde für das Abschlussritual ein. Wenn ich früher damit fertig bin, gehe ich früher nach Hause. Mein Abschlussritual umfasst die gleichen fünf Dinge wie das Startritual, aber ich füge noch zwei weitere Dinge hinzu: Erstens überprüfe ich meine wöchentlichen und täglichen Schlüsselaufgaben. Zweitens lege ich die Schlüsselaufgaben für den nächsten Tag fest. Dazu übrigens mehr in Kapitel 8.

Ich hoffe, dass Sie jetzt bereits einige Möglichkeiten zur Selbst-Automatisierung in Ihrem eigenen Leben entdeckt haben. Sie könnten ein Morgen-, Start- oder Abschlussritual ähnlich meinem eigenen ausarbeiten oder auch etwas ganz anderes entwickeln. Vielleicht bereiten Sie Präsentationen bei der Arbeit auf eine spezielle Weise vor, die ein perfekter Kandidat für die Automatisierung durch ein Ritual wäre. Wenn Sie erst einmal anfangen, nach Gelegenheiten zu suchen, werden Sie sie überall sehen. Am Ende dieses Kapitels werden Sie eine Übung finden, die darauf ausgerichtet ist, Ihre eigenen Morgen- und Abendrituale in kürzester Zeit in Gang zu bringen.

Automatisierung durch Vorlagen

Im letzten Kapitel habe ich ein Mail-Template vorgestellt, das ich verwende, wenn Nachwuchsautoren mich bitten, ihre Manuskripte zu lesen. Das war ein Beispiel für eine Automatisierung

Automatisierung bedeutet, ein Problem einmal zu lösen und diese Lösung dann auf Autopilot zu schalten.

durch Vorlagen. Seit mehr als drei Jahrzehnten ist das eine meiner Lieblingsformen der Automatisierung. Praktisch jeden Tag erhalte ich Anfragen wie diese. Müsste ich auf jede einzelne eine persönliche, einzigartige Antwort verfassen, hätte ich keine Zeit mehr für irgendetwas anderes. Natürlich könnte ich einen Assistenten einstellen, nur um all diese eingehenden Anfragen zu bearbeiten, aber warum? Stattdessen investiere ich ein wenig Zeit, die perfekte Antwort auf jede Anfrage zu erstellen und verwende diese Antwort immer und immer wieder. Wie wir bereits gesagt haben, bedeutet Automatisierung, ein Problem einmal zu lösen und diese Lösung dann auf Autopilot zu schalten. Mit Hilfe von Vorlagen können Sie das mit nur wenigen Klicks erledigen.

Damit Vorlagen funktionieren, müssen Sie eine entsprechende Mentalität, eine Art Template-Mindset, entwickeln. Jedes Mal, wenn Sie an einem Projekt arbeiten, sollten Sie sich fragen: Welche Komponenten dieses Projekts kann ich wiederverwenden? Wenn es etwas ist, das Sie voraussichtlich mehr als ein oder zwei Mal machen werden, erwägen Sie, eine Vorlage zu erstellen. Auch wenn das im Vorfeld ein wenig zusätzlichen Aufwand erfordert, werden Sie damit insgesamt enorm viel Zeit einsparen.

Die Art von Vorlagen, die ich in meiner täglichen Arbeit am häufigsten verwende, sind E-Mail-Vorlagen. Eine davon haben Sie bereits kennengelernt, aber glauben Sie mir, es gibt noch mehr. Tatsächlich habe ich persönlich 39 verschiedene E-Mail-Vorlagen auf meinem Computer eingerichtet, die im Nu einsatzbereit sind. Mein Team hat sich dieses Konzept zu eigen gemacht und der Sammlung noch weitere Templates hinzugefügt. Insgesamt haben wir mehr als 100 E-Mail-Vorlagen, die wir regelmäßig verwenden. Wenn Sie mir oder einem Mitglied meines Teams jetzt eine E-Mail schicken würden, wäre die Wahrscheinlichkeit hoch, dass Sie eine vorlagenbasierte Antwort erhalten würden. Das bedeutet natürlich nicht, dass die Antwort kalt und unpersönlich ist. Ich würde es nicht einmal als Formbrief bezeichnen. Stattdessen ist jede E-Mail-Vorlage eine durchdachte, persönliche Antwort auf die Fragen und Wünsche, die täglich mit hoher Wahrscheinlichkeit bei meinem Team eingehen. Durchdacht, weil wir einiges an Zeit darauf verwendet haben, unsere Antworten zu entwickeln. Und persönlich, weil jedes Template darauf ausgerichtet ist, für jeden einzelnen Empfänger so individuell gestaltet zu werden, dass es sich so anfühlt, als wäre die Antwort nur für ihn geschrieben worden.

Nun, da Sie wissen, was eine E-Mail-Vorlage ist, wollen wir uns anschauen, wie ich sie verwende. Der erste Schritt besteht natürlich darin, einen Entwurf aufzusetzen. Wenn es sich um eine gewöhnliche E-Mail handelt, haben Sie wahrscheinlich bereits einige verschiedene Versionen dieser Nachricht im „Gesendet"-Ordner Ihres E-Mail-Kontos gespeichert. Gehen Sie Ihre alten E-Mails noch einmal durch und suchen Sie eine heraus, die in eine Vorlage umgewandelt werden könnte. Schreiben Sie dann eine neue Version der E-Mail, gerade so als ob Sie einer bestimmten Person antworten würden. Denken Sie über all die verschiedenen Möglichkeiten nach, wie Sie der Person antworten und ihr helfen könnten. Die E-Mail an die Autoren, die mich um Hilfe bitten, enthält einen Link zu einem relevanten Blog-Eintrag, den ich geschrieben habe, und einen Link zu einem Onlinekurs, den ich zu diesem Thema anbiete. Durch mein Template sind alle grundlegenden Dinge abgedeckt. Das bedeutet nicht, dass Sie Ihre Vorlage im Laufe der Zeit nicht optimieren oder verbessern können, aber das Ziel besteht darin, dass Sie nicht noch einmal grundsätzlich darüber nachdenken müssen.

Vielleicht denken Sie, dass der nächste Schritt darin besteht, den E-Mail-Entwurf als Dokument in einem Ordner abzuspeichern und ihn jedes Mal, wenn Sie ihn benötigen, zu kopieren und in eine neue E-Mail einzufügen. Das können Sie so machen, aber es gibt einen viel schnelleren und einfacheren Weg und praktisch jedes E-Mail-Konto kann das. Das Geheimnis ist die Signaturfunktion. Ich persönlich benutze einen Mac und das einfache E-Mail-Konto Apple Mail. Wie bei den meisten E-Mail-Programmen können Sie eine Reihe verschiedener E-Mail-Signaturen speichern. Normalerweise werden diese nur verwendet, um Ihren Namen und Ihre geschäftlichen Kontaktinformationen automatisch einzufügen, wir aber werden diese einfache Funktion in ein Produktivitäts-Kraftwerk verwandeln. Sobald ich eine neue E-Mail-Vorlage erstellt habe, speichere ich sie in meinem Client als neue Signatur. Wenn ich sie benötige, kann ich sie dann mit ein oder zwei Klicks in den Text einer Mail einfügen.

In manchen E-Mail-Programmen erscheinen die gespeicherten Signaturen in einer Dropdown-Liste im Menü. Wenn also eine E-Mail-Anfrage eingeht, können Sie einfach auf Antworten klicken und die entsprechende Vorlage per E-Mail-Signatur aus der Liste auswählen. Nun können Sie (und das sollten Sie auch tun!) die E-Mail mit dem Namen der Person personalisieren und schon sind Sie fertig! Was einmal zehn Minuten oder länger gedauert hat, kann so in weniger als einer Minute, manchmal sogar in nur wenigen Sekunden, erledigt werden. Das ist eine wirkungsvolle und zeitsparende Strategie, um schnell mit Bergen von E-Mails fertig zu werden.

Vorlagen können aber nicht nur für E-Mails eingesetzt werden. Sie können auch Vorlagen für Briefe erstellen, die Sie per Post versenden. Wenn Sie zum Beispiel regelmäßig Mitarbeiter einstellen, könnten Sie Briefvorlagen erstellen, die den Eingang oder die Prüfung einer Bewerbung bestätigen. Sie können das Dokument sogar mit Ihrer digitalen Signatur versehen, sodass Sie es nicht mehr unterschreiben müssen, bevor Sie es versenden. Wenn Sie häufig Präsentationen mit digitalen Folien halten, können Sie auch ein Template für einen Foliensatz erstellen, das bereits das Layout, die Grafiken und die Titelfolien enthält. Wie auch immer Sie Vorlagen verwenden, das Grundkonzept bleibt dasselbe: Erfinden Sie das Rad nicht jedes Mal neu! Lösen Sie ein Problem einmal, schreiben Sie es auf und halten Sie es bereit, sodass Sie es immer sofort mit ein paar Klicks aufrufen können, sobald Sie es brauchen.

Prozess-Automatisierung

Die dritte Art der Automatisierung, Prozess-Automatisierung, bezieht sich einfach auf einen schriftlichen, leicht verständlichen Satz von Anweisungen zur Ausführung einer Arbeit oder Sequenz – einen Workflow. Ein Workflow ähnelt in gewisser Weise einem Ritual, aber Workflows sind im Allgemeinen viel detaillierter und beziehen sich spezifisch auf eine bestimmte Reihe von Aufgaben. Während ein Ritual eher einer Routine ähnelt, ähnelt ein Workflow eher den Anweisungen, die Sie verwenden würden, um ein Fahrrad für Ihr Kind oder ein neues Möbelstück zusammenzubauen. In diesen Fällen wurde jeder Schritt des Prozesses sorgfältig dargestellt und schriftlich festgehalten, sodass jeder zum Ziel kommt, der in der Lage ist, den Anweisungen zu folgen.

Ich bin sicher, dass Ihnen bereits mindestens ein umständlicher Prozess eingefallen ist, der von einem genau dokumentierten Workflow profitieren würde. Die gute Nachricht lautet, dass solche Ablaufpläne viel einfacher zu erstellen sind, als Sie vielleicht denken, und ihre Nützlichkeit kann gar nicht hoch genug eingeschätzt werden. Hier sind fünf Schritte, um lästige, häufig anfallende Aufgaben in einem einzigen genialen Prozess zusammenzufassen.

1. Identifizieren. Der erste Schritt bei der Erstellung eines Workflows besteht darin, darauf zu achten, welche Tätigkeiten sich wiederholen, und Bereiche zu identifizieren, in denen ein Arbeitsablauf helfen könnte. Welche Tätigkeiten sind für Ihr Unternehmen ausschlaggebend? Welche davon sind von Natur aus repetitiv? Für welche Aufgaben müssen Sie immer jemanden einlernen, bevor Sie in den Urlaub fahren können? Mit welchen Fragen hat man Sie angerufen, wenn Sie einmal nicht im Büro waren? Welche Aufgaben haben dazu geführt, dass Projekte ins Stocken gerieten, weil Sie gerade nicht persönlich verfügbar waren? Führen Sie sich die Rhythmen Ihres Geschäftsalltags vor Augen und notieren Sie offensichtliche Problempunkte, die dokumentiert werden müssen. Vielleicht sind Ihnen ja schon ein paar eingefallen.

Für Ihren ersten Workflow ist es am besten, mit etwas Einfachem zu beginnen. Würden Sie Ihren kompliziertesten Prozess als Ausgangspunkt wählen, könnten Sie ins Stocken geraten und aufgeben. Bereiten Sie sich vor, indem Sie zuerst an ein paar simplen Beispielen üben. Wenn Sie sich für einen einfachen Prozess entschieden haben, vollziehen Sie den gesamten Ablauf von Anfang bis Ende nach. Gehen Sie akribisch alle Details durch. Visualisieren Sie sämtliche Schritte. Ich stelle mir immer vor, dass ich den Workflow für jemanden aufsetze, der absolut nichts über die Arbeit weiß, die ich dokumentiere. Indem ich mich dem Prozess so nähere, als würde ich mit jemandem sprechen, der bisher gar nichts damit zu tun hatte, kann ich normalerweise jeden einzelnen Punkt erfassen, den ich einer solchen Person zeigen müsste.

2. Dokumentieren. Wenn Sie den Prozess kennen und jeden Schritt durchdacht haben, ist es an der Zeit, ihn schriftlich festzuhalten. Achten Sie darauf, jeden Schritt zu erfassen, der zur Erledigung der Aufgabe erforderlich ist. Lassen Sie nichts aus und nehmen Sie keine Abkürzung. Ihr Ziel in diesem Schritt ist es, jede Kleinigkeit so zu dokumentieren, dass auch jemand, der absolut nichts über den Prozess weiß, ihn einwandfrei ausführen könnte. Gehen Sie an diese Aufgabe heran wie an ein Computerprogramm. Eine Maschine tut nur das, was der Programmierer ihr explizit aufträgt. Lücken im Programm kann sie nicht ausfüllen und das sollte die Person, die sich an Ihren Workflow hält, auch nicht können müssen. Geben Sie dieser Person alles mit, was sie braucht, um die Arbeit zu erledigen.

Sie können einen Workflow auf viele verschiedene Arten dokumentieren. Es ist sinnvoll, mit verschiedenen Formaten und Werkzeugen zu experimentieren, bis Sie die finden, die für Sie am besten funktionieren. Für eine textbasierte Dokumentation könnten Sie mit einem einfachen Textverarbeitungsprogramm arbeiten oder ein fortgeschrittenes Notizprogramm ausprobieren. Oft werden Screenshots und Screencast-Videos in die Dokumentation eingefügt, sodass der Arbeitsablauf für jeden nachvollziehbar ist. Wenn Sie etwas Ausgefeilteres wollen, kann es sich lohnen, sich über individuellere Tools zur Prozessgestaltung zu informieren. Softwarelösungen können Ihnen zwar helfen, Ihre Gedanken zu organisieren und Ihre Workflows aufzupeppen. Lassen Sie sich aber nicht von technischem Schnickschnack einschüchtern und davon abhalten, die Vorteile der Prozess-Automatisierung zu nutzen. Selbst eine einfache handgeschriebene Checkliste kann funktionieren.

3. Optimieren. Wenn Ihre Dokumentation vollständig ist und Sie nichts ausgelassen haben, ist der erste Entwurf wahrscheinlich umfangreicher, als Sie es gern hätten. Das ist in Ordnung, denn nun werden wir sie optimieren. In diesem Schritt schauen Sie sich noch einmal an, was Sie festgehalten haben und stellen sich dabei diese drei Fragen:

1. Welche Schritte werden nicht gebraucht?
2. Welche Schritte können vereinfacht werden?
3. Bei welchen Schritten sollte die Reihenfolge geändert werden?

Indem Sie Ihre Dokumentation auf diese Weise hinterfragen, nehmen Sie die Feinabstimmung des Prozesses vor. Die Person, die diesen Workflow benutzt, sollte gerade so viele Informationen erhalten, wie sie für ihre Arbeit benötigt, aber nicht so viele, dass sie Schritte überspringt, weil der Workflow zu detailreich ist. Rationalisieren Sie also den Prozess und gestalten Sie ihn so effizient wie möglich.

4. Testen. Sobald Sie den Workflow aufgeschrieben und optimiert haben, ist es an der Zeit, ihn zu testen. Dieser Schritt ist entscheidend. Tatsächlich ist dies wahrscheinlich der Punkt, an dem die meisten schlechten Workflows scheitern. Der Prozess funktioniert nicht, weil die Person, die ihn erstellt hat, sich nicht die Zeit genommen hat, ihn richtig zu testen, oder weil sie auf ihre eigene Erfahrung zurückgegriffen hat, um Lücken in unvollständigen Anweisungen zu füllen.

Meiner Erfahrung nach ist es hier am besten, sein eigenes Versuchskaninchen zu sein. Wenn Sie testen, führen Sie auch wirklich nur das aus, was Sie aufgeschrieben haben. So können Sie feststellen, ob Sie etwas übersehen haben. *Schummeln Sie nicht!* Wenn es nicht geschrieben steht, tun Sie es auch nicht. Indem Sie testen, was auf dem Dokument steht – und nur das, was auf dem Dokument steht – werden sofort alle Lücken und Fehler aufgedeckt. Machen Sie sich Notizen und korrigieren Sie den Workflow, bis Sie ein perfektes Prozessdokument haben, das wie beabsichtigt funktioniert, unabhängig davon, wer es ausführt. Sie können auch jemanden aus Ihrem Team bitten, den Arbeitsablauf zu testen.

5. Weitergeben. Sobald Sie wissen, dass der Workflow funktioniert, ist es an der Zeit, ihn mit anderen Mitgliedern Ihres Teams zu teilen. Das können Sie per E-Mail tun, mit den Freigabetools in der Anwendung, mit der Sie es erstellt haben, oder über einen zentralen Server. Es geht darum, es so abzulegen, dass jeder, der es möglicherweise eines Tages braucht, weiß, wo es zu finden ist. Seien Sie nicht überrascht, wenn die Personen, die den Workflow benutzen, Lücken finden. Ermutigen Sie sie dazu, zusätzliche Verfeinerungen vorzunehmen. Es wird nicht lange dauern, bis Sie einen makellosen Prozess haben, der von jedem befolgt werden kann. Hierin liegt die wahre Stärke von Workflows: Sie sorgen dafür, dass die Delegation von Aufgaben zuverlässiger funktioniert und viel einfacher zu implementieren ist.

Unter den Übungen in diesem Kapitel finden Sie auch ein Aufgabenblatt namens „Workflow Optimizer". Es wird Sie an die fünf Schritte erinnern, die wir gerade durchgegangen sind. In der Zwischenzeit werden wir uns mit dem vierten und letzten Typ von Automatisierungen befassen.

Automatisierung durch Technik

Hier kommen wir schließlich zur technischen Automatisierung – das, womit die meisten Leute, die ihre Produktivität verbessern wollen, normalerweise *anfangen*. Trotz aller Kritik, die ich in diesem Buch gegen die Technik ins Feld führe, etwa indem ich hervorhebe, dass sie Ablenkungen aller Art Tür und Tor öffnet, ist der positive Einfluss unbestreitbar, den moderne Software und Hardware auf unser Geschäftsleben haben. Ich würde sagen, dass Automatisierung der ursprüngliche Grund dafür ist, warum wir überhaupt Technik einsetzen: Wir wollen belastende und repetitive Aufgaben auf ein Stück Software abladen und dadurch unseren Geist für andere Herausforderungen freimachen. Sobald Sie die richtigen Tools gefunden haben, müssen Sie sie nur noch so einrichten, dass sie im Hintergrund laufen, und darauf vertrauen, dass sie die Arbeit ohne Ihr Zutun erledigen.

Eine kurze Warnung, bevor wir hier weitermachen: Legen Sie sich nicht zu sehr auf eine bestimmte App fest. Sicher wollen Sie die Apps finden, die für Sie am besten geeignet sind, aber Sie sollten immer offen dafür bleiben umzusatteln, sobald sich eine bessere, effizientere Option ergibt – oder für den Fall, dass Ihre Lieblings-App oder Ihr Lieblings-Service plötzlich nicht mehr funktioniert. Ich kann die wunderbaren Apps und Tools, die ich in meine Arbeitsabläufe integriert habe und die dann im endlosen Marsch der Technik auf der Strecke geblieben sind, nicht mehr zählen.

Im Laufe der Jahre habe ich gelernt, dass man sich auf die Technik insgesamt verlassen kann, aber nie auf einzelne Tools. Aus diesem Grund ist es wichtig, sich mehr auf die *Art* des Tools zu konzentrieren, die man braucht, als darauf, *welches* Tool man gerade benutzt. Ich benutze zum Beispiel immer irgendeine To-do-Listen-App, weil ich diese Art von Software schätze. Ich habe schon dutzende Anwendungen ausprobiert. Man kann sie jederzeit wechseln. Da der Typ des Tools das Wichtigste ist, wenn es um technische Lösungen geht, lassen Sie uns einen Blick auf die vier Haupttypen von Produktivitätstools werfen.

E-Mail-Filter. Erinnern Sie sich an die Zeit, als Sie zum ersten Mal von E-Mails gehört haben? Ich kann mich daran erinnern. Vielleicht sind Sie ja so jung, dass Sie eine Welt ohne E-Mails überhaupt nicht mehr kennen, aber ich erinnere mich noch lebhaft an die Anfangszeit der E-Mail. America Online (AOL) war einer der ersten verbraucherfreundlichen E-Mail-Dienste und die markenrechtlich geschützte Nachricht „Sie haben Post!" löste jedes Mal, wenn ich sie hörte, einen Schub der Freude und Erwartung aus. Heute ist meine Reaktion auf meinen Posteingang um einiges weniger enthusiastisch. Die E-Mail ist zu einem aufgeblähten, fordernden Biest geworden, das ganze Tage oder sogar

Wochen verschlingen kann, wenn man es zulässt. Es gab in meiner Karriere Wochen, in denen ich über 700 E-Mails erhielt, die alle einen Teil meiner begrenzten Zeit, Energie und Aufmerksamkeit in Anspruch nahmen. Mit einem solchen Volumen sind E-Mails heute ein größeres Ärgernis als sie wert sind.

Wenn Ihnen das bekannt vorkommt oder es einen Ihrer Schmerzpunkte triggert, sollten Sie in Erwägung ziehen, in irgendeine Form von Filtersoftware für E-Mails zu investieren. Manche denken, so ein Tool könnte bloß Spam-Nachrichten filtern, aber das ist nur der Anfang. Eine gute E-Mail-Filtersoftware hilft Ihnen bei der Verwaltung Ihres Posteingangs, indem sie all Ihre Nachrichten automatisch sortiert und nach von Ihnen festgelegten Kriterien in Ordnern ablegt. Sie könnten zum Beispiel Filter einrichten, um Werbe-E-Mails, Newsletter, Quittungen, persönliche Nachrichten und Projektmemos in speziellen Ordnern abzulegen. Auf diese Weise sind Sie von Anfang an gut organisiert und können vermeiden, dass sich alle E-Mails zusammen im bodenlosen Eingangsordner eines typischen E-Mail-Postfachs tummeln.

Die meisten gebräuchlichen E-Mail-Dienste haben bereits einige rudimentäre Filterfunktionen eingebaut. Es gibt aber auch ausgezeichnete kommerzielle Filterlösungen, die in der Handhabung viel einfacher sind. Sie funktionieren wie von Zauberhand, indem sie Ihre E-Mails im Hintergrund ständig und ganz automatisch aufräumen. Diese Art von Diensten ist Automatisierung vom Feinsten. Ohne sie könnte ich in der Welt der E-Mail nicht mehr leben.

Makrobefehle. Sollte Sie der Begriff „Makros" abschrecken, bleiben Sie bitte trotzdem noch eine Sekunde bei mir. Ich verspreche Ihnen, dass das keine Lektion in Computerprogrammierung wird. „Makrobefehle" beziehen sich auf Software, die es Ihnen ermöglicht, mehrere kleine Aktionen zu einer Sequenz zusammenzufassen. Dadurch werden viele Mikroaufgaben zu einer einzigen

Makrooperation gebündelt, die Sie mit einem Tastenkürzel, einer Textkombination, einer bestimmten Bedingung oder sogar mit Ihrer Stimme auslösen können.

Ich verwende Makros täglich bei meiner Arbeit. Diese werden bei mir durch Tastenkombinationen ausgelöst. Wahrscheinlich sind Sie mit der Verwendung von einfachen Tastenkombinationen wie Strg+C zum Kopieren und Strg+V zum Einfügen vertraut. Wenn Sie sich einmal an solche schnellen Tastenkombinationen gewöhnt haben, greifen Sie fast nie mehr zur Maus, um Text auszuschneiden, zu kopieren, einzufügen, kursiv zu setzen oder zu unterstreichen. Es ist viel bequemer, die Finger auf der Tastatur zu lassen. Aus diesem Grund verwende ich bei meiner Arbeit gern Makro-Tastaturbefehle. So verwende ich zum Beispiel ein Programm namens Keyboard Maestro. Das gibt es nur für Mac, aber es existieren auch Lösungen für Windows. Mithilfe des Programms habe ich mehrere Tastenkombinationen eingerichtet, die fast sämtliche meiner üblichen Tastatur- und Mausaufgaben erledigen. Anstatt meine Hände also zur Maus oder zum Touchpad zu bewegen, um meine Mail-Anwendung zu öffnen, kann ich einfach einen Tastaturbefehl verwenden. Dasselbe kann ich tun, um andere häufig gebrauchten Anwendungen zu öffnen.

Das Öffnen von Anwendungen ist nur der Anfang. Genauso einfach kann ich viel komplexere und aufgabenspezifischere Aktionen auslösen, von denen viele für mich beim Schreiben unentbehrlich geworden sind. Zum Beispiel kann ich einen Textblock markieren und ein Tastaturkürzel drücken, um den gesamten markierten Text in Großbuchstaben, Kleinbuchstaben oder Titelschrift umzuwandeln. Sie brauchen so etwas vielleicht nicht, ich aber schon. Denken Sie daran, dass der erste Schritt bei der Erstellung eines Workflows darin besteht, sich zu überlegen, welche Anforderungen Sie an Automatisierung haben. Als mir klar wurde, wie viel Zeit ich damit verbrachte, die Maus über die verschiedenen Formatoptionen zu bewegen, beschloss ich, ein wenig Zeit in die Einrichtung von Makrobefehlen für diese Optionen zu investieren. Jetzt kann ich diese Dinge mit einem einzigen Handgriff tun; und mittlerweile sind diese Handgriffe in mein Muskelgedächtnis übergegangen. Wenn Sie ein Makro eingerichtet und die Anwendung eingeübt haben, können Sie dadurch viel Zeit sparen.

Textbausteinverwaltung. Textexpander arbeiten mit einer anderen Art von Tastaturkürzeln. Dabei handelt es sich um einen Dienst, der auf Ihrem Computer läuft und kleine, definierte Textausschnitte in längeren und komplexeren Text verwandelt. Wenn ich zum Beispiel „;f2" in ein Dokument, eine E-Mail oder ein beliebiges anderes Textfeld eintippe, erweitert mein Computer diese Tastenkombination sofort zu „Free to Focus™" (einschließlich des Symbols „™"). Tippe ich die Abkürzung „;mhco", wird „Michael Hyatt and Company" in das Dokument eingefügt. Die Abkürzung „;biz" wird erweitert zu meiner Festnetznummer und „;dlong" wird zur Langform des heutigen Datums. All das sind Dinge, die ich mehrmals am Tag tippe, und diese Abkürzungen ersparen mir immer wieder hier und da eine Sekunde. Das summiert sich.

Ich benutze die Textbausteinverwaltung auch für längere, komplexere Textblöcke, wie zum Beispiel für Antworten, die ich üblicherweise für Social Media verwende, und Mitteilungen, die ich häufig an mein Team sende. Ähnlich wie bei meinen E-Mail-Vorlagen kann ich so in Sekundenschnelle eine persönliche Notiz versenden. Ich benutze dieses Tool so oft, dass es überraschend schwierig für mich ist, einen fremden Computer zu benutzen, um irgendwelche Arbeiten zu erledigen. Meine Lieblingsanwendung zur Texterweiterung ist derzeit TextExpander, der für Mac und Windows verfügbar ist, aber es gibt noch einige andere gute Optionen.

Screencast-Tools: Screencast-Programme zeichnen auf, was auf Ihrem Computer- oder Tablet-Bildschirm geschieht, und speichern es als Videodatei, die Sie bearbeiten und mit anderen teilen können. Diese Art von Software ist ein wichtiger Bestandteil meiner Workflows. Alle meine Onlinekurse beinhalten in gewissem Maße Screencasting. Die meisten Computer- und Handybetriebssysteme verfügen ab Werk über einfache Screencasting-Möglichkeiten, aber professionelle Screencast-Anwendungen eröffnen Ihnen ganz andere Möglichkeiten. Sie geben Ihnen die totale Kontrolle über die Aufzeichnung und bieten eine Palette ausgezeichneter Bearbeitungswerkzeuge für die Postproduktion. Mit diesen höherwertigen Tools können Sie eine Videoaufnahme Ihres Gesichtes auf Ihrem Bildschirm mit Audio überlagern, so dass Sie mit dem Betrachter sprechen können, während Sie ihn durch ein Screencast-Tutorial führen. Das verleiht Onlinevideos und -kursen eine ganz persönliche Note und macht Ihre Workflows kristallklar für alle, die sie verwenden.

Finden Sie den einfachsten Weg

In diesem Kapitel habe ich versucht, Sie in die Welt der Automatisierung einzuführen, indem ich Ihnen vier der gebräuchlichsten Arten von Automatisierung vorgestellt habe. Wir haben angefangen mit der Selbst-Automatisierung, die Sie anwenden, indem Sie Ihre täglichen Routinen untersuchen und Rituale, um die Dinge herum aufbauen, die Sie jeden Tag tun (oder tun wollen). Zweitens haben wir uns der Automatisierung durch Vorlagen gewidmet. Hier sollten Sie sich fragen, welche Komponenten eines Projekts Sie immer wieder verwenden, um repetitive Aufgaben zu identifizieren, die für eine Automatisierung geeignet sind. Drittens haben wir die Prozess-Automatisierung untersucht und uns mit dokumentierten Workflows beschäftigt. Und viertens haben wir einen kurzen Einblick in die Möglichkeiten der Automatisierung durch Technik gewonnen und uns vier verschiedene Kategorien von Software-Lösungen angeschaut. Ich hoffe, die vier Arten der Automatisierung haben Ihnen aufgezeigt, was alles möglich ist, wenn es darum geht, Teile Ihres Unternehmens und Ihres Lebens zu automatisieren.

Wenn Sie jemals denken: *Es muss doch einen einfacheren Weg geben*, dann sollten Sie immer davon ausgehen, dass es auch wirklich einen gibt. Finden Sie ihn. Wenn Sie diesen Ansatz auf alles anwenden, was Sie regelmäßig tun, werden Sie erstaunt sein, wie viel Zeit, Mühe, Anstrengung und Energie Sie bei all den kleinen Aufgaben sparen können, die ständig Ihre Ressourcen verschlingen. Wenn Sie Teile Ihres Lebens automatisieren, gehen die Dinge leichter von der Hand, Ihre Kreativität wird freigesetzt, Sie können sich stärker auf die Aktivitäten fokussieren, die einen großen Impact haben und Sie werden insgesamt jeden Tag produktiver. Die Automatisierung ist eines der nützlichsten Werkzeuge in meiner Produktivitäts-Werkzeugkiste – und kann auch für Sie von großem Nutzen sein. Wenn Sie die folgenden Übungen abgeschlossen haben, können Sie zum nächsten Kapitel übergehen. Dort werden Sie lernen, wie Sie die verbleibenden Aufgaben bewältigen, die Sie weder eliminieren noch automatisieren können, indem Sie die Macht der Delegation richtig einsetzen. Und das können Sie selbst dann tun, wenn Sie *denken*, dass Sie niemanden hätten, an den Sie delegieren können. Sie werden Tipps und Strategien lernen, die selbst ein abgeschotteter Einzelunternehmer sofort umsetzen kann, also überspringen Sie das Kapitel nicht.

RATIONALISIEREN SIE IHRE AUFGABEN

Automatisierung ist eine mächtige Waffe im Kampf um Produktivität, aber Sie werden Ihr Leben nicht durch Zufall automatisieren. Die zeitsparenden Vorteile der Automatisierung werden Sie nur dann nutzen können, wenn Sie sich die Zeit nehmen, die Sie für die Entwicklung und Implementierung der gewünschten Systeme benötigen. Um das zu tun, empfehle ich zwei Übungen.

Laden Sie zunächst das Arbeitsblatt Daily Rituals unter FreeToFocus.com/tools herunter. Mit Hilfe dieser Vorlage werden Sie Ihre eigenen vier grundlegenden Rituale entwerfen. Sie geben an, welche Aktivitäten Sie einbauen möchten und wie viel Zeit Sie dafür einplanen. Dann addieren Sie diese Zeiten, um zu sehen, wie lange Sie für die Ausführung Ihrer Rituale benötigen. Die konkreten Aktivitäten sind Ihnen völlig freigestellt, aber denken Sie sorgfältig über jeden Schritt nach, den Sie einbauen möchten. Es mag zunächst seltsam erscheinen, Ihre Freizeit so zu strukturieren, aber probieren Sie es einen Monat lang. Das wird Ihr Leben verändern.

Als Nächstes gehen Sie zurück zu Ihrem Arbeitsblatt Aufgabenfilter. Sie haben die zu eliminierenden Elemente bereits markiert; jetzt markieren Sie die Kandidaten für die Automatisierung und wählen einen aus, den Sie heute in Angriff nehmen wollen. Es kann sich dabei um Selbst-Automatisierung, Automatisierung durch Vorlagen, Prozess-Automatisierung oder Automatisierung durch Technik handeln. Für die Prozess-Automatisierung habe ich ein Bonus-Tool.

Laden Sie den Workflow Optimizer unter FreeToFocus.com/tools herunter. Notieren Sie sich die erforderlichen Aktionen und isolieren und nummerieren Sie die Schritte in der Reihenfolge, die erforderlich ist, um das gewünschte Ergebnis zu erzielen. (Stellen Sie es sich wie die Zutaten und Anweisungen in einem Rezept vor.) Wenn Sie einen Entwurf fertig haben, testen Sie ihn und passen Sie ihn gegebenenfalls an. Sie können nun diesen Arbeitsablauf nachschlagen, um bei Bedarf Ihr Gedächtnis aufzufrischen, oder ihn mit einem Teammitglied zu teilen, damit es weiß, wie es die Arbeit für Sie erledigen soll – was uns zum Delegieren führt.

6

Delegieren

Klonen Sie sich – und bessere Lösungen ...

Ich habe mich entschieden, niemals etwas zu tun, was auch andere tun können oder wollen, da es doch so viele wichtige Dinge gibt, die sonst niemand tun kann oder will.

DAWSON TROTMAN

Wir wissen alle, dass man Glück nicht kaufen kann, richtig? Nun, nicht so eilig! Der Begriff *Zeitmangel* beschreibt das Gefühl, mehr Aufgaben als Zeit zu haben. Wenn wir auf der falschen Seite des Spiegels herumwuseln, haben wir immer mehr Dinge auf der Liste als Stunden zur Verfügung stehen und keine Möglichkeit, jemals aufzuholen. Wie wir bereits festgestellt haben, hat diese Hetzerei einen direkten negativen Einfluss auf unsere Produktivität und unser Wohlbefinden.

Ashley Whillans von der Harvard Business School leitete ein Forscherteam, das sich mit diesem Problem befasste. Nachdem sie über 6.000 Teilnehmer in mehreren Industrienationen untersucht hatte, fand sie heraus, dass es eine einfache und unkomplizierte Möglichkeit zur Überwindung der Zeitknappheit und zur Verbesserung des Wohlbefindens und der Lebenszufriedenheit gibt: mehr Zeit kaufen. Aber wie soll das funktionieren?

Nachdem Sie so viel wie möglich eliminiert und automatisiert haben, bleibt eine kürzere Liste von wesentlichen Aufgaben übrig, die von irgendjemandem erledigt werden müssen. Die Frage lautet nun: *Müssen Sie dieser Jemand sein?* Die Antwort ist oft nein. Man kann zwar Glück nicht kaufen, wohl aber kann man seine Zeit zurückkaufen, indem man Aufgaben, die man als stressig oder unattraktiv empfindet, auslagert – und das läuft letztlich auf dasselbe hinaus. Delegieren steigert das Wohlbefinden, indem es die Zahl unserer stressigen, ungeliebten Aufgaben verringert und uns hilft, die Kontrolle über unsere Zeitpläne zurückzuerlangen. „Das Ausgeben von Geld, um Zeit zu gewinnen, war mit einer größeren Lebenszufriedenheit verbunden, und der typische nachteilige Effekt von Zeitstress auf die Lebenszufriedenheit wurde bei den Personen abgeschwächt, die Geld verwendeten, um sich Zeit zu erkaufen", so Whillans und ihre Koautoren.[1]

Warten Sie, einen Moment noch bitte ...

Delegieren bedeutet im Grunde genommen, sich in erster Linie auf Arbeit zu fokussieren, die nur Sie erledigen können, indem Sie alles Sonstige anderen übertragen, die diese Art von Arbeit lieber tun oder diese Aufgaben besser beherrschen. Aber lassen Sie uns ehrlich sein: Manchmal ist das gerade für erfolgreiche Menschen schwer. Besonders dann, wenn Sie das Problem haben, dass Sie alle Aufgaben in Ihrem Geschäft halbwegs beherrschen.

Zufriedenheit kann man zwar nicht kaufen, aber man kann sich seine Zeit zurückerobern – und das ist im Endeffekt das Gleiche.

Ich sage „Problem", weil das kein Kompliment ist. Würden Sie jemals bewusst jemanden einstellen, der etwas nur halbwegs kann? Wenn Sie darauf bestehen, selbst Arbeiten zu verrichten, für die Ihnen Leidenschaft und Kompetenz abgehen, dann gratuliere ich Ihnen: Sie bekommen den Preis für den schlechtesten Personalmanager aller Zeiten.

Eigentlich wissen wir es besser. Die meisten von uns geben zu, dass es strategisch klug und organisatorisch sinnvoll ist, Aufgaben zu delegieren. Das Problem besteht darin, dass wir die Delegation als ideale Situation betrachten, die unter unseren momentanen Umständen nicht funktioniert. „Dafür trage ich zu viel Verantwortung", könnten wir sagen. „Ich kann nicht darauf vertrauen, dass das jemand anders erledigt. Das liegt alles an mir." Ich selbst habe so etwas oft gesagt. Aber wie ich meinen Klienten zu verstehen gebe, die auch manchmal solche Dinge behaupten: Es stimmt nicht. Die letztendliche Verantwortung für das Ergebnis mag vielleicht bei Ihnen liegen, aber in der Regel können Sie bei der Ausführung einer Aufgabe Hilfe in Anspruch nehmen. Ähnlich könnten wir auch behaupten: „Es geht schneller, wenn ich es selbst erledige." Und nochmals: nein. Um zu delegieren, müssen wir kurz langsamer werden, um eine neue Person auf Touren zu bringen. Aber auf lange Sicht gewinnen wir Zeit, indem wir

Liebe kann man nicht kaufen, aber man kann Zeit kaufen. Wir alle haben 168 Stunden pro Woche zur Verfügung. Doch das Delegieren erlaubt es Ihnen, einige dieser Stunden zu befreien, insbesondere Stunden, die Sie sonst für Aktivitäten außerhalb Ihrer Wunschzone verwendet hätten.

andere Menschen schulen und ihnen vertrauen – Zeit, die wir in unserer Wunschzone verbringen können. Wie Whillans beobachtete, ist das gerade so, als würde man Zeit kaufen.

Einige von uns weigern sich zu delegieren, indem sie sich einreden, dass sie es sich nicht leisten könnten. Ein Mangel an Ressourcen wird dafür verantwortlich gemacht. Aber als Leistungsträger übersteigen unsere Ziele immer unsere Budgets. Die wichtigste Ressource, die wir in solchen Situationen brauchen, ist Kreativität, nicht Geld. Wo ein Wille ist, da ist auch ein Weg – ob es sich um eine Teilzeithilfe, einen virtuellen Assistenten oder einen online vermittelten Freiberufler handelt. Die Stunden, die Sie mit Aufgaben in Ihrer Wunschzone verbringen, sind immer gewinnbringender als die Zeit, die Sie mit irgendetwas anderem verschwenden. So machen sich die Kosten der Delegierung von Aufgaben von selbst bezahlt – und zwar plus Zinsen. Denken Sie an dieser Stelle noch nicht zu viel über Ressourcen nach. Sie müssen sich erst über das *Was* im Klaren sein, bevor Sie zum *Wie* übergehen.

Die deprimierendste Ausrede, nicht zu delegieren, die ich je gehört habe, ist diese: „Ich habe versucht zu delegieren, aber es hat nicht funktioniert." Wenn Menschen etwas immer nur ein- oder zweimal ausprobieren würden, bevor sie die Segel streichen, gäbe es keine Kunst, keine Musik, keine Technologie, keine Industrie, keine Medizin – *nichts*. Stellen Sie sich eine Welt ohne Kunst und ohne Musik vor – das ist die Welt, in der man etwas ein- oder zweimal ausprobiert und dann aufgibt. Alles Gute in unserem Leben ist das Ergebnis des unermüdlichen Spiels von Versuch und Irrtum. Wenn Sie zulassen, dass ein oder zwei Fehlversuche Sie davon abhalten, einen zentralen Baustein Ihres Produktivitätsan-

> In manchen Situationen ist die wichtigste Ressource nicht Geld, sondern Kreativität

satzes zu implementieren, haben Sie noch ganz andere Probleme als eine außer Kontrolle geratene To-do-Liste. Ich weiß, dass es schwierig sein kann, Aufgaben abzugeben, um die man sich schon lange persönlich gekümmert hat. Aber wenn Sie Ihre Zeit zurückkaufen wollen, ist das möglich, und die Ergebnisse sind die Mühe wert. Um aus Ihnen einen Meister-Delegierer zu machen, werde ich Sie in diesem Kapitel in drei Geheimnisse einweihen. Beim ersten handelt es sich um die Delegationshierarchie und sie wird Ihnen helfen, sich ein klares Bild davon zu machen, welche Aktivitäten wirklich Ihre Zeit und Energie verdienen – und welche nicht.

Die Delegationshierarchie

Um die Schlüsselaktivitäten zu finden, die nur Sie ausführen können oder sollten, filtern Sie Ihre verbliebenen Aufgaben mithilfe Ihres Freiheitskompasses. Wenn Sie jede der vier Zonen in umgekehrter Reihenfolge durchlaufen, sehen Sie genau, welche Aufgaben auf Ihrer Liste delegiert werden müssen und wie dringend Sie für jede einzelne davon eine Lösung finden müssen. Ich nenne das die Delegationshierarchie. Wir beginnen mit den Aufgaben, die Sie wahrscheinlich am meisten hassen.

Priorität 1: Schinderei-Zone. Sie werden sich daran erinnern, dass die Zone der Schinderei aus Aufgaben besteht, für die Sie keine Leidenschaft haben und in denen Sie über keine Kompetenz verfügen. Hoffentlich konnten Sie die meisten Aufgaben in dieser Zone bereits eliminieren oder automatisieren. Alle hier verbliebenen Aufgaben sind erstklassige Kandidaten fürs Delegieren – und es ist wichtig, diese Aktivitäten so schnell wie möglich abzugeben.

Fühlen Sie sich nicht schuldig, wenn Sie Ihre am meisten gehassten Aufgaben an jemand anderen abgeben. Wie wir in Kapitel 2 gesehen haben, bedeutet Ihre eigene Abneigung gegenüber diesen Tätigkeiten nicht, dass jeder sie hasst. Tatsächlich könnte die Wunschzone eines anderen ausschließlich aus Aufgaben in Ihrer Schinderei-Zone bestehen. Denken Sie zum Beispiel an die Hausarbeit. Sie putzen vielleicht ungern und mögen es nicht, die Wäsche zusammenzulegen, aber diese Dinge könnten mitten in der Wunschzone eines anderen liegen. Dasselbe gilt für Buchhaltung, Design, Marketing und alles andere.

In Kapitel 1 habe ich meinen Coaching-Klienten Matt vorgestellt. Sein berufliches und persönliches Leben änderte sich, als er aufhörte, sich die Frage zu stellen: „Kann ich diese Arbeit schneller, einfacher und billiger erledigen?", und stattdessen anfing, sich zu fragen: „Sollte ich diese Arbeit überhaupt machen?" Ein Hindernis war für ihn das Delegieren von Aufgaben in der Schinderei-Zone. „Das muss ich einfach selbst tun", sagte er. „Wie soll ich das denn abgeben, wenn ich es schon selbst nicht gern mache?" Es fühlte sich für ihn arrogant oder unhöflich an, anderen Arbeit zuzuweisen, die ihm selbst keinen Spaß machte. Was hat sich seitdem geändert? „Ich habe herausgefunden, dass meine eigene Schinderei-Zone nicht die Schinderei-Zone eines anderen ist. Wenn ich mich hier mit dem Delegieren zurückhalte, halte ich die Leute in Wahrheit davon ab, etwas zu tun, was ihnen Spaß macht." Wahre Arroganz besteht nicht darin, Arbeit zu delegieren, die uns nicht gefällt, sondern anzunehmen, dass jeder unsere Vorlieben teilt.

Ein anderer Coaching-Klient, Caleb, machte eine ähnliche Erfahrung. „Besonders viel Angst hatte ich davor, Tätigkeiten auf der Assistenzebene auszulagern, wie zum Beispiel den Kundenkontakt", erzählte er mir. „Es hat mich ziemlich gestresst, diese Aufgaben abzugeben." Dann begann er zu sehen, wie andere

Klienten in unseren Coachingsitzungen gute Erfahrungen mit der Delegation machten. Das gab ihm das Selbstvertrauen, es selbst zu versuchen. „Klarheit darüber zu haben, welche Aktivitäten nicht zu meinen Leidenschaften und Kompetenzen gehören, gab mir das Selbstvertrauen, ein paar Assistenten einzustellen. Viele der Aktivitäten in meiner Schinderei-Zone, die mir absolut nichts gegeben haben, sind Dinge, die ihnen Spaß machen, und sie sind so gut darin, wie ich es nie hätte sein können. Indem ich das an sie weitergegeben habe, konnte ich meine Zeit für Aktivitäten in meiner Wunschzone von 30 auf etwa 70 Prozent erhöhen. Das sind die Dinge mit dem größten Impact und es hat viel mehr Energie und einen besseren Fokus in die Firma gebracht."

Indem Sie die Aufgaben in Ihrer Zone der Schinderei an jemanden weitergeben, der sie gern ausführt, können Sie täglich Stunden dafür freimachen, sich auf die Dinge zu konzentrieren, die Ihnen wirklich wichtig sind. Außerdem erhalten Sie dadurch, dass Sie Dinge loswerden, die Sie hassen, einen Schub neuer Energie, die Sie für Aktivitäten in Ihrer Wunschzone verwenden können.

Priorität 2: Desinteresse-Zone. Das nächste Einsatzgebiet für die Delegation ist alles, was noch in Ihrer Desinteresse-Zone verblieben ist. Nur weil Sie in etwas gut sind, heißt das noch lange nicht, dass Sie es auch tun sollten. Wenn Sie weiterhin Aufgaben erledigen, für die Sie sich nicht leidenschaftlich interessieren, wird Ihnen die Energie entzogen, die Sie für die Dinge benötigen, für die Sie brennen.

Ich weiß grundsätzlich, wie die Buchhaltung meiner Firma funktioniert, und jahrelang habe ich mich auch selbst kompetent genug darum gekümmert. Allerdings habe ich diese Arbeit immer gehasst und ständig aufgeschoben. Indem ich einen CFO einstellte, der sich leidenschaftlich für Buchhaltung interessierte, setzte ich einen neuen Zeitblock für Aktivitäten in meiner Wunschzone frei. Und genau das ist immer unser Ziel. Wenn Sie sich also mit einer Aufgabe langweilen, die nicht eliminiert oder automatisiert werden konnte, delegieren Sie sie, auch wenn Sie gut darin sind. Das ist nicht so dringend wie bei einer Aufgabe in der Schinderei-Zone, aber schieben Sie es nicht auf die lange Bank. Zu viel Langeweile führt irgendwann zum Burnout.

Priorität 3: Zone der Ablenkung. Die Aufgaben, die nach dem Eliminieren und Automatisieren noch in Ihrer Ablenkungszone stehen, können etwas knifflig sein. Möglicherweise neigen Sie dazu, an diesen Aufgaben festzuhalten, weil sie Ihnen Spaß machen. Andererseits sollten Sie auch nicht Ihre Zeit oder Ihr Geld mit unterdurchschnittlicher Arbeit verschwenden, wenn eine erfahrene Fachkraft die Aufgabe zehnmal besser erledigen könnte.

Ich spiele gern mit Webdesign herum, aber meine Fähigkeiten reichen nicht annähernd für den Betrieb meiner Unternehmenswebsite aus. Wenn ich versuchen würde, unsere Website selbst zu verwalten, nur weil es mir Spaß macht, würde ich enorm viel Zeit verschwenden und die Website würde jeden zweiten Tag zusammenbrechen. Auch wenn es hier vielleicht schwerer fällt als anderswo, rate ich Ihnen, Ihre Aktivitäten in der Ablenkungszone genau zu prüfen. Evaluieren Sie jede Aufgabe sorgfältig, indem Sie sich fragen: Inwieweit bin ich mit Leidenschaft dabei? *Lohnt es sich, diese Aufgabe in meiner Entwicklungszone zu parken, um zu sehen, ob ich meine Fähigkeiten genug verfeinern kann, um sie in meine Wunschzone hinüberzubringen?* Falls die Antwort nein lautet, delegieren Sie sie!

Priorität 4: Wunsch-Zone. Wenn Sie in der Schinderei-, Desinteresse- und Ablenkungszone alles delegiert haben, was geht, wird sich Ihr Horizont weiten. Das wird nicht von heute auf morgen zu schaffen sein, aber genau darin besteht das Ziel: dass Sie den größten Teil Ihrer Zeit in Ihrer Wunschzone verbringen. Es gibt nur einen vernünftigen Grund, etwas in dieser Zone zu delegieren, und zwar dann, wenn Ihre Wunschzone noch immer mehr Aufgaben beinhaltet, als Sie vernünftigerweise selbst erledigen könnten. Ob Sie es glauben oder nicht – es ist durchaus möglich, in Ihrer Wunschzone zu bleiben und sich dennoch zu Tode zu arbeiten. Tatsächlich ist das für Leistungsträger eine echte Versuchung. Wenn Sie an diesen Punkt kommen, müssen Sie jede Aufgabe auf den Prüfstand stellen und versuchen herauszufinden, welche Aufgaben Sie am meisten begeistern und welche Sie am besten beherrschen. Das kann Sie vor schwierige Entscheidungen stellen, wenn es darum geht, Dinge zu delegieren, die Sie selbst sehr gern tun. Aber Sie können zumindest versuchen, einen Weg zu finden, Teile dieser Aufgaben zu delegieren, so dass Sie nur die Teile behalten, die Ihnen am meisten Spaß machen und in denen Sie sich besonders hervortun.

Jetzt wissen Sie, *was* delegiert werden sollte. Aber um ein Meister-Delegierer zu werden, müssen Sie noch mehr lernen. Als nächstes schauen wir uns an, *wie* delegiert wird.

Der Delegationsprozess

Obwohl Delegation ein wesentlicher Bestandteil der Unternehmensführung und integraler Bestandteil eines produktiven Lebensstils ist, habe ich immer wieder erlebt, dass sie nicht funktioniert. Die meisten Führungskräfte nehmen an, sie wüssten schon, wie man delegiert, aber sobald sie versuchen, ein Projekt oder eine Aufgabe an jemand anderen zu übergeben, fällt alles auseinander. Durch dieses Scheitern sind sie nicht nur schlechter dran als vorher, sondern im Allgemeinen auch weniger dafür zu haben, es in Zukunft erneut zu versuchen. Diese Abneigung treibt sie dazu, weiterhin zu viele Verantwortlichkeiten zu horten, was letztlich ihre Produktivität und ihre Freude an der Arbeit beeinträchtigt. Am Ende sitzt ein überarbeiteter Manager auf einer unmöglichen Liste von Verantwortlichkeiten mit wenig Hoffnung, dass irgendjemand ihm aushelfen könnte. Kommt Ihnen das vielleicht bekannt vor?

In einer Situation wie dieser ist es leicht, dem Mitarbeiter die Schuld zu geben oder, schlimmer noch, anzunehmen, dass das Delegieren an sich unmöglich funktionieren kann. Die harte Wahrheit ist jedoch die, dass die Schuld direkt der Führungskraft zuzuschreiben ist. Genauer gesagt liegt es daran, dass der Leader nicht weiß, wie man richtig delegiert. Viele Leute denken, dass es beim Delegieren einfach darum geht, jemandem eine Aufgabe und einige Anweisungen zu geben und dann die Belohnung für die Bemühungen des anderen zu ernten. Normalerweise läuft das etwas anders. Delegieren ist ein Prozess, und dieser erfordert eine Investition Ihrer Zeit. Ihr Ziel besteht darin, leidenschaftliche, fähige Teammitglieder auszubilden, denen Sie auch die heikelsten Aufgaben anvertrauen können. Das wird nur gelingen, wenn Sie sie durch einen Prozess der Vertrauens- und Kompetenzbildung führen. Wenn Sie ein Teammitglied durch die sieben unten aufgeführten Schritte leiten, werden Sie nicht nur von kompetenten Mitarbeitern umgeben sein, sondern auch überall um sich herum ungenutztes Führungspotenzial entdecken.

Erstens: *Entscheiden Sie, was Sie delegieren wollen.* Die Delegationshierarchie zeigt Ihnen genau, welche Aufgaben in welcher Reihenfolge delegiert werden müssen. Beginnen Sie mit Aufgaben in Ihrer Schinderei-Zone, dann gehen Sie zu Aufgaben in Ihrer Desinteresse- beziehungsweise Ablenkungszone über. Wenn Sie keine Zeit haben, alle Aufgaben in Ihrer Wunschzone selbst zu erledigen, suchen Sie nach Möglichkeiten, diese Liste zu verkürzen oder zumindest Teile der Aufgaben an andere zu delegieren. Dieser Schritt mag vielleicht trivial klingen, aber das ist der Ausgangspunkt: Sie werden das *Wie* nie meistern, wenn Sie nicht mit dem *Was* beginnen.

Zweitens: Wählen Sie die am besten geeignete Person aus. Der Freiheitskompass funktioniert nicht nur für Sie, er funktioniert auch für Ihr ganzes Team. Sie sind nicht die einzige Person, die in der Wunschzone besser arbeitet; auch alle anderen müssen so viel Zeit wie möglich dort verbringen. Wenn Sie eine Aufgabe an jemand anderen abgeben, versuchen Sie, jemanden zu finden, der die Aufgabe, die Sie abgeben, mit Leidenschaft und Kompetenz ausfüllt. Wenn Sie zum Beispiel die Zügel Ihrer Social-Media-Accounts aus der Hand geben, suchen Sie sich nicht jemanden aus, der meint, Social Media sei reine Zeitverschwendung oder der noch nie einen eigenen Facebook-, Twitter- oder Instagram-Account hatte. Solche Leute hätten keine Ahnung, wie die Reichweite in sozialen Netzwerken maximiert werden kann, und würden keine gute Arbeit leisten. Die Delegationskatastrophe wäre vorprogrammiert. Um ein Meister-Delegierer zu werden, müssen Sie die Geduld und das Augenmerk dafür entwickeln, eine Aufgabe auf die richtige Person abzustimmen. Wenn Sie das hinbekommen, können Sie sich auf einen unglaublichen Erfolg einstellen.

Drittens: Kommunizieren Sie den Arbeitsablauf. Sobald Sie die beste Person gefunden haben, ist es an der Zeit, ihr zu zeigen, wie die Aufgabe zu erledigen ist. Die Arbeit, die Sie in Kapitel 5 zur Dokumentation von Workflows geleistet haben, kann sich hier auszahlen. Die Automatisierung eines Prozesses durch die Erstellung dokumentierter Arbeitsabläufe macht das Delegieren zum Kinderspiel. Geben Sie einfach den Workflow weiter, zeigen Sie der Person, wie er zu verwenden ist, und lassen Sie das System die Arbeit machen. Machen Sie sich aber keine Sorgen, wenn Sie keinen Workflow vorbereitet haben. Manche Aufgaben eignen sich nicht für dokumentierte Arbeitsabläufe. Andere liegen außerhalb

Ihres Fachgebiets und machen Sie zu einem schlechten Kandidaten, wenn es darum geht, alle Schritte zur Erledigung der Arbeit zu dokumentieren. In diesen Fällen besprechen Sie einfach, was getan werden muss und welche Ergebnisse Sie sich wünschen. Abhängig von der Person, die Sie ausgewählt haben, und der Komplexität der Aufgabe können Sie sie vielleicht selbst herausfinden lassen, wie es geht, oder sie selbst mit der Dokumentation beauftragen. Ein anderes Mal müssen Sie die Person vielleicht zunächst ein- oder zweimal durch die Aufgabe führen, damit sie lernt, wie sie zu erledigen ist. Stellen Sie auf jeden Fall sicher, dass Sie das Ergebnis, das erreicht werden soll, klar kommuniziert haben, bevor Sie zum nächsten Schritt übergehen.

Viertens: *Stellen Sie die nötigen Ressourcen zur Verfügung.* In diesem Schritt stellen Sie sicher, dass die Person, die die Arbeit ausführt, alles hat, was sie braucht, um die Arbeit mit Erfolg auszuführen. Darunter fällt die Bereitstellung materieller Dinge wie Schlüssel, Akten oder spezifischer Werkzeuge. Aber auch die Weitergabe informationeller Ressourcen fällt darunter, beispielsweise Login-Daten oder Software. Möglicherweise muss auch eine Autorisierung erfolgen, etwa indem Sie eine E-Mail an die anderen beteiligten Teammitglieder oder Abteilungen schicken, damit sie wissen, dass diese Person in Ihrem Namen handeln wird. All dies sind lästige kleine Details, an denen schon viele Delegationsversuche gescheitert sind. Denken Sie jeden Schritt des Prozesses sorgfältig durch und stellen Sie sicher, dass Sie alles bereitstellen, was benötigt wird.

Fünftens: *Bestimmen Sie den Umfang der Delegation.* Bevor Sie jemandem die Verantwortung für eine Aufgabe oder ein Projekt übertragen, müssen Sie Ihre Erwartungen klar formulieren. Das geht über das bloße Weitergeben der reinen Schritt-für-Schritt-Anweisungen hinaus. Sie sollten sich auch darüber im Klaren sein, auf welcher Stufe Sie die Person bevollmächtigen.

Wollen Sie, dass sie nur recherchiert und über ihre Ergebnisse berichtet? Oder erwarten Sie, dass sie das gesamte Projekt eigenständig betreut und ohne Zwischenbericht zum Abschluss führt? Jedes dieser Szenarien erfordert ein unterschiedliches Ausmaß an Delegation. Wenn Sie nicht von Anfang an klarstellen, wie viel Autorität Sie abgeben, kann dies auf beiden Seiten zu Chaos und Unstimmigkeiten führen. Eine falsche Erwartungshaltung kann selbst den fähigsten Verantwortlichen ins Stolpern bringen, daher werden wir diesen Bereich gleich ausführlich erörtern.

Sechstens: *Geben Sie Ihren Mitarbeitern Raum zum Arbeiten.* Sobald die Person die Anforderungen kennt, Zugang zu allem hat, was sie für die Aufgabe benötigt, und genau versteht, mit welchen Befugnissen Sie sie ausgestattet haben, sind Sie bereit, die Schlüssel zu übergeben und das Projekt oder die Aufgabe abzugeben. An dieser Stelle bricht der Delegationsversuch überraschend oft in sich zusammen. Obwohl eigentlich klar sein sollte, dass es Sinn und Zweck des Delegierens ist, dass wir zurücktreten und jemand anderen übernehmen lassen, kann das für uns schwierig sein. Manchmal bringen wir einfach den emotionalen Sprung nicht fertig, der es uns ermöglicht, die andere Person arbeiten zu lassen. Seien Sie auf der Hut: An dieser Stelle wird Mikromanagement zu einer Gefahr. Ich hatte einmal einen Boss, der alles bis ins Kleinste selbst managen musste und mir damit mein Leben unerträglich machte. Er schaute mir ständig über die Schulter, stellte jede meiner Handlungen in Frage und zweifelte jede Entscheidung an, die ich traf. Unter solchen Bedingungen sollte niemand arbeiten müssen. Wenn Sie einen kompetenten Mitarbeiter ausgewählt und richtig auf die Aufgabe vorbereitet haben, wird es ihm auch gelingen. Treten Sie zurück und lassen Sie die anderen ihre Arbeit machen.

Siebtens: *Checken Sie regelmäßig die Ergebnisse und geben Sie bei Bedarf Feedback.* Auch wenn Sie Mikromanagement vermeiden sollten, ist es ein Fehler zu glauben, dass Sie völlig außen vor sind, sobald Sie die Aufgabe an jemand anderen übergeben haben. Delegation bedeutet nicht, dass Sie das Zepter völlig aus der Hand geben. Das Ergebnis liegt immer noch in Ihrer Verantwortung, auch wenn Sie die Arbeit an jemand anderen ausgelagert haben. Sie müssen in regelmäßigen Abständen kontrollieren, ob die Dinge so vorankommen, wie Sie es wünschen. Aber lassen Sie mich noch einmal betonen: Sehen Sie das nicht als Einladung zum Mikromanagement. Lassen Sie Ihr Team in Würde die Arbeit tun, für die Sie es angestellt haben. Behalten Sie es dabei einfach im Auge, bis Sie sicher sind, dass es die Dinge unter Kontrolle hat.

Sobald Sie ein Teammitglied durch diese sieben Schritte geführt haben, sollten Sie sich auf die Person und ihre Arbeit verlassen können. Wenn Ihre Mitarbeiter an ihren Aufgaben wachsen, können Sie ihnen nach und nach mehr Autorität geben. Und dann können Sie wirklich dabei zusehen, wie Energie und Produktivität Ihres Teams exponentiell zunehmen.

Die fünf Stufen der Delegation

Teil des Delegationsprozesses, den wir oben skizziert haben, war die Bestimmung der Delegationsstufe. Weil das für Sie vielleicht ein neues Konzept ist, werde ich es Ihnen im Detail erläutern. Lassen Sie uns mit einem Beispiel beginnen. Ich habe kürzlich einen jungen Manager gecoacht, den wir Tom nennen wollen. Tom plante eine besondere Veranstaltung und war überrascht, dass jemand aus seinem Team ein Projekt durchgeführt hatte, das von ihm nicht autorisiert worden war. Während wir sprachen, stellte ich fest, dass er frustriert war. Er war der Ansicht, sein Mitarbeiter hätte seine Befugnisse bei Weitem überschritten und mehr Initiative ergriffen als von ihm erwartet wurde. Nachdem ich mir die Situation genau angehört hatte, sagte ich schließlich: „Das ist nicht die Schuld Ihres Mitarbeiters. Das Problem liegt

darin, dass Sie Ihre Erwartungen nicht deutlich gemacht haben, als Sie diese Aufgabe delegiert haben."
Tom war fassungslos. Er dachte, er hätte sich seinem Mitarbeiter gegenüber vollkommen klar ausgedrückt. Als ich ihm aber eine Einführung in das gab, was ich Ihnen gleich zeigen werde, wurde ihm klar, wie viel Verwirrung und Mehrdeutigkeit er in jener Situation zugelassen hatte. Es reicht nicht aus, das Endergebnis zu beschreiben, das es zu erreichen gilt – Sie müssen auch bestimmen, wie viel Autorität und Autonomie Sie Ihrem Mitarbeiter geben. Wenn Sie das nicht tun, werden Sie von Minderleistern, die zu wenig tun, und Übereifrigen, die immer zu viel tun wollen, aus dem Konzept gebracht. Es ist Ihre Aufgabe, sie genau wissen zu lassen, wie viel Spielraum Sie ihnen geben. Die fünf Delegationsstufen helfen Ihnen dabei.[2]

Delegationsstufe 1. Bei der Delegation auf der ersten Stufe wollen Sie, dass eine Person genau das tut, was Sie ihr aufgetragen haben – nicht mehr und nicht weniger. In dieser Situation würden Sie so etwas sagen wie: „Sie sollen Folgendes tun. Weichen Sie nicht von meinen Anweisungen ab. Ich habe die Möglichkeiten bereits untersucht und festgelegt, was getan werden muss." Die Formulierung ist wichtig, also lassen Sie uns jeden Teil einzeln anschauen:

- *Sie sollen Folgendes tun.* Hier sagen Sie der Person explizit, was sie tun soll. Niemand kann Ihre Gedanken lesen, also drücken Sie sich kristallklar aus.
- *Weichen Sie nicht von meinen Anweisungen ab.* Das schafft eine harte Grenze und macht Ihre Erwartungen deutlich.
- *Ich habe die Möglichkeiten bereits untersucht und festgelegt, was getan werden muss.* Diese Formulierung liefert die Begründung und den Kontext dafür, warum Sie sich in diesem Fall für Stufe 1 entschieden haben.

Diese Stufe eignet sich perfekt für Neueinstellungen, Berufseinsteiger, Auftragnehmer oder virtuelle Assistenten und immer dann, wenn Sie sich im Klaren darüber sind, was zu tun ist und nun einfach jemanden brauchen, der es tut.

Delegationsstufe 2. Bei einer Delegation der Stufe 2 soll die Person ein Thema untersuchen oder dazu recherchieren und Ihnen Bericht erstatten. Das ist alles. In einer solchen Situation wird die Person, an die Sie delegieren, nur Nachforschungen anstellen und keine weiteren Maßnahmen in Ihrem Namen ergreifen. An dieser Stelle hat mein Freund Tom im eben genannten Beispiel Mist gebaut. Er war der Ansicht, er hätte jemanden damit beauftragt, Nachforschungen anzustellen, und war überrascht, als die Person dann selbst die Initiative ergriff. Tom hätte die Situation vermeiden können, wenn er gesagt hätte: „Sie sollen Folgendes tun. Ich möchte, dass Sie zum Thema X recherchieren und mir Ihre Ergebnisse zeigen. Anschließend werden wir darüber sprechen. Anhand dessen werde ich eine Entscheidung treffen und Ihnen sagen, was Sie tun sollen." Auch hier kommt es auf jeden Satz an, also lassen Sie uns das noch einmal genau durchgehen.

- *Ich möchte, dass Sie Folgendes tun.* Seien Sie explizit. Es ist Ihre Aufgabe, dafür zu sorgen, dass die Aufgabe verstanden wird.
- *Ich möchte, dass Sie zum Thema recherchieren und mir Ihre Ergebnisse zeigen.* Klären Sie an dieser Stelle, was Sie unter Recherche verstehen. Wollen Sie nur, dass der Mitarbeiter dazu googelt? Wollen Sie, dass er eine Onlineumfrage durchführt, mehrere Kunden anruft oder Angebote einholt? Mit anderen Worten: An dieser Stelle klären Sie den Umfang der Recherche, die Sie durchführen möchten. Klarheit ist der Schlüssel.

- *Anschließend werden wir darüber sprechen. Anhand dessen werde ich eine Entscheidung treffen und Ihnen sagen, was Sie tun sollen.* An diesem Punkt klären Sie zwei ganz wichtige Punkte: Erstens teilen Sie dem Mitarbeiter mit, dass Sie ein Gespräch über die Ergebnisse zu führen wünschen. Und zweitens machen Sie deutlich, dass Sie selbst die Entscheidung treffen werden. An dieser Stelle legen Sie explizit fest, dass die Person nicht befugt ist, selbst Maßnahmen zu ergreifen oder Entscheidungen zu treffen.

Diese Stufe eignet sich hervorragend, wenn Sie noch nicht bereit sind, eine Entscheidung zu treffen und Sie jemanden brauchen, der Informationen für Sie sammelt. Sobald die Daten vorliegen, kommen Sie dann wahrscheinlich schnell zu einer Entscheidung.

Delegationsstufe 3. Ab Stufe 3 geben Sie dem Mitarbeiter mehr Raum, selbst zu handeln und am Problemlösungsprozess teilzunehmen, aber die endgültige Entscheidung behalten Sie immer noch sich selbst vor. Hier würden Sie sagen: „Ich möchte, dass Sie Folgendes tun. Recherchieren Sie zu Thema X, erläutern Sie die Optionen und geben Sie dann eine Empfehlung ab. Nennen Sie mir die Vor- und Nachteile der einzelnen Optionen und sagen Sie mir, was wir Ihrer Meinung nach tun sollten. Falls ich mit Ihrer Entscheidung einverstanden bin, gebe ich Ihnen das Go für die nächsten Schritte." Lassen Sie uns das aufschlüsseln:

- *Ich möchte, dass Sie Folgendes tun.* Seien Sie explizit. Hier gelten die gleichen Regeln wie oben.
- *Recherchieren Sie zu Thema X, erläutern Sie die Optionen und geben Sie dann eine Empfehlung ab.* Seien Sie sich genau wie auf Stufe 2 darüber im Klaren, auf welcher Ebene und in welcher Art Sie die Recherche durchführen wollen.

Jetzt gehen Sie aber noch einen Schritt weiter, indem Sie den Mitarbeiter bitten, die Optionen zu bewerten und eine auszuwählen. Sie wollen, dass die Person die Entscheidung trifft, bevollmächtigen sie jedoch nicht, diese eigenmächtig umzusetzen.

- *Nennen Sie mir die Vor- und Nachteile der einzelnen Optionen und sagen Sie mir, was wir Ihrer Meinung nach tun sollten.* Hier bitten Sie die Person, Ihnen ihren Arbeitsprozess offenzulegen. Mit anderen Worten: Der Mitarbeiter sollte nicht erwarten, dass Sie mit seiner Entscheidung einverstanden sind, ohne Ihnen vorher die Möglichkeit zu geben, seine Gründe nachzuvollziehen. Er soll Ihnen erklären, warum er zu dieser Entscheidung gekommen ist.
- *Falls ich mit Ihrer Entscheidung einverstanden bin, gebe ich Ihnen das Go für die nächsten Schritte.* An diesem Punkt ist es die Aufgabe des Mitarbeiters, Sie davon zu überzeugen, dass seine Entscheidung die richtige ist. Wenn er das nicht kann, sind seine Recherche und seine Argumente fehlerhaft. Wenn er seine Arbeit jedoch gut gemacht hat, können und sollten Sie ihm die endgültige Zustimmung geben und ihn dazu ermächtigen, weiterzumachen.

Dies ist eine gute Option, wenn Sie etwas an zukünftige Führungskräfte delegieren wollen, die Sie als Mentor betreuen. Sie gibt Ihnen eine sichere Möglichkeit, deren Entscheidungsfähigkeit zu beurteilen, ohne ein Risiko einzugehen. Sie haben wahrscheinlich bemerkt, dass dies die Stufe ist, auf der Sie beginnen, Ihre Entscheidungsfindung auszulagern. Auf diesem Level können Sie mittels einer einzigen Sitzung eine gut informierte Entscheidung zu einem komplexen Thema treffen. Was sonst vielleicht eine ganze Woche gedauert hätte, kann so in einer Stunde erledigt werden.

Delegationsstufe 4. Auf Stufe 4 möchten Sie, dass die Person die Optionen evaluiert, selbst eine Entscheidung trifft, die Entscheidung ausführt und Ihnen dann im Nachhinein ein Update gibt. Sie würden dann etwas sagen wie: „Ich möchte, dass Sie Folgendes tun. Treffen Sie die Entscheidung, die Sie für die beste halten. Ergreifen Sie dann entsprechende Maßnahmen. Anschließend sagen Sie mir, was Sie getan haben." Manchmal sollten Sie vielleicht noch hinzufügen: „Halten Sie mich über Ihren Fortschritt auf dem Laufenden." Auf diesem Level stehen Sie kurz davor, sich selbst zu klonen – der Prozess sollte also spannend werden. Lassen Sie uns die Anweisungen aufschlüsseln:

- *Ich möchte, dass Sie Folgendes tun.* Wie oben.
- *Treffen Sie die Entscheidung, die Sie für die beste halten.* Sie bitten Ihren Mitarbeiter ausdrücklich darum, selbst eine Entscheidung zu treffen, aber vorher muss er erst einmal Arbeit investieren. Mit anderen Worten: Er soll ebenso eine Recherche durchführen wie auf Ebene 3, aber hier tut er es, um Informationen für seinen eigenen Entscheidungsprozess zu sammeln, anstatt für Ihren.
- *Ergreifen Sie Maßnahmen.* Machen Sie deutlich, dass Sie erwarten, dass die Person selbst handelt, ohne auf Sie zu warten. Dass ist das erste Mal in diesem Prozess, dass Sie die Hände vom Steuer nehmen. Stellen Sie also sicher, dass es sich um eine Person handelt, der Sie vertrauen können.
- *Sagen Sie mir anschließend, was Sie getan haben.* Ich möchte mich hier klar ausdrücken: Das ist keine Gelegenheit für Sie, die getroffene Entscheidung in Frage zu stellen. Es ist getan und es gibt kein Zurück mehr. Bei diesem Schritt geht es einfach um gute Kommunikation und darum, Sie auf dem Laufenden zu halten. Das gibt Ihnen auch einen Einblick

in die Qualität der Entscheidungen, der für die zukünftige Delegation hilfreich ist.
- *Halten Sie mich über Ihren Fortschritt auf dem Laufenden.* Dieser Teil ist optional und in erster Linie hilfreich für Projekte, die viele Variablen haben oder deren Fertigstellung viel Zeit in Anspruch nehmen wird. Sie könnten auch explizit angeben, welche Art von Aktualisierungen Sie bevorzugen, etwa in Form wöchentlicher E-Mails oder durch das Hinzufügen eines weiteren Tagesordnungspunkts bei regelmäßigen Meetings.

Diese Stufe eignet sich für aufstrebende Führungskräfte, da es ihnen Entscheidungsbefugnisse verleiht und Ihnen selbst zahlreiche Möglichkeiten zur Bewertung ihrer Leistungen bietet. Sie ist auch nützlich bei Aufgaben, die nicht missionskritisch sind und bei denen Sie keine starken Präferenzen hinsichtlich des Ergebnisses haben, zum Beispiel, wenn Sie Ihren Assistenten damit betrauen, Weihnachtsgeschenke für Ihre Kunden auszusuchen und zu besorgen.

Delegationsstufe 5. Auf Stufe 5 übergeben Sie effektiv eine Aufgabe oder das gesamte Projekt vollständig einer anderen Person und halten sich selbst aus dem Entscheidungsprozess völlig heraus. Sie sagen so etwas wie: „Ich möchte, dass Sie Folgendes tun. Treffen Sie die Entscheidung, die Sie für die beste halten. Es besteht keine Notwendigkeit, mir Bericht zu erstatten oder mir zu sagen, was Sie getan haben." Nun haben Sie sich selbst geklont. Hier werden die Vorteile der Delegation erst so richtig deutlich. Lassen Sie uns diese letzte Stufe besprechen:

- *Sie müssen Folgendes tun.* Wie oben.
- *Treffen Sie die Entscheidung, die Sie für die beste halten.* Wie bei Stufe 4 bitten Sie Ihren Mitarbeiter ausdrücklich darum,

die Entscheidung zu treffen, nachdem er die nötigen Nachforschungen angestellt, die Vor- und Nachteile bewertet und die besten Optionen untersucht hat.
- *Es besteht keine Notwendigkeit, Bericht zu erstatten oder mir zu sagen, was Sie getan haben.* Das ist wirklich das Einzige, was Stufe 5 von Stufe 4 unterscheidet. Mit dieser Erklärung entbinden Sie Ihre Mitarbeiter von jeder Verpflichtung, sich bei Ihnen zu melden und klammern sich selbst offiziell aus dem Prozess aus.

Auf Stufe 5 offenbart sich die wahre Magie der Delegation. Diese Ebene ist perfekt geeignet, wenn die Person, an die Sie delegieren, Ihr vollstes Vertrauen besitzt, oder wenn es sich um eine Aufgabe handelt, die zwar erledigt werden muss, es Ihnen aber wirklich egal ist, wie sie gelöst wird. Beispiele für eine Delegation auf Stufe 5 könnten etwa sein, dass Sie Ihren Marketing-Chef bitten, ein Marketingbudget für eine neue Produkteinführung zu beschließen, oder Sie erteilen Ihrem Gebäudemanager den Auftrag, die Möbel im Firmen-Pausenraum auszutauschen.

Der Einsatz der fünf Delegationsstufen kann Ihr persönliches Arbeitspensum minimieren und Ihren Stress reduzieren, während Sie gleichzeitig Ihren Teammitgliedern reichlich Gelegenheit geben, besser zu werden, indem sie mit Ihnen die verschiedenen Stufen durchschreiten. Das ist eine Win-win-Situation für alle. Ich schlage vor, dass Sie diesen Prozess umsetzen, indem Sie Ihr gesamtes Team mit den fünf Stufen bekanntmachen und ihm erklären, wie Sie von nun an die Delegation handhaben werden. Vermitteln Sie ihnen das Gesamtbild und nehmen Sie die Stufen vielleicht sogar namentlich in Ihr Firmenvokabular auf. All das wird dazu beitragen, eine viel sicherere, klarere Umgebung zu schaffen, in der jeder weiß, welche Verantwortung er jeweils hat.

Kaufen Sie Ihre Zeit zurück

Ich möchte dieses Kapitel mit einem letzten Ratschlag abschließen. Wie ich bereits erwähnte, delegieren die Leute oft etwas nicht, weil sie denken, es sei schneller oder einfacher, die Arbeit selbst zu erledigen. Sie haben recht: Es ist einfacher, eine einzelne Aufgabe einmal selbst zu erledigen, als jemandem beizubringen, wie man das tut und den Delegierungsprozess und die Stufen zu erläutern. Aber die Sache ist die: Die meisten Aufgaben sind keine einmaligen Angelegenheiten. In der Regel sind es Dinge, die häufig auftauchen und den Chef jedes Mal von wichtigerer Arbeit ablenken. Obwohl die Delegation also tatsächlich zunächst mehr Zeit in Anspruch nimmt, werden Sie anschließend jedes Mal enorm viel Zeit einsparen.

Außerdem werden Sie wahrscheinlich ein besseres Ergebnis erzielen. Nur weil Sie alles irgendwie können, heißt das noch lange nicht, dass Sie es auch gut können. „Indem man delegiert und den Leuten Verantwortung überträgt, können sie das nächste Level erreichen", sagte mir mein Kunde Matt. „Und sie können es viel besser, als ich es selbst konnte. Also muss ich es nicht nur nicht mehr selbst machen, sondern bekomme auch ein besseres Ergebnis geliefert und der Kunde erhält ein besseres Produkt."

Das Ergebnis ist, dass Matts Geschäft boomt. Genau wie das von Caleb. Mit dem geringen Preis der Delegierung von Aufgaben außerhalb seiner Wunschzone konnte er sein Endergebnis dramatisch verbessern. „Meine Aktivitäten in der Wunschzone konzentrieren sich auf unsere Kunden und Möglichkeiten, wie wir ihr Geschäft exponentiell beeinflussen können", sagte er. „Das gehört nicht zu den Dingen, die man einfach auf einer Liste abhaken kann. Man braucht wirklich Zeit und Freiraum, um kreativ sein zu können." Die Delegation ermöglichte es Caleb nicht nur, seinen bestehenden Kunden besser zu dienen, sondern auch, neue Initiativen zu starten und gleichzeitig mehr Freizeit zu erlangen.

Die Zeit ist fix, aber Sie können mehr davon kaufen. Und Sie werden einfach nie frei werden, sich auf die Dinge zu konzentrieren, die wirklich wichtig sind – Ihre obersten Prioritäten, Ihre wichtigsten Beziehungen, Ihre vorrangigsten Projekte –, bis Sie lernen, wie Sie richtig delegieren und warum Sie das tun sollten.

Im ersten Abschnitt dieses Buches haben Sie erfahren, wie Sie stoppen und eine Vision dafür entwickeln können, wie Ihr Leben aussehen könnte. Im zweiten Abschnitt haben Sie gelernt, einen Schnitt zu machen, indem Sie alles, was außerhalb Ihrer Wunschzone liegt, eliminieren, automatisieren und delegieren. Jetzt ist es an der Zeit, all diese Dinge in die Tat umzusetzen, denn wir gehen nun zum letzten Abschnitt dieses Buches über: Handeln. Dort erfahren Sie, wie Sie den Schalter an Ihrer neuen Produktivitätsmaschine umlegen und diese im Hintergrund zum Brummen bringen. Die Freiheit, die Sie dadurch erhalten, wird es Ihnen gestatten, tatsächlich mehr zu erreichen, indem Sie weniger tun. Das ist der Teil, der Spaß bringt. Also haken Sie jetzt gleich die Übungsaufgaben dieses Kapitels ab und machen Sie sich bereit für das letzte Gefecht.

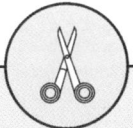

ENTWICKELN SIE PROJEKTVISIONEN

Es ist an der Zeit, das Arbeitsblatt Aufgabenfilter fertigzustellen, an dem Sie in den letzten Kapiteln gearbeitet haben. Falls Sie das noch nicht getan haben, können Sie Ihr Arbeitsblatt unter FreeToFocus.com/tools herunterladen. Mittlerweile haben Sie Ihre täglichen Aufgaben aufgelistet, kategorisiert und markiert, die Sie eliminieren und automatisieren können. Nun, was können Sie delegieren? Sie werden zwar nicht bereit sein, alle verbleibenden Aufgaben auszulagern, aber Sie können damit beginnen, sich eine Vorstellung davon zu machen, wohin die Reise gehen soll. Delegieren fällt den meisten von uns nicht leicht oder ist für uns nicht selbstverständlich. Achten Sie auf die Sorgen, die bei Ihnen dabei aufkommen, insbesondere auf die Einwände, die wir am Anfang des Kapitels behandelt haben.

Wählen Sie als nächstes mindestens ein Projekt beziehungsweise eine Aufgabe aus, die Sie heute delegieren wollen. Beginnen Sie mit dem Herunterladen des Project Vision Caster bei FreeToFocus.com/tools. Er wird Ihnen helfen, Ihre Vision für ein Projekt oder eine Aufgabe zu Papier zu bringen, sodass Ihr Team sie klar erkennen und einwandfrei umsetzen kann. Verwenden Sie den Project Vision Caster, um ein Teammitglied auf die Verantwortung vorzubereiten. Wählen Sie sorgfältig die geeignete Delegationsebene aus und übergeben Sie die Aufgabe. Wenn Sie beim Delegieren nervös werden, dürfen Sie nicht in Panik verfallen. Lassen Sie den Prozess eine Lernerfahrung für Sie und Ihr Teammitglied sein.

SCHRITT 3

HANDELN

7

Verdichten

Planen Sie Ihre Ideale Woche!

Ein Zeitplan schützt vor Chaos und Willkür. Er ist ein Netz, das wir auswerfen, um Tage darin zu fangen.

ANNIE DILLARD

Bei all den konkurrierenden Anforderungen an unsere Aufmerksamkeit verlegen wir uns oft darauf, mehrere Dinge gleichzeitig zu erledigen. Dann brüsten wir uns mit unserer Fähigkeit zum Multitasking. Das Problem liegt darin, dass das menschliche Gehirn nicht wirklich dafür ausgelegt ist. Stattdessen wechselt es, wie der Journalist John Naish sagt, „verzweifelt zwischen den Aufgaben hin und her wie ein amateurhafter Jongleur."[1]

Diese Art des Umschaltens ist mit hohen Kosten verbunden. Wenn man zwischen den Aufgaben hin- und herspringt, so der Computerwissenschaftler Cal Newport von der Georgetown University, „folgt die Aufmerksamkeit nicht sofort – ein *Rest* der Aufmerksamkeit verbleibt bei der ursprünglichen Aufgabe."[2] Der Wechsel ist nicht nahtlos. „Aufmerksamkeitsrückstände" bringen unsere mentale Ausrüstung ins Schleudern. Eine Studie der Universität von Kalifornien in Irvine fand heraus, dass Arbeitnehmer im Durchschnitt 25 Minuten benötigen, um eine Aufgabe nach einer Unterbrechung, wie einer E-Mail oder einem Telefonanruf, wieder aufzunehmen.[3] Da er unseren Fokus unterbricht, verringert der Wechsel auch unsere Leistungsfähigkeit. Wenn wir uns auf eine Aufgabe fokussieren, lässt unser Filter nur das durch, was für die Erledigung dieser Aufgabe wichtig ist. Wenn wir uns jedoch auf mehrere Aufgaben gleichzeitig konzentrieren, beeinträchtigen wir unsere Fähigkeit zu unterscheiden, was relevant ist und was nicht. Wir beginnen Zeit zu verschwenden, indem wir nutzlose Informationen verarbeiten, und das bringt uns in eine Abwärtsspirale aus wachsendem Aktivitätsniveau und sich verschlechternden Ergebnissen.

Wir alle entwickeln Bewältigungsstrategien. Aber wenn man sich die Auswirkungen von Aufmerksamkeitsrückständen und irrelevanter Aktivität über einen ganzen Tag voller Unterbrechungen ansieht, summieren sich die Kosten auf. Haben Sie sich am Ende eines hektischen Tages jemals gefragt, was Sie eigentlich überhaupt erreicht haben? Hier haben Sie den Grund. Wir sind die ganze Zeit beschäftigt, aber die wenigen Dinge, die am wichtigsten sind, entgleiten uns.

Die Lösung besteht darin, unsere Arbeit so zu gestalten, dass wir uns jeweils nur auf eine Sache konzentrieren. Das ist im Prinzip nichts Neues. Bereits Jahrhunderte vor dem Aufkommen von Smartphones, E-Mails und Sofortnachrichten warnte Lord Chesterfield seinen Sohn vor den Gefahren des Multitasking: „Wenn du immer nur eine Sache auf einmal tust, findet sich im Laufe eines Tages genug Zeit für alles", sagte er. „Wenn du aber zwei

Sachen auf einmal tust, wird ein Jahr dafür nicht ausreichen."[4] In diesem Kapitel wenden wir Chesterfields Lektion an, indem wir lernen, Aktivitäten zu verdichten, um Ihre Aufmerksamkeit dahin zu lenken, wo sie hingehört: auf eine Sache zu einer Zeit. Das werden wir tun, indem wir MegaBatching zur Anwendung bringen und die Ideale Woche ins Spiel bringen.

Die Kraft des MegaBatching

Die meisten von uns haben wohl schon einmal etwas von Batching oder Stapelverarbeitung gehört. Das ist ein Prozess, bei dem ähnliche Aufgaben gebündelt werden, um sie dann gemeinsam in einem bestimmten Zeitblock zu erledigen. Sie könnten sich zum Beispiel jeden Morgen und Nachmittag Zeit nehmen, um alle Nachrichten zu checken, die Sie per E-Mail, Messengerdienst bzw. Social Media erhalten haben. (Sie erinnern sich vielleicht daran, dass ich diese Aktionen, wie in Kapitel 4 beschrieben, zu einem festen Bestandteil meiner Rituale zum Beginn und Ende jedes Arbeitstages gemacht habe.) Sie könnten sich auch alle Berichte oder Anträge einer ganzen Woche aufheben, um sie dann alle auf einmal durchzusehen. Batching ist eine der besten Methoden, die ich kenne, um fokussiert zu bleiben und Aufgaben schnell zu erledigen. Aber selbst engagierte Anwender reizen diese Technik nicht immer voll aus.

Vor einigen Jahren begann ich mit dem Batching im großen Maßstab – ich nenne das dann MegaBatching. Angefangen habe ich damit bei der Aufzeichnung meines wöchentlichen Podcasts. Früher habe ich jede Woche für eine neue Episode recherchiert und diese dann aufgenommen. Manchmal fiel es mir allerdings schwer, die geistige Energie aufzubringen. Für etwas, wofür ich normalerweise ein oder zwei Stunden gebraucht hätte, benötigte ich dann einen ganzen Tag. Ich fand jedoch heraus, dass ich mit meinem Team zusammen auch auf Vorrat produzieren und eine ganze Staffel auf einmal drehen konnte. So war ich plötzlich von der wöchentlichen Belastung befreit und konnte eine beträchtliche Menge an Zeit und Geld einsparen.[5]

Ich fand heraus, dass sich das auch mit Meetings so machen lässt. Der Wochenplan einer durchschnittlichen Führungskraft sieht aus wie eine wilde, unzusammenhängende Ansammlung von Meetings. Die meisten haben keine echte Strategie für den Umgang mit Terminanfragen, was dazu führt, dass andere darüber entscheiden, wie sie ihre Tage verbringen. Aber ich konnte mir keinen Kalender leisten, der aussieht, als wäre er von Jackson Pollock entworfen. Als ich merkte, dass ich der Einzige war, der sich um meinen Fokus und meine Produktivität kümmerte, begann ich, Regeln für den Umgang mit meinem Kalender aufzustellen. Heute lege ich, von seltenen Ausnahmen abgesehen, all meine Meetings auf zwei Tage in der Woche. Alle internen Teambesprechungen finden montags statt, Besprechungen mit externen Kunden und Lieferanten freitags. So bleiben drei Tage in der Mitte der Woche frei für intensive, konzentrierte Arbeit – ohne dass ich meine Arbeit unterbrechen muss, um zum nächsten Meeting zu rennen.

MegaBatching ermöglicht es mir, mich für einen längeren Zeitraum auf ein einzelnes Projekt oder eine einzige Art von Aktivität zu konzentrieren. So kann ich in kürzerer Zeit und mit viel höherer Qualität eine Menge Arbeit erledigen, eben weil ich weniger abgelenkt bin. In diesen festgesetzten Zeitblöcken habe ich wirklich die Freiheit, mich auf die Sache zu konzentrieren, die *in diesem Moment* am wichtigsten ist. Das ist mehr, als einfach ein paar Dinge in eine Stunde Arbeitszeit zu packen. Es geht darum, ganze Tage um ähnliche Aktivitäten herum zu organisieren, damit Sie sich konzentrieren und eine Dynamik aufbauen können.

Newport argumentiert, dass wir längere, ununterbrochene Zeiträume benötigen, damit unser Gehirn zur Höchstform aufläuft. Er

Sie können Ihre Arbeit
besser, schneller
und mit mehr
Freude erledigen,
als Sie es sich je
vorgestellt haben.

nennt das „vertiefte Arbeit" und es ist die Zeit, in der Sie sich in ein Projekt vertiefen und über längere Zeiträume dort verweilen. Wie würde Ihr Leben aussehen, wenn Sie die ganzen Ablenkungen beseitigen und sich die Freiheit herausnehmen würden, sich auf eine einzige Art von Aktivität zu konzentrieren – ununterbrochen für drei Stunden, fünf Stunden, vielleicht sogar ein paar Tage am Stück? MegaBatching bietet Ihnen die Möglichkeit, genau das zu tun. Es gibt Ihnen eine Umgebung, in der Sie das Maximum aus sich herausholen können, ohne aus dem Takt zu kommen. Wenn Sie diesen Schwung zurückgewinnen, können Sie Ihre Arbeit besser, schneller und mit mehr Freude erledigen, als Sie es sich je erträumt haben.

Da diese Art von Arbeit in der Regel am besten allein erledigt wird, nennen Jason Fried und David Heinemeier von Basecamp diese Zeit die „Alleinzone".[6] Ich habe bemerkt, dass dieses Konzept in letzter Zeit in vielen Branchen aufgegriffen wird. Zum Beispiel hat das Management von Intel ein Programm entwickelt, um seinen Mitarbeitern große Blöcke an „Denkzeit" zu gewähren. Laut Rachel Emma Silverman, Autorin des *Wall Street Journal*, wird von den Mitarbeitern in dieser Zeit nicht erwartet, dass sie auf E-Mails antworten oder an Meetings teilnehmen, es sei denn, es ist dringend oder sie arbeiten an gemeinschaftlichen Projekten. Sie berichtete: „Mindestens ein Angestellter hat in diesen Stunden bereits eine Patentanmeldung entwickelt, während andere die Arbeit aufgeholt haben, zu der sie während der Hektik der üblichen Arbeitstage nicht in der Lage waren.[7] Dadurch, dass sie den Mitarbeitern die Möglichkeit des Rückzugs geben, um sich auf wichtige Aufgaben zu konzentrieren – selbst wenn diese im Moment nicht dringlich sind –, ernten Intel und andere Unternehmen eine Steigerung von Produktivität und Kreativität, die sich sogar in neuen Produktideen niederschlägt.

Es ist wichtig, darauf hinzuweisen, dass auch Teamarbeit einen beträchtlichen Ertrag bringt, wenn sie fokussiert genug ausgeführt wird.

MegaBatching ermöglicht es Teams, lange genug an Problemen dranzubleiben, um den Durchbruch zu schaffen, den sie brauchen, um zu Ergebnissen zu kommen. Ob allein oder gemeinsam: der magische Effekt tritt dann ein, wenn wir uns auf die Dinge fokussieren, die wichtig sind.

Ich finde es hilfreich, die Zeit auf drei große Kategorien von Aktivitäten zu verteilen: Frontstage (auf der Bühne), Backstage (hinter der Bühne) und Offstage (abseits der Bühne). Die Metapher stammt aus Shakespeares Beobachtung in *Wie es euch gefällt*:

„Die ganze Welt ist Bühne,
Und alle Frau'n und Männer bloße Spieler.
Sie treten auf und gehen wieder ab,
sein Leben lang spielt einer manche Rollen."[8]

Die Welt ist wirklich eine Bühne. Sie ist der Ort, an dem wir die Geschichte unseres Lebens inszenieren. Wir sind Schauspieler, wir haben verschiedene Auftritte und Abgänge und wir spielen alle unterschiedliche Rollen – ein Dutzend verschiedene Rollen an jedem einzelnen Tag, wenn wir nicht aufpassen. Lassen Sie uns die Kategorien nacheinander betrachten.

Frontstage. Wenn Sie an eine Bühne denken, ist das wahrscheinlich der Bereich, der Ihnen zuerst einfällt: Hier spielt sich die Handlung ab und das Stück entfaltet sich – zumindest aus der Perspektive des Publikums. Die Aufgabe eines Schauspielers besteht darin, seine Rolle auf der Bühne und für alle sichtbar auszufüllen. Die Aufgaben, für die Sie angestellt wurden und bezahlt werden, sind Frontstage-Aktivitäten. Ich meine damit Schlüsselfunktionen, Primärleistungen und die Positionen Ihrer Leistungsbewertung. Wenn Sie zum Beispiel im Verkauf tätig sind, kann Ihre Frontstage etwa mit Telefonakquise, der Beurteilung von Kundenbedürfnissen oder Pitch-Meetings gefüllt sein. Sind Sie

Anwalt, können das Besprechungen mit Klienten, Gerichtstermine oder Vertragsverhandlungen sein. Wenn Sie eine Führungskraft in einem Unternehmen sind, könnten Sie Marketingpläne präsentieren, Top-Level-Meetings leiten oder eine Vision für ein neues Produkt oder eine neue Dienstleistung entwerfen.

Das, wodurch die Ergebnisse zustande kommen, für die Ihr Chef und/oder Ihre Kunden Sie bezahlen, ist Frontstage-Arbeit. Sie wird nicht immer öffentlich ausgeführt, aber Frontstage-Arbeit ist die Art von Arbeit, die es Ihnen ermöglicht, Ihre arbeitsbezogene Berufung auszuleben. Das werden Sie jedoch nur dann können, wenn Ihre Frontstage-Aktivitäten weitgehend in Ihrer Wunschzone liegen. Die Schlüsselfunktionen Ihrer Arbeit sollten deckungsgleich mit den Tätigkeiten sein, für die Sie die größte Leidenschaft und Kompetenz aufbringen.

Im Moment ist Ihr Terminkalender vielleicht noch so unausgereift, dass Sie sich nicht vorstellen können, mehrere Stunden, ganze Tage oder sogar mehrere Tage am Stück mit Frontstage-Aktivitäten zu verbringen. Das ist nicht weiter schlimm – es braucht Zeit, um das, was wir hier lernen, anzuwenden. Aber benutzen Sie das nicht als Ausrede, die Sie davon abhält, die richtige Richtung einzuschlagen. Ihr Freiheitskompass wird Ihnen den Weg weisen. Auch wenn der Weg noch nicht ganz klar ist, müssen Sie auf Ihr neues Ziel hinarbeiten. Falls Sie glauben, dass Sie feststecken, werden Sie später in diesem Kapitel noch einige hilfreiche Strategien finden.

Backstage. Einen Schauspieler sehen wir hauptsächlich auf der Bühne, aber seine Arbeit beschränkt sich nicht auf seinen Auftritt. Die Arbeit hinter der Bühne ermöglicht es ihm, auf die Bühne zu treten und zu glänzen. Das Publikum sieht nur die Aufführung; es sieht nicht das erste Vorsprechen, die stundenlangen Proben, die Zeit, die ein Schauspieler mit dem Auswendiglernen von Text verbringt oder die Rituale, die er braucht, um eine gute Show zu liefern. Für die meisten von uns umfasst Backstage vor allem Aktivitäten aus Schritt 2 (insbesondere Eliminierung, Automatisierung und Delegation) sowie Koordination, Vorbereitung, Instandhaltung und Entwicklung. Lassen Sie uns sehen, was damit gemeint ist.

Sie wissen jetzt, wie wichtig Eliminierung, Automatisierung und Delegation sind – aber wann tun Sie das alles? Es braucht Zeit, To-do-Listen und Kalender auszumisten, Vorlagen und Prozesse zu erstellen und Aufgaben und Projekte zuzuweisen. In der Regel sind diese Aktivitäten wichtig, aber nicht dringend (mehr zu dieser Unterscheidung in Kapitel 8). Folglich ist es leicht, sie für Wochen, Monate oder für immer vor sich her zu schieben. Wie wir bereits gesehen haben, werden Sie durch die in diese Aktivitäten investierte Zeit auf lange Sicht unzählige Stunden gewinnen. Der beste Weg sicherzustellen, dass Sie sich die Zeit tatsächlich nehmen, besteht darin, solche Backstage-Aufgaben durch MegaBatching zusammenzupacken. Wenn Sie Zeit fürs Eliminieren, Automatisieren und Delegieren einplanen, werden Sie viel mehr erreichen, als wenn Sie versuchen, diese Aktivitäten noch irgendwo dazwischenzuschieben.

Als nächstes beinhaltet die Backstage-Arbeit für gewöhnlich in irgendeiner Weise Koordination. Das kann einfach ein Treffen mit Ihrem Team sein, um anstehende Projekte und Aufgaben zu planen. Einige Arten von Treffen, wie zum Beispiel initiale Visionierungstreffen, können für Sie eine Front-Stage-Aktivität sein, aber sicher nicht alle. Die meisten wichtigen Projekte benötigen Wochen, Monate oder mehrere Quartale, um zum Abschluss zu kommen. Wenn ein Projekt erst einmal angelaufen ist, wird es wahrscheinlich regelmäßige Rücksprachen und Treffen geben, um Rechenschaft abzulegen, sich auszutauschen und gemeinsam daran zu arbeiten. An dieser Stelle wechselt die Koordination in den Backstage-Bereich über.

Es braucht auch Zeit in der Backstage, um sich auf die Arbeit auf der Frontstage vorzubereiten. Bei einem Anwalt kann die Vorbereitung Dinge wie das Durchdenken des Falls oder das Einstudieren eines Plädoyers umfassen. Ein Werbedesigner könnte Farbtrends erforschen oder mit Schriften für ein neues Logo experimentieren. Ein leitender Angestellter könnte die Tagesordnung für eine Sitzung festlegen oder vor einer Finanzprüfung die Bilanz studieren. All diese Aktivitäten stellen sicher, dass Sie auf der Bühne glänzen können.

Eine weitere wichtige Aufgabe im Backstage-Bereich ist die Instandhaltung. Nichts kann Ihre Produktivität so entgleisen lassen wie nicht funktionierende Systeme, überquellende Postfächer, veraltete Prozesse und unaufgeräumte Räume. Die Wartung umfasst alles von der E-Mail-Verwaltung über Buchhaltung und Ausgabenverfolgung bis hin zum Sortieren von Daten und zur Aktualisierung von Tools und Systemen – auch das Aufräumen Ihres Büros fällt darunter. Unordnung im Backstage-Bereich kann Ihre besten Bemühungen auf der Bühne zunichtemachen. Die Instandhaltung ermöglicht es Ihnen, Ihr Bestes zu geben, wenn die Show losgeht.

Schließlich beinhaltet Backstage-Arbeit auch Zeit für persönliche und Team-Entwicklung, das heißt für das Erlernen neuer Fähigkeiten, mit denen Sie Ihre Auftritte verbessern und optimieren können. Für einen Unternehmer könnte dies die Teilnahme an einem Rhetorik-Workshop oder die Entwicklung eines neuen Registrierungssystems für Kunden von Onlinekursen bedeuten. Eine Fachkraft könnte einen Kurs besuchen, um ihre Fähigkeiten aufzufrischen oder ihre Lizenz zu erneuern. Was auch dazugehören kann, ist die Zeit, die viele von uns auf Konferenzen oder mit dem Lesen von Veröffentlichungen über ihr Fachgebiet verbringen. Oder die Zeit, die Sie investieren, um neue Produktivitätsmethoden zu erlernen. Im Bereich der Entwicklung verbessern wir uns selbst, sodass wir unsere Rolle auf der Bühne besser ausfüllen.

Mit was auch immer Sie Ihre Zeit im Backstage-Bereich ausfüllen, es ist wichtig zu erkennen, dass die Arbeit hinter der Bühne notwendig für den Auftritt ist. Genauso wichtig ist es zu verstehen, dass diese Aufgaben nicht mit solchen in den Zonen Schinderei, Desinteresse oder Ablenkung gleichzusetzen sind. Wenn Sie sich die Zeit zum Eliminieren, Automatisieren und Delegieren nehmen, vermeiden Sie die Falle, diese Zeit dann damit zuzubringen, dass Sie Aufgaben *erledigen*, die eliminiert, automatisiert oder delegiert werden sollten. Backstage-Aktivitäten werden wahrscheinlich weniger befriedigend und aufregend sein als Frontstage-Aufgaben (deshalb ist es hilfreich, von vornherein Zeit für sie einzuplanen). Aber sie sollten Sie nicht unglücklich machen. Denken Sie daran, dass die Backstage die Frontstage erst möglich macht und dass alle Aufgaben, wo immer sie auch stattfinden, Ihre Leidenschaft und Ihre Kompetenzen so gut wie möglich widerspiegeln sollten. In der nebenstehenden Tabelle finden Sie mögliche Beispiele für Frontstage- und Backstage-Tätigkeiten, aufgeschlüsselt nach Berufsgruppen.

Offstage. Ganz einfach: Mit Offstage ist die Zeit gemeint, in der Sie nicht arbeiten, in der Sie sich abseits der Bühne aufhalten und Ihr Fokus auf Ihrer Familie, auf Entspannung und Regeneration liegt. Offstage ist essenziell, um Ihre Energie wiederherzustellen, damit Sie überhaupt etwas zu bieten haben, wenn Sie wieder auf die Bühne zurückkommen (Kapitel 3). Tun Sie alles, was nötig ist, um Ihre Zeit außerhalb der Bühne zu schützen.

Ein Schauspieler lebt nicht auf der Bühne – er arbeitet dort. Auch sie können nicht in Ihrem Beruf leben. Er ist ein Teil Ihres Lebens – ein lebenswichtiger und lohnender Teil, aber er ist nicht Ihr ganzes Leben. Gleichen Sie Ihre Zeit auf der Bühne mit einer Menge hochwertiger Freizeit aus. Im nächsten Kapitel werde ich Ihnen mehr über Zeitplanung erzählen.

Beispiele für Frontstage- und Backstagearbeit

Beruf	Frontstage	Backstage
Designer	Anzeigengestaltung, Bildbearbeitung	Rechnungen schreiben, Meetings
Marketingexperte	Kundenakquise, Planung von Kampagnen	Budgetmanagement, Anzeigen schalten
Rechtsanwalt	Klienten treffen, Mediation	Recherche, Antragsstellung
Verkäufer	Verkaufsgespräche, Pitch-Präsentationen	Spesenabrechnung
Autor	Inhalte verfassen und bearbeiten	E-Mails, Recherche
Assistenz der Geschäftsleitung	Planen von Aufgaben, Kalenderverwaltung	Erstellen von E-Mail-Vorlagen oder Workflows
Coach/Berater	Mit Klienten arbeiten, Inhalte entwickeln	Rechnungsstellung, Aktualisierung der Website
Fotograf	Fotoaufnahmen, Nachbearbeitung	Rechnungen schreiben, Wartung der Ausrüstung
Teilhaber/Geschäftsführer	Strategie vorgeben, Teambuilding	E-Mails/Slack, Meetings
Pfarrer	Predigt, Seelsorge	Vorbereiten der Predigt, Vorstandssitzungen
Steuerberater	Beratung, Steuererklärungen machen	Rechnungsstellung, Neuerungen im Steuerrecht aneignen
Personal Trainer	Trainingssitzungen, Coaching-Gespräche	Recherche, Werbung
Finanzberater	Klienten treffen, Vorbereitung von Berichten	E-Mails, Werbung
Filialleiter	Teambesprechungen, Einzelgespräche, Einstellungsgespräche	Buchhaltung, Berichte
Professioneller Redner	Rede halten, You-Tube-Kanal	Vorbereitung, Netzwerken
Unternehmer	Neue Produkte schaffen, Kundenbindung	Prozesse erstellen, Verwaltung der Website
Personalleiter	Recherche, Interviews, Netzwerke pflegen	Vorlagen erstellen, Kontakte organisieren
IT-Spezialist	Fehlerbehebung, Reparaturen, Installationen	Recherche, Kenntnisse auffrischen, Berichterstattung
Immobilienmakler	Häuser zeigen, vernetzen	Papierkram, Archivierung, Korrespondenz

Die Ideale Woche

Jetzt, wo wir die drei Kategorien von Aktivitäten – Frontstage, Backstage und Offstage – verstehen, können wir die Macht des MegaBatching mit einem Werkzeug namens Ideale Woche zusammenbringen. Mit diesem Tool können Sie Ihre Zeit so einsetzen, wie Sie sie verbringen möchten. Wahrscheinlich kennen Sie den alten Satz von Dwight Eisenhower: „Pläne sind nutzlos, aber Planung ist alles."[9] Die Arbeitswoche ist weit weniger gefährlich als das Schlachtfeld, aber dafür gibt es dort hundert Dinge, die Ihrer Produktivität entgegenstehen. Ein Plan übersteht vielleicht nicht einmal die erste Auseinandersetzung mit dem Feind, doch wenn man schon einmal geplant hat, kann man sich schneller erholen und wieder Fuß fassen. Sie werden dann bereits wissen, worauf Sie abzielen.

Die Grundannahme hinter der Idealen Woche ist, dass Sie im Leben eine Wahl haben. Sie können entweder zielgerichtet leben, nach einem von Ihnen festgelegten Plan. Oder Sie können zufällig leben, indem Sie auf die Forderungen anderer reagieren. Der erste Ansatz ist proaktiv, der zweite reaktiv. Zugegeben, man kann nicht alles planen. Es geschehen Dinge, die man nicht vorhersehen kann. Aber es ist viel einfacher, das zu erreichen, was einem wichtig ist, wenn man proaktiv vorgeht und mit einem Ziel vor Augen beginnt. Dafür ist die Ideale Woche gedacht. Sie funktioniert wie ein finanzieller Budgetplan. Der einzige Unterschied besteht darin, dass Sie planen, wie Sie Ihre Zeit verbringen und nicht, wie Sie Ihr Geld ausgeben. Und wie bei einem Budgetplan geben Sie Ihre Zeit hier zuerst auf dem Papier aus.[10]

So funktioniert die Ideale Woche: Stellen Sie sich vor, dass Ihr Kalender an jedem Tag der Woche völlig leer ist. Die meisten Kalender-Apps ermöglichen es Ihnen, eine Woche auf einen Blick zu betrachten, indem sie die Wochentage in sieben nebeneinander liegenden Spalten anzeigen. In ihrer reinsten Form ist Ihre Woche eine leere Tafel, und Sie haben genauso viel Zeit wie alle anderen auch. Wie wollen Sie sie nutzen?

Wie ich meine Ideale Woche strukturiert habe, sehen Sie im nebenstehenden Beispiel. Um Ihre eigene Ideale Woche zu erstellen, können Sie eine Vorlage unter FreeToFocus.com/tools herunterladen. Auch mein *Full Focus Planner* enthält eine solche Vorlage. Sie könnten auch Ihre Kalender-App öffnen und eine neue leere Woche erstellen oder sie auf einem Blatt Papier skizzieren. Machen Sie sich keine Gedanken über Perfektion und versuchen Sie nicht, die Planung zusätzlich zu Ihren bestehenden Kalenderterminen vorzunehmen. Denken Sie daran, dass wir eine *ideale* Woche erstellen, lassen Sie uns also vorerst bei null anfangen. Zuerst betrachten wir die Stage, also die Verortung auf der Bühne, anschließend die Thematik und dann erst kümmern wir uns um die einzelnen Tätigkeiten. Diese Abfolge ermöglicht es Ihnen, dieser leeren Leinwand die Form und Definition zu verleihen, die Sie brauchen, um Ihr Bestes zu geben.

Stage. Der erste Schritt besteht darin, Ihre wöchentlichen Aufgaben nach der Verortung auf der Bühne zu bündeln. Entscheiden Sie für jeden Tag, ob es ein Frontstage-, Backstage oder Offstage-Tag sein soll. Für mich sind Montage und Freitage Backstage-Tage, was normalerweise das Bearbeiten von E-Mails oder Slack-Messages, das Ordnen von Dateien, Recherchen, das Erlernen neuer Fähigkeiten oder Fertigkeiten, das Planen zukünftiger Veranstaltungen oder das Treffen mit meinem Team zur Koordinierung von Projekten beinhaltet. Sie können beliebige Tage auswählen. Betrachten Sie diese Tage als die Zeit, in der Sie sich darauf vorbereiten, die eigentliche Arbeit zu tun – einige Tage sind dafür eher förderlich als andere.

Dasselbe gilt für die Frontstage-Zeit, die für mich immer dienstags, mittwochs und donnerstags ist. An diesen Tagen führe ich Workshops oder Onlinekurse durch, nehme Audio- oder Videoinhalte auf und empfange Klienten, Partner oder Interessenten, einzeln oder (häufiger) in kleinen Gruppen. Im Unternehmen halten wir donnerstags nie Teamsitzungen ab; stattdessen ist dieser Tag dafür reserviert, dass ihn die einzelnen Teammitglieder so nutzen können, wie es ihnen beliebt. Viele verwenden ihn für ihre Frontstage-Zeit. Unabhängig davon, welche Tage Sie für die Arbeit auf der Bühne aussuchen, denken Sie daran, dass dies die Zeit ist, in der Sie das tun, wofür Sie in erster Linie angestellt sind, nämlich Arbeit mit großem Impact zu leisten, die Ihr Unternehmen, Ihre Abteilung oder Ihr Team voranbringt. Wenn Sie sich nicht mindestens ein bis zwei Frontstage-Tage pro Woche nehmen, wird Ihre Leistung darunter leiden.

Außerdem sollten Sie unbedingt genügend Offstage-Zeit zur Regeneration einplanen. Für mich sind das immer Samstag und Sonntag. Diese Zeit kann für mich körperliche Erholung, geistige Entspannung, ausgedehnte Mahlzeiten mit der Familie oder mit Freunden, einen Kirchenbesuch oder die Pflege meiner wichtigsten Beziehungen beinhalten. Es ist Zeit, in der ich nicht arbeite. Tatsächlich erlaube ich mir nicht einmal, über die Arbeit nachzudenken, über sie zu sprechen oder irgendetwas zu lesen, was mit Arbeit zu tun hat (siehe Kapitel 3). Manche Berufe haben abweichende zeitliche Anforderungen. Das ist auch okay, solange Sie regelmäßige Offstage-Zeiten einplanen, vorzugsweise mindestens zwei Tage pro Woche. Wenn Sie sich fragen, wie Sie sicherstellen können, dass Sie sich die notwendige Auszeit auch wirklich nehmen, dann besteht der erste Schritt im Reservieren entsprechender Zeitblöcke in Ihrer Idealen Woche.

	Stage	Backstage	Frontstage	Frontstage
	Zeit	**Montag**	**Dienstag**	**Mittwoch**
Zeit für mich selbst / *Themen*	5:00–5:30			
	5:30–6:00			
	6:00–6:30			
	6:30–7:00		Morgenritual	
	7:00–7:30			
	7:30–8:00			
	8:00–8:30			
	8:30–9:00			
	9:00–9:30		Arbeitstag Startritual	
Arbeit	9:30–10:00	offene & interne Besprechungen		
	10:00–10:30			
	10:30–11:00		Frontstage-Aufgaben	
	11:00–11:30	Besprechung Team-Unterstützung		
	11:30–12:00			
	12:00–12:30			
	12:30–13:00	Treffen zum Mittagessen mit COO	Mittagessen	
	13:00–13:30		Mittagsschlaf	
	13:30–14:00			
	14:00–14:30	Mittagsschlaf		
	14:30–15:00			
	15:00–15:30	offene & interne Besprechungen	Frontstage-Aufgaben	
	15:30–16:00			
	16:00–16:30			
	16:30–17:00			
	17:00–17:30		Ritual zum Beenden des Arbeitstages	
	17:30–18:00			
Regenerieren	18:00–18:30		Abendessen	
	18:30–19:00			
	19:00–19:30			
	19:30–20:00			
	20:00–20:30			
	20:30–21:00			

Hier ist ein Beispiel für meine aktuelle Ideale Woche, damit Sie ein Gefühl dafür bekommen können, wie Sie Ihre aufbauen können. Unter FreeToFocus.com/tools finden Sie weitere Beispiele sowie ein leeres Formular für die Ideale Woche, das Sie für sich selbst verwenden können.

Frontstage	Backstage	Offstage	Offstage
Donnerstag	**Freitag**	**Samstag**	**Sonntag**
Morgenritual	Morgenritual	Morgenritual	Morgenritual
Arbeitstag Startritual	Arbeitstag Startritual		
Frontstage-Aufgaben	offene & externe Besprechungen		Kirche
Mittagessen	Mittagessen		Mittagessen mit meinen Eltern
Mittagsschlaf	Mittagsschlaf		
Frontstage-Aufgaben	offene & externe Besprechungen		
Ritual zum Beenden des Arbeitstages	Ritual zum Beenden des Arbeitstages		
Abendessen	Abendessen		
Verabredung	Familie	Freunde	Familie

Themen. Als nächstes sollten Sie bestimmen, welche Art von Tätigkeiten Sie an einzelnen Tagen während bestimmter Zeitblöcke durchführen werden. Denken Sie jetzt nicht über einzelne Tätigkeiten oder Aufgaben nach, sondern nur über allgemeine Themen. Am besten fangen Sie an, indem Sie sich den Morgen, den Arbeitstag und dann den Abend vorstellen. Ich gehe so vor und verwende dabei drei Themen für meine Zeit: Zeit für mich selbst am Morgen, Arbeit tagsüber und Regeneration am Abend. Das Einteilen der Zeit hilft nicht nur dabei zu erkennen, was man tun möchte; man macht sich auch im Kopf frei für die verschiedenen Aspekte des Tages. So sieht das bei mir aus:

Zeit für mich selbst. Die frühen Morgenstunden sind für mich selbst reserviert. Dazu gehören Selbstentfaltung, Workout, Gebet und Meditation und so weiter. Wie viel Zeit Sie hier einplanen, hängt einerseits davon ab, was Sie vorhaben, andererseits von Ihren Verpflichtungen. Wenn Sie Kinder haben, haben Sie vielleicht weniger Zeit zur Verfügung als ein Single. Unabhängig davon kommt es immer darauf an, mit der Zeit, die Sie haben, bewusst umzugehen.

Arbeit. Ich komme gegen 9.00 Uhr im Büro an und mache um 18.00 Uhr Feierabend. Mit einer Stunde Mittagspause und einem kurzen Nickerchen ist das eine 40-Stunden-Woche. Durch die Lektionen, die wir im nächsten Kapitel behandeln werden, werden Sie sehen, dass diese Zeit ausreicht, um meine wichtigsten Ziele und Projekte umzusetzen. Wann wollen Sie mit der Arbeit beginnen und wann aufhören? Die Festlegung der Grenzen Ihres Arbeitstags ist für die Produktivität unerlässlich. Nach dem Parkinson'schen Gesetz, das nach dem Historiker und Soziologen Cyril Northcote Parkinson benannt wurde, wissen wir: „Arbeit dehnt sich in genau dem Maß aus, wie Zeit für ihre Erledigung zur Verfügung steht." Folglich müssen wir die verfügbare Zeit einschränken, sonst wuchert die Arbeit in den frühen Morgen und den späten Abend hinein. Plötzlich lässt man das Frühstück aus und isst abends um 19.30 Uhr am Schreibtisch schnell etwas vom Lieferdienst, obwohl wir aus Forschungen wissen, dass diese zusätzlichen Stunden keinen echten Zugewinn bieten.

Regeneration. Die letzten Stunden des Tages verwende ich für die Regeneration, wozu auch die Zeit gehört, die ich mit meiner Familie, meinen Freunden und meinen Hobbys verbringe. Sie können über den restlichen Tag nicht Ihr Bestes geben, wenn Sie keine Zeit zur Regeneration einplanen.

Verwenden Sie so viele Kategorien, wie Sie wollen, gern auch mehr als drei, wenn das hilft. Es geht darum, dem Tag durch harte Grenzen eine klare Form zu geben – damit Sie wissen, was Sie während des ganzen Tages von sich selbst zu erwarten haben. Indem Sie Ihren Tag nach Themen strukturieren, geben Sie sich die Freiheit, Ihren Fokus ganz auf das zu legen, was vor Ihnen liegt: Seien Sie präsent, egal, wer oder was auch immer gerade Ihre Aufmerksamkeit erfordert. Seien Sie spontan in dem Bewusstsein, dass Sie genug Zeit für Arbeit und Freizeit reserviert haben. Oder tun Sie überhaupt nichts, was sich auch sehr lohnen kann. Ein bewusster Umgang mit Ruhe und Entspannung ist der Schlüssel zu Höchstleistungen.

Tätigkeiten. Nachdem Sie die Etappen und Themen festgelegt haben, ist es an der Zeit, die einzelnen Tätigkeiten, die unter diese Themen fallen, zu gruppieren. Wie ich bereits erwähnt habe, sind der Montag und der Freitag meine Backstage-Tage, oder mit anderen Worten: Meetings, Meetings, Meetings. Indem meine Arbeitswoche mit Meetings anfängt und endet, kann ich die Tage in der Wochenmitte für Frontstage-Aktivitäten reservieren.

Vielleicht nimmt Ihre Backstage-Arbeit mehr Tage in Anspruch oder vielleicht ist bei Ihnen mehr Flexibilität erforderlich. In der

Arbeit mit meinen Klienten stelle ich fest, dass Dauer und Abweichungen unerheblich sind, wenn Sie nur bewusst darauf achten, so viel wie möglich zu batchen. Ganz gleich, ob es sich um das Sichten von Berichten, um Anrufe oder die Vorbereitung einer Präsentation handelt: Die Bündelung ähnlicher Aufgaben hilft Ihnen, Ihren Schwung zu maximieren. So können Sie eine Sache nach der anderen abhaken, ohne ständig Ihren Fokus zu verlagern. Jedes Mal, wenn Sie umschalten und neu kontextualisieren – von Meeting zu Mail, von Anruf zu Meeting –, verlangsamen Sie Ihre Arbeit. Geben Sie für Ihre Backstage-Tage an, wann Sie für Besprechungen zur Verfügung stehen, wann Sie Rückrufe einplanen und so weiter.

Die genauen Aufgaben, die ich an meinen Frontstage-Tagen (Dienstag, Mittwoch und Donnerstag) erledige, ändern sich von Woche zu Woche, abhängig von laufenden und einmaligen Projekten, aber ich gruppiere sie immer, so gut ich kann. Der Trick besteht darin, Backstage-Arbeiten während der Frontstage-Zeit zu vermeiden. Und das ist schwieriger, als es sich anhört. In der Realität werden Sie während Ihrer Frontstage-Tage immer auch etwas Backstage-Arbeit erledigen müssen, selbst wenn Sie sich darauf beschränken, nur E-Mails abzurufen. Die Lösung besteht darin, das einzuplanen und zu verhindern, dass solche Aufgaben während der Frontstage-Zeit überhandnehmen.

Meine Rituale zum Arbeitsbeginn und -ende stehen jeden Tag auf dem Programm, egal ob es sich um einen Frontstage- oder einen Backstage-Tag handelt. Diese Rituale umfassen eine Mischung aus Frontstage- und Backstage-Aufgaben, wie etwa das Überprüfen von E-Mails und anderen Nachrichten. Indem ich diesen Tätigkeiten innerhalb der Rituale einen Rahmen gebe und sie zwei- oder dreimal am Tag einplane, kann ich verhindern, dass diese Dinge meine eigentlichen Aufgaben überlagern. Andernfalls könnte ich versucht sein, Nachrichten über den ganzen Tag verteilt ständig zu checken und mich während der wertvollsten Stunden meines Tages für eine ganze Welt der Unterbrechungen zu öffnen. Die Arbeitsanfangs- und Schlussrituale sind während der ganzen Woche eine großartige Zeit, um Ihre Posteingänge zu leeren, sodass Sie gleich mit einem Vorsprung in den Tag starten und alle offenen Fragen klären können, bevor Sie richtig loslegen. Wenn Ihr Team ein schnelleres Feedback braucht, können Sie vor der Mittagspause eine weitere Überprüfung Ihres Posteingangs einbauen.

Widerstehen Sie bei der Terminplanung der Versuchung zu glauben, Sie könnten es auch ohne Pausen schaffen. Das ist möglich, aber selten hilfreich. In seinem Buch *Pause* veranschlagt Alex Soojung-Kim Pang unsere produktivste Zeit mit vier bis fünf Stunden pro Tag. Seine Schlussfolgerung basiert auf einer eingehenden Untersuchung der Arbeitsgewohnheiten führender Wissenschaftler, Künstler, Schriftsteller, Musiker und anderer, untermauert von Ergebnissen aus mehreren größeren Studien. Wie Sie nun vielleicht schon vermutet haben, korrelieren längere Arbeitszeiten mit einem Leistungsabfall. Wie wir bereits wissen, besteht der Grund dafür darin, dass die Zeit vorgegeben ist, die Energie jedoch variabel. Wir können die Konzentration nur über eine gewisse Zeitspanne aufrechterhalten, bis der Grenzertrag sinkt. Unter den Menschen, die er untersuchte, waren die Leistungen und der Impact derjenigen am bedeutendsten, die in konzentrierten Schüben arbeiteten und dazwischen Pausen zum Gehen, Erfrischen, für Geselligkeit und sogar für Spiele einlegten.[11]

Um zu wissen, wie Sie bei Ihrer Planung am besten vorgehen, ist es sinnvoll, Ihren Chronotypen zu kennen. In seinem Buch *When: Der richtige Zeitpunkt* beschreibt Daniel H. Pink etwas, das er als „verborgenes Muster des Alltags" bezeichnet. Wir beginnen unseren Tag beschwingt und voller Energie, aber normalerweise fallen wir etwa sieben Stunden später in ein Energieloch. Für die meisten von uns, je nachdem, wann wir morgens aufwachen, ist das genau in der Mitte unseres Arbeitstages. Ziehen Sie in Betracht, die Stunden der Flaute für Arbeiten zu nutzen, die weniger Konzentration erfordern. Das Loch ist auch eine perfekte Zeit für eine Regenerationspause oder sogar für einen Mittagsschlaf, mit dem Sie drohender Schlappheit vorbeugen können.[12]

Wenn Sie mit dem Entwurf Ihrer Idealen Woche fertig sind, besteht Ihre letzte Aufgabe darin, sie selektiv mit den Teammitgliedern zu teilen, insbesondere mit Ihrem Assistenten, damit diese wissen, wann Sie wofür zur Verfügung stehen. Es kann auch hilfreich sein, den Plan mit Vorgesetzten zu teilen, wenn diese Sie unterstützen. Da die Ideale Woche mehr als nur Ihren Arbeitstag betrifft, könnten Sie sie auch mit Ihrem Ehepartner oder anderen Ihnen nahestehenden Personen teilen. Erklären Sie ihnen das Konzept, was Sie sich davon erhoffen und wie sie ebenfalls davon profitieren können. Sie werden ihr Einverständnis und ihre Mitarbeit brauchen, damit es funktioniert.

Ein produktiverer Rhythmus

Lord Chesterfield, den wir bereits zu Beginn des Kapitels zitiert haben, sah die Konzentrationsfähigkeit als ein Maß für die Intelligenz eines Menschen an. „Stetige und ungeteilte Aufmerksamkeit für ein Objekt ist das sichere Zeichen eines überlegenen Genies", sagte er.[13] Ich weiß nicht, ob ich so weit gehen würde zu sagen, dass MegaBatching und die Planung Ihrer Idealen Woche Sie in den Rang eines Genies erheben werden – aber es ist schon einmal ein großartiger Anfang.

Wenn Sie sich auf über eine Million verschiedene Inputs konzentrieren, untergräbt das Ihre Produktivität, Kreativität, Beweglichkeit und Zufriedenheit. Das Verdichten von Aufgaben – und der damit verbundene Zugewinn an Fokussierung – bietet einen besseren Weg. Wenn Sie MegaBatching anwenden und Ihre Woche sorgfältig strukturieren, können Sie sich Zeit und Raum verschaffen, um Ziele zu erreichen, die Ihnen andernfalls vielleicht unerfüllbar erscheinen würden. Dazu muss man nicht über den Intellekt eines Genies verfügen – es ist einfach eine Frage des Fokus und des bewussten Umgangs mit Ihrer Zeit. Und das sind zwei Fähigkeiten, die sich jeder zu eigen machen kann.

Denken Sie daran, dass Ihre Ideale Woche genau das ist – ideal. Nicht jede Woche wird exakt nach Plan funktionieren. Vielleicht werden die meisten Wochen tatsächlich anders verlaufen. Das Leben ist voll von Zwischenfällen und ungeplanten Abenteuern, besonders für Leistungsträger wie uns. Wenn solche Situationen auftauchen, müssen Sie umdenken. Die Ideale Woche bewahrt Sie davor, orientierungslos zu werden: Sie wissen genau, wie Sie wieder auf den richtigen Weg kommen, weil Sie den Plan kennen.

Wenn man jedoch erst einmal feste Grenzen gesetzt und sich gezwungen hat, eine Weile lang innerhalb dieser Grenzen zu bleiben, ist es erstaunlich, wie natürlich es einem erscheint, in den Wochenrhythmus zu fallen, unabhängig davon, was gerade sonst passiert. Sie können sich Ihre Ideale Woche wie eine Zielscheibe vorstellen. Sie werden nicht jedes Mal ins Schwarze treffen, aber Sie werden viel öfter treffen, wenn Sie wissen, worauf Sie überhaupt abzielen. Im Laufe der Zeit werden Sie lernen, dieses Tool dazu zu nutzen, Ihre Arbeit so zu lenken, dass Sie konzentrierter, präsenter und effektiver werden.

Wie stellen Sie sich auf die Unebenheiten auf der Straße ein, die Ihre Zielsicherheit stören? Eine Antwort darauf bietet der Wochenüberblick. Darauf werden wir als nächstes eingehen, zusammen mit einer einfachen Methode zur Gestaltung Ihrer Tage.

PLANEN SIE IHRE IDEALE WOCHE

Es ist an der Zeit, der detaillierten Planung, die wir in diesem Kapitel vorgenommen haben, Taten folgen zu lassen. Laden Sie Ihre Vorlage der Idealen Woche unter FreeToFocus.com/tools herunter oder verwenden Sie die Vorlage im *Full Focus Planner*. Wir haben in diesem Kapitel den Prozess der Planung für die Ideale Woche im Detail besprochen und ich wette, einige von Ihnen haben bereits damit begonnen. Falls Sie ihn noch nicht abgeschlossen haben, sollten Sie Ihre Ideale Woche zu Ende skizzieren, bevor Sie weitermachen. Dies ist der Rahmen, den Sie brauchen, um durch die Planung Ihrer wöchentlichen und täglichen Aufgaben einen nie dagewesenen Fokus zu erreichen.

8

Organisieren

Priorisieren Sie Ihre Aufgaben

Wenn Sie keine Schwerpunkte in Ihrem Leben setzen, wird es jemand anderes tun.

GREG MCKEOWN

In den USA fliegen in jeder Minute 5.000 Flugzeuge über uns hinweg, alles in allem mehr als 40.000 Flüge pro Tag.[1] Die Fluglotsen sind dafür verantwortlich, dass sie ankommen, wann und wo sie ankommen sollen, ohne mit den Maschinen zusammenzustoßen, die gerade abheben. Das ist schwieriger, als es sich anhört. Ein Fluglotse beschrieb die Herausforderung, 30 Flugzeuge auf einmal zu verfolgen, so: „Es ist, als würde man mit zehn Leuten gleichzeitig Tischtennis spielen.[2] Ab und zu kann es eng werden. Ein Pilot meldete dem Vertraulichen Berichtssystem ASRS der NASA: „Wir waren schon so nah an der Maschine vor

192 HANDELN

Eine wichtige Fähigkeit zur Steigerung der Produktivität ist es, zu lernen, welche Aufgaben Sie erledigen und wann Sie sie erledigen. Wenn Sie versuchen, alle Flugzeuge auf einmal zu landen, werden Sie Kollisionen in der Luft verursachen, die Ihre produktivsten Bemühungen zerstören.

uns dran, dass wir uns weit über dem Gleitpfad halten mussten, um nicht in die Wirbelschleppe zu geraten, und ein weiteres Flugzeug haben sie gerade noch rechtzeitig für unsere Landung von der Bahn bekommen."[3]

In der Luftfahrt nennt man das „Staffelungsverlust". Die Vorstellung ist beängstigend, aber solche Fälle kommen extrem selten vor und Kollisionen sind noch seltener. Vergleichen Sie das mit einer anderen hektischen Umgebung – unserer To-do-Liste. Wir versuchen oft, zwölf Aufgaben auf einmal zu landen, und den ganzen Tag über drängeln sich die Projekte und überholen sich gegenseitig. Wenn wir da einen „Verlust der Aufgabenstaffelung" erleiden, geraten wir am Ende in Rückstand, machen Fehler und verlieren die Kontrolle über unsere Zeit und unsere Aktivitäten.

Nachdem Sie Ihre Aufgabenliste wie in Schritt 2 beschrieben zurechtgekürzt haben, ist es möglich, dass Sie immer noch vor einer riesigen Liste von Aufgaben und Verantwortlichkeiten stehen. Wir alle sind beschäftigt und können uns eine endlose Liste von Dingen ausdenken, die getan werden sollten. Wir könnten uns sogar selbst davon überzeugen, dass sie getan werden müssen. Aber muss das alles *jetzt sofort* getan werden? Die Antwort lautet sicher nein. Man muss nie alle Flugzeuge auf einmal zur Landung bringen. Nur weil etwas wichtig ist, heißt das nicht, dass es auch jetzt gleich wichtig ist. Natürlich können Sie nicht alle Ihre Aufgaben auf einen späteren Zeitpunkt verschieben. Die Kunst besteht darin, systematisch zu entscheiden, was jetzt Ihre Aufmerksamkeit erfordert, was später und was sie überhaupt nicht verdient. In diesem Kapitel werden wir untersuchen, wie Sie Ihre Aufgaben organisieren können, indem Sie Ihre Wochen und Tage gestalten. Es geht darum zu bestimmen, was wo und wann einen Platz bekommt. Wir beginnen mit der Woche.

Gestalten Sie Ihre Woche: Die Wochenübersicht

Führungs- und Fachkräfte führen selten große Kampagnen durch, die innerhalb einer einzigen Woche zum Abschluss gebracht werden können. Vielmehr haben wir es mit komplexen Projekten zu tun, die mehrere Wochen, ja sogar Monate in Anspruch nehmen. Trotz unserer besten Bemühungen, den Fokus auf lange Sicht aufrechtzuerhalten, entgleitet er uns allzu oft. Wenn die Ablenkungsökonomie Sie am Montag aufs falsche Gleis schickt, merken Sie vielleicht erst am Donnerstag, wie weit Sie von Ihrem Weg abgekommen sind.

Aber zum Glück können Sie Ihre Woche so gestalten, dass Sie an Ihren Hauptaufgaben dranbleiben und Ihre Fortschritte im Auge behalten. Der Trick besteht darin, Ihre Hauptziele und wichtigsten Vorhaben in überschaubare kleinere Schritte aufzuschlüsseln. Dann können Sie diese Schritte in Ihre Woche einplanen, indem Sie drei Ergebnisse festlegen, die Sie erreichen müssen, um den gewünschten Fortschritt zu realisieren. Diese Ergebnisse halten den Ball im Spiel und bewegen ihn Meter für Meter in Richtung Ziellinie. Einen Teil dieses Prozesses behandle ich in meinem Buch *Your Best Year Ever*. Jetzt wollen wir uns das im Detail anschauen.

Der Wochenüberblick besteht aus sechs Schritten, die es Ihnen ermöglichen, den Überblick über alle Aufgaben zu behalten und ein Gefühl der Kontrolle über Ihre Zeit zu entwickeln. Sie können sich jederzeit damit beschäftigen, aber es ist wichtig, dass Sie es tun. Die besten Zeiten, die ich gefunden habe, sind Freitagnachmittag, wenn Sie Ihre Arbeitswoche beenden, Sonntagabend, bevor die neue Arbeitswoche anfängt, oder Montagmorgen, wenn die Woche beginnt. Ich bevorzuge den Sonntag – abgesehen von Zwischenfällen, die gelegentlich auftreten, ist das die einzige Ausnahme, die ich bezüglich meiner in Kapitel 3 und 7 geschilderten Praxis mache, mich sonntags zur Regeneration auszustöpseln. Sie können selbst eine Zeit auswählen, die für Sie gut funktioniert. Achten Sie aber darauf, den Wochenüberblick als wiederkehrenden Termin in Ihrem Kalender einzuplanen und ehren Sie diese Verpflichtung Ihnen selbst gegenüber. Planen Sie zunächst 30 Minuten ein. Wenn Sie sich erst einmal daran gewöhnt haben, werden Sie feststellen, dass Sie nur noch zehn oder 15 Minuten dafür brauchen. Das ist einfach eine Frage Ihrer Persönlichkeit und der Art Ihrer Arbeit.

Dieser Prozess ist eine Gelegenheit, einen Überblick über das Chaos zu gewinnen („Pingpong mit zehn Leuten") und Ihre Aufgaben und Aktionen so einzuteilen, wie sie am besten zu Ihrem Zeitplan und Ihren Verantwortlichkeiten passen. Mit seiner Hilfe können Sie Ihre Projekte und Aufgaben im Griff behalten. Das Ergebnis einer erfolgreichen Woche ist das Wissen, dass Sie alles getan haben, was Sie konnten, um die Kontrolle über Ihre

Woche zu behalten, Ihre großen Ziele und Projekte voranzubringen und um Ihre Kollegen und Kunden, Ihre Familie und sich selbst zufriedenzustellen. Ihr Wochenüberblick sollte der Maßstab dafür sein, wie gut Sie Ihre Vorgaben umgesetzt haben, und er wird dafür sorgen, dass Sie in der nächsten Woche noch mehr erreichen. Lassen Sie uns die sechs Schritte im Detail anschauen.

Schritt 1: Zählen Sie Ihre größten Erfolge auf. Das erste, was Sie in Ihrem Wochenüberblick tun werden, ist, sich einen Moment Zeit zu nehmen, um über Ihre größten Siege der vergangenen Woche nachzudenken. Listen Sie Ihre wichtigsten Leistungen auf: die Dinge, auf die Sie am stolzesten sind und die Ihr Leben und Ihre Arbeit am stärksten beeinflusst haben. Tun Sie das ganz bewusst, auch wenn es sich zunächst nicht natürlich anfühlt. Leistungsträger konzentrieren sich allzu oft auf ihre Schwächen – auf das, was sie *nicht* erreicht haben – statt auf ihre Siege. Dieser fehlgeleitete Fokus kann Ihr Selbstvertrauen zerstören. Indem Sie sich stattdessen auf die Erfolge konzentrieren, erzeugen Sie Gefühle der Dankbarkeit, der Begeisterung und der persönlichen Effizienz und machen sich bereit dafür, in der kommenden Woche große Dinge in Angriff zu nehmen.

Schritt 2: Lassen Sie die Vorwoche Revue passieren. Als Nächstes folgt ein kurzes Abschlussbriefing. Gehen Sie die Vorwoche sorgfältig durch, um sich an die Lektionen zu erinnern, die Sie gelernt haben, und an die Anpassungen, die Sie vornehmen sollten, um in nächster Zukunft Verbesserungen zu erreichen. Dabei beantworten Sie drei Hauptfragen.

Erstens: *Wie sind Sie mit Ihren Hauptaufgaben aus der Vorwoche vorangekommen?* (Hier spreche ich speziell über Ihre Big 3 der Woche – dazu gleich mehr.) Dies ist Ihre Chance zur ehrlichen Selbstreflexion. Bewerten Sie Ihre Fortschritte anhand Ihrer

Schlüsselaufgaben aus der vorangegangenen Arbeitswoche. Haben Sie sie alle geschafft? Gibt es noch viel zu tun? (Übrigens: Auch wenn Sie es nicht ganz geschafft haben, sollten Sie sich selbst den Teil anrechnen, den Sie geschafft haben. Leistungsträger können sehr hart zu sich selbst sein, wenn sie nicht alles erreicht haben, was sie sich vorgenommen haben und sich so der Freude über die erzielten Fortschritte berauben.) Die Beantwortung dieser Frage ist wichtig, auch weil sie in die nächste Frage hineinspielt.

Zweitens: *Was hat funktioniert und was nicht?* Gab es Unterbrechungen oder Ablenkungen, mit denen Sie nicht gerechnet hatten? Was waren das für Ablenkungen? Wer hat sie verursacht? Hätten Sie sie vermeiden können? Wie steht es um Ihren Plan? War er gut? Haben Sie Ihre Zeit sinnvoll budgetiert? Hier geht es darum, dass Sie feststellen, welche Strategien oder Taktiken wirksam waren, und anschließend herausfinden, ob es in Ihrem Verhalten oder Ihrer Planung Fehler gibt, damit Sie Ihre Leistung in der nächsten Woche verbessern können.

Drittens und letztens: *Was werden Sie auf der Grundlage dessen, was Sie gerade gelernt haben, beibehalten oder verbessern, womit sollten Sie anfangen und was sollten Sie unterlassen?* Hier setzen Sie das, was Sie gelernt haben, in eine handlungsorientierte Lektion um. Und genau dadurch geben Sie sich selbst die Möglichkeit, wirklich zu wachsen. Wie werden Sie Ihr Verhalten oder Ihre Planung für die Zukunft anpassen? Menschen, die aus ihren Erfahrungen lernen und diese Lektionen nutzen können, um positive Veränderungen in ihrem Verhalten vorzunehmen, werden schnell Fortschritte machen. Nur wenige Menschen nehmen sich bewusst die Zeit dafür – indem Sie es tun, können Sie sich von der Masse abheben.

Schritt 3: Überprüfen Sie Ihre Listen und Notizen. Unsere Aufgabenlisten und täglichen Notizen können im Laufe einer Woche wie

Menschen, die aus ihren Erfahrung lernen, erreichen ihre Ziele schneller.

Unkraut wuchern. Es ist wichtig, sie kurz zu überprüfen, damit sie nicht außer Kontrolle geraten. Ich empfehle, mit Ihren zurückgestellten Aufgaben zu beginnen. Das sind Aufgaben, die Sie absichtlich aufgeschoben haben. Wenn Sie ein Projektmanagement-Tool verwenden, können Sie sich durch Statusaktualisierungen und zukünftige Planungen darauf beziehen. Außerdem empfehle ich Ihnen auch, Ihre Aufgabenlisten an einem Ort aufzubewahren (maximal an zwei Orten). Nutzen Sie dafür eine digitale Lösung, Ihren Kalender oder einen Planer aus Papier. Eine Zusammenführung Ihrer Listen wird es Ihnen einfacher machen, den Überblick zu behalten. An je mehr unterschiedlichen Orten Sie Aufgaben und Notizen aufbewahren, desto wahrscheinlicher ist es, dass Ihnen beim Jonglieren ein Ball herunterfällt.

Als Nächstes sollten Sie die delegierten Aufgaben überprüfen. Das sind die Aufgaben, die Sie anderen zugewiesen haben. So haben Sie die Gelegenheit, diese Projekte wieder in Ihr Bewusstsein zu rufen und sich gegebenenfalls mit der Person, die daran arbeitet, abzusprechen.

Arbeiten Sie nun Ihre Notizen der Woche durch. Dabei kann es sich um Kommentare zu Ihrem Tag, Beobachtungen in Besprechungen, Ideen für die Zukunft oder andere Erkenntnisse handeln, die Sie im Laufe der Woche in Bezug auf das festgehalten haben, woran Sie gerade arbeiten. Darunter befindet sich wahrscheinlich der eine oder andere Schatz. So vermeiden Sie, dass Sie gute Ideen oder Aufgaben vergessen. Um sich noch besser vor vergessenen Aufgaben zu schützen, nutzen Sie die Überprüfung auch dafür, eine der vier folgenden Maßnahmen durchzuführen:

1. *Eliminieren*. Wenn eine Aufgabe nicht mehr relevant ist, streichen Sie sie.
2. *Einplanen*. Wenn Sie sich mit etwas befassen möchten, tragen Sie es in Ihren Kalender ein. Legen Sie so viele ähnliche Auf-

gaben wie möglich zusammen und orientieren Sie sich an Ihrer Idealen Woche.
3. *Priorisieren.* Wenn Sie sich diese Woche mit etwas bestimmtem beschäftigen wollen, aber noch nicht genau wissen, wann, priorisieren Sie es. Tragen Sie es in Ihre Prioritätenliste für diese Woche ein – ich nenne das die Big 3 der Woche. (Darauf komme ich gleich zurück.)
4. *Verschieben.* Handelt es sich um eine Aufgabe, die Sie übernehmen wollen, aber nicht in dieser Woche, können Sie sie auf der Liste lassen. Behalten Sie sie im Hinterkopf und erwägen Sie sie bei der nächsten Wochenplanung erneut.

Schritt 4: Überprüfen Sie Ihre Ziele, Projekte, Veranstaltungen, Meetings und Deadlines. Einer der Hauptgründe, warum Menschen mit ihren wichtigsten Zielen und Projekten ins Stolpern kommen, besteht darin, dass sie diese aus den Augen verlieren. Die hektische Unübersichtlichkeit des Arbeitsalltags kann selbst die vorrangigsten Ziele und Aufgaben überlagern. Ich erwähnte bereits meine Klientin Rene. Genau darin bestand ihre große Herausforderung. „Es ist irgendwie komisch, denn ich bin ja im Luftfahrtgeschäft", sagte sie, „und wenn man im Luftfahrtgeschäft ist, wähnt man sich in einer Höhe von 10.000, 12.000 oder sogar 15.000 Metern." Unglücklicherweise verbrachte Rene einen Großteil ihrer Wochen und Tage damit zu reagieren. „Früher habe ich mich die ganze Zeit in Kleinkram verloren. Ich war gefangen."

Mit dem Verfahren des Wochenüberblicks können Sie dieses Problem lösen. Hier geht es darum, eine bessere Draufsicht auf Ihre Arbeit zu gewinnen. Überprüfen Sie alle Ziele, die Sie gerade verfolgen, und stellen Sie eine Verbindung zu Ihren Hauptmotivationen her. Genauso wichtig ist es, sich einen Moment Zeit zu nehmen, um Schritte zu identifizieren, die Sie in der kommenden

Woche durchführen können, um Ihre Ziele zu erreichen. Nutzen Sie diese Zeit auch, um die zentralen Projekte und Erfolgsindikatoren zu überprüfen und herauszufinden, welche Aufgaben Sie zwingend erledigen *müssen* und was Sie sonst noch tun *könnten*, um Ihre Ziele zu erreichen.

Jetzt ist es an der Zeit, Ihren Kalender für die kommende Woche (oder die nächsten Wochen, je nachdem, was ansteht) zu überprüfen. Das ist eine großartige Gelegenheit, um zu sehen, ob Sie vor Beginn der neuen Woche noch Vorbereitungen treffen, Aufgaben delegieren oder offene Fragen klären müssen. Ordnen Sie anstehende Veranstaltungen und Termine nach Datum, damit Sie Ihre Arbeit in eine Reihenfolge bringen können. Sie können nicht zwei Flugzeuge gleichzeitig auf derselben Bahn landen. Es ist wichtig, dass Sie auch Ihre anstehenden Meetings überprüfen; wenn Sie Termine verschieben oder absagen müssen, ist es besser, Sie machen dies so früh wie möglich.

Schritt 5: Legen Sie Ihre Big 3 der Woche fest. Nachdem Sie all Ihre Ziele, Projekte, Fristen und Sonstiges überprüft haben, ist es an der Zeit, proaktiv zu werden und Ihre Big 3 der Woche festzulegen. Ich definiere Ihre „Big 3 der Woche" als die drei wichtigsten Dinge, die Sie in der kommenden Woche erledigen müssen, um mit Ihren wichtigsten Zielen und Projekten voranzukommen.[4] Ich bin mir sicher, es gibt mehr zu tun, als Sie in einer Woche bewältigen können, aber auch bei einem Marathonlauf folgt ein Schritt dem anderen.

Wie entscheiden Sie also, was Sie in Ihre Big 3 der Woche aufnehmen? Ein hilfreicher Filter ist die bewährte Eisenhower-Prioritäten-Matrix, die Stephen Covey populär gemacht hat.[5] Es handelt sich um ein einfaches, in vier Quadranten unterteiltes Raster, bei dem die horizontale Achse die Dringlichkeit und die vertikale die Wichtigkeit anzeigt.

Quadrant 1 beheimatet Aufgaben, die sowohl wichtig als auch dringlich sind. Diese haben natürlich den größten Anspruch auf Ihre Zeit und verdienen eine höhere Priorität als alles andere. Ich sollte hinzufügen, dass *wichtig* und *dringlich* dahingehend auszulegen sind, dass diese Dinge für *Sie persönlich* wichtig und dringlich sind. Allzu oft werden wir in Aufgaben hineingezogen, die für jemand anderen wichtig und dringlich sind, aber nicht unbedingt für uns selbst. Denken Sie an Ihre vierteljährlichen Ziele. Wie viel Zeit haben Sie noch zur Verfügung? Wie sieht es mit wichtigen Fristen für Schlüsselprojekte aus? Aufgaben aus Quadrant 1 sollten bei Ihren Big 3 der Woche zuerst berücksichtigt werden.

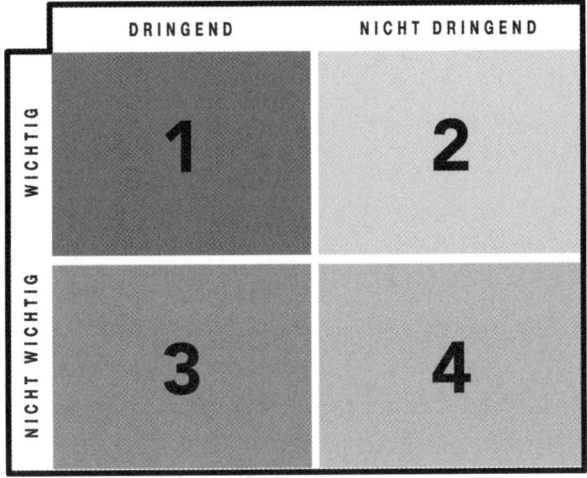

Wenn Sie Ihren Tag planen, priorisieren Sie die Aufgaben aus Quadrant 1 und 2, klären Sie Aufgaben aus Quadrant 3 zügig ab (können Sie welche von diesen delegieren?), und eliminieren Sie alle Aufgaben aus Quadrant 4.

Quadrant 2 bezieht sich auf Aufgaben, die zwar wichtig, aber im Moment nicht dringend sind. Sie können diese Aufgaben leicht aufschieben, passen Sie aber auf! Da sie nicht dringlich sind, werden Aufgaben in Quadrant 2 oft vernachlässigt. Dann geht den in der Warteschleife kreisenden Flugzeugen das Benzin aus und es kommt entweder zu einer Bruchlandung oder wir verpassen eine Gelegenheit – oder beides. Wenn Sie eine Aufgabe in Quadrant 2 identifizieren, nehmen Sie sich vor, sie bald in Angriff zu nehmen.

Quadrant 3 besteht aus Aufgaben, die zeitkritisch sind und wichtig für andere, aber nicht notwendigerweise für Sie. Hier laufen viele von uns jede Woche auf Grund. Wenn Sie nicht aufpassen, lassen Sie zu, dass die Prioritäten anderer Leute Ihre eigenen überlagern, was Ihre Produktivität zum Entgleisen und jeden Fortschritt bei der Erreichung Ihrer wichtigsten Ziele und Projekte zum Erliegen bringt. Gewichten Sie Aufgaben aus Quadrant 3 auf einer Fall-zu-Fall-Basis. Stellen Sie sich selbst drei Schlüsselfragen:

1. Wenn Sie ja sagen – riskieren Sie es dann, mit einer Aufgabe aus Quadrant 1 oder 2 ins Hintertreffen zu geraten?
2. Auf welche Trade-offs sind Sie bereit, sich einzulassen, um diese Aufgabe aus Quadrant 3 anzunehmen? Mit anderen Worten: Zu was müssen Sie nein sagen, um zu dieser Anfrage ja sagen zu können?
3. Werden Sie Ihre Zusage bereuen oder es der anderen Person übel nehmen, wenn Sie sich darauf einlassen?

Wenn Sie diese Fragen durchgehen und anschließend immer noch das Gefühl haben, dass es eine gute Idee ist, jemand anderem einen Platz auf Ihrer Liste einzuräumen, dann tun Sie das. Achten Sie jedoch stets darauf, Dringlichkeit nicht mit Wichtigkeit zu verwechseln.

Quadrant 4 beinhaltet Aufgaben, die weder dringlich noch wichtig für Sie sind. Elemente aus Quadrant 4 sollten es niemals in unsere Kalender oder Aufgabenlisten schaffen. Aber sie schaffen es trotzdem immer wieder, oder nicht? Ich denke, der Grund dafür ist in der Regel einer von drei Faktoren: Erstens, *Zerstreutheit*: Wir halten gar nicht erst inne, um die Aktivität oder Aufgabe zu evaluieren. Wir geben nach, ohne nachzudenken, und am Ende fallen wir in den Kaninchenbau. Zweitens, *Schuldgefühle*: Wir haben das Gefühl, dass wir es tun sollten, auch wenn wir eigentlich wissen, dass es nicht in unseren Verantwortungsbereich fällt. Wir lassen es zu, dass Schuldgefühle unser Urteilsvermögen aushebeln. Und schließlich ist da noch drittens, die *Angst, etwas zu verpassen*. Wir haben Angst davor, nein zu neuen Möglichkeiten zu sagen – ob sie in unserer Welt nun Sinn machen oder nicht.

Wenn Sie Ihre Big 3 der Woche festlegen, lassen Sie nicht zu, dass die Prioritäten anderer Menschen Ihre eigenen überlagern. Wenn Sie wirklich frei sein wollen, Ihren eigenen Fokus zu setzen, müssen Sie es sich zum Ziel setzen, 95 Prozent Ihrer Zeit mit Aktivitäten in Quadrant 1 und 2 zu verbringen. Das mag Ihnen jetzt unmöglich erscheinen, aber das ist es nicht. Während Sie Ihre Liste anlegen, fragen Sie sich:

- Ist (mir) das *wichtig*?
- Ist das (für mich) *dringlich*?

Die Antworten auf diese beiden kleinen Fragen bilden den Rahmen für die Organisation Ihrer Prioritäten und letztlich für die Verteidigung Ihrer Freiheit. Für Rene hat das einen großen Unterschied gemacht: „Mein Leben wurde von meinem E-Mail-Posteingang bestimmt, nicht von meinen Zielen. Dadurch fühlte ich mich chaotisch und so, als ob ich am Ende des Tages nichts erreicht hätte", sagte sie. „Es ist mir ein bisschen peinlich, das als Firmeninhaberin zu sagen, aber früher war es immer so, dass ich morgens aufstand und nicht wirklich zur Arbeit gehen wollte.

Setze deinen Fokus hat es mir ermöglicht, meine wichtigsten Aufgaben zu identifizieren und zu erledigen und mir genug Spielraum zu lassen, Dinge zu tun, von denen ich glaube, dass sie in der Welt um mich herum einen Unterschied machen."

Schritt 6: Planen Sie bewusst Ihre Regeneration. Kapitel 3 hat sich ausführlich mit diesem Thema befasst und wir haben uns in Kapitel 7 bei der Erörterung Ihrer Idealen Woche erneut damit beschäftigt. An dieser Stelle wenden Sie das Gelernte auf das reale Leben an. Erinnern Sie sich an die sieben Praktiken der Regeneration: Schlaf, Essen, Bewegung, Beziehungspflege, Freizeit, Reflexion und den Stecker ziehen? Nehmen Sie sich hier Zeit, das alles in Ihre Nächte und Wochenenden einzuplanen oder in die Zeit, die Sie für Regeneration reservieren. Wenn Sie sich damit ebenso schwertun wie viele Leistungsträger, sollten Sie diese Fragen für jede der sieben Praktiken durchgehen:

Schlaf	Wie viel Schlaf möchten Sie pro Nacht bekommen? Wann müssen Sie zu Bett gehen, um sicherzustellen, dass das klappt? Wie wäre es mit einem Nickerchen?
Essen	Gibt es Restaurants, die Sie ausprobieren oder Mahlzeiten, die Sie kochen möchten? (Sie könnten das mit Beziehungspflege kombinieren).
Bewegung	Wollen Sie in Ihrer Freizeit Sport treiben? Wollen Sie einmal etwas anderes ausprobieren als Ihr übliches Workout?
Beziehungspflege	Mit wem möchten Sie in Ihrer Freizeit Zeit verbringen? Wie sehen für Sie schöne gemeinsame Momente aus? Welche Aktivitäten könnten Sie gemeinsam unternehmen, um Ihre Beziehung zu stärken?
Freizeit	Gibt es Hobbys, denen Sie gern nachgehen würden, Spiele, die Sie gern spielen möchten oder Filme, die Sie sich gern ansehen würden?

Reflexion	Was wollen Sie tun, um geistig und seelisch Kraft zu schöpfen? Ein Buch lesen? Tagebuch schreiben? Einen Spaziergang machen? Einen Gottesdienst besuchen?
Den Stecker ziehen	Was werden Sie unternehmen, um sicherzustellen, dass Sie wirklich einmal ausschalten? Legen Sie zum Beispiel Ihr Telefon in eine Schublade, melden Sie sich bei Arbeitsapps ab, denken, sprechen oder lesen Sie nicht über die Arbeit.

Ohne Plan ist es viel zu einfach, in unsere Offstage-Zeit hinein- und wieder herauszudriften, aber was auf dem Plan steht, wird erledigt – einschließlich der Regenerationsarbeit. Zu Beginn seiner Reise ging es meinem Klienten Matt bei seiner Produktivität vor allem darum, in kürzerer Zeit mehr zu erreichen. Mit Hilfe des Freiheitskompasses und Methoden wie der Delegation war er schließlich in der Lage, wirklich einmal Offstage zu gehen. „Ich ging so ziemlich jeden Morgen um 6:00 Uhr ins Büro und arbeitete bis 17:00 oder 17:30 Uhr, und samstagmorgens ging ich oft noch etwa von 7:00 bis 12:00 oder 13:00 Uhr ins Büro," sagte er. Da Matt in der Dienstleistungsbranche tätig ist, hatte er mit vielen Unterbrechungen zu kämpfen. Der Samstagvormittag war seine Zeit zum Aufholen. Viele von uns sind dieser Versuchung ausgesetzt, unabhängig von ihrem Beruf – wir geraten unter der Woche in Rückstand und nutzen unsere Offstage-Zeit, um die losen Enden zusammenzuführen.

Matt hat dem in seinem eigenen Unternehmen ein Ende gesetzt. „Es gibt Tage in der Woche, an denen ich nicht ins Büro gehe. Ich bleibe einfach weg und schalte meine E-Mail-App auf dem Handy ab. An diesem Tag checke ich sie überhaupt nicht. So kann ich konzentriert meine Arbeit erledigen und muss samstags nicht mehr ins Büro gehen", sagte er. „Anstatt immer zu versuchen, mehr Dinge in den Tag zu stopfen, indem ich produktiver bin, bin ich jetzt bestimmter in Bezug auf das, was ich tun will, sodass ich mehr Zeit für meine Familie habe und mich den Hobbys widmen kann, die ich liebe. Wenn ich bei der Arbeit bin, bin ich bei der Arbeit, und wenn ich zu Hause bin, bin ich zu Hause. Work hard, play hard, aber beides voneinander getrennt, so gibt es eine Grenze."

Der Wochenüberblick dauert nicht lange. Wie ich bereits erwähnt habe, können Sie ihn, sobald Sie den Rhythmus gefunden haben, in nur zehn bis fünfzehn Minuten durchführen. Ich habe ein einfaches Formular in meinen *Full Focus Planner* aufgenommen, um einen schnellen und effektiven Durchgang zu erleichtern. Der nächste Schritt bei der Bestimmung, welche Aufgaben wann und wo hingehören, besteht in der Tagesplanung. Es gilt, einige Dinge zu berücksichtigen, aber auch dieser Prozess ist rasch erledigt.

Gestalten Sie Ihren Tag: Ihre Big 3 des Tages

Großartige Tage passieren einem nicht einfach – sie werden herbeigeführt. Ich habe Jahre damit verbracht, jeden Tag ins Büro zu gehen, ohne einen wirklichen Plan zu haben. Dabei habe ich einfach auf das reagiert, was eben passiert ist, und meine Zeit mit dem gefüllt, was eben an Anfragen für Meetings oder Unterbrechungen hereingeflattert ist. Wenn Sie Ihre Tage so angehen, sind Sie zum Scheitern verurteilt. Sie haben keinerlei Kontrolle – die geben Sie an alle um Sie herum ab. Ihr Plan kann nicht darin bestehen, jedem x-beliebigen anderen die Kontrolle über Ihren Tag zu überlassen; so werden Sie nie etwas erreichen, das für Sie von Bedeutung ist. Gestalten Sie Ihren Tag stattdessen so, dass er Ihren Zielen und Prioritäten gerecht wird.

Die meisten unserer Arbeitstage sind mit zwei Arten von Aktivitäten ausgefüllt: Meetings und Aufgaben. Die Kombination dieser beiden Aktivitäten wird für jeden von uns abhängig von seinem Arbeitsfeld unterschiedlich ausfallen. Jeder Tag wird ein wenig anders aussehen, je nachdem, ob wir hauptsächlich Frontstage oder Backstage arbeiten (siehe Kapitel 7).

Bei Meetings gibt es keinen zeitlichen Ermessensspielraum, das heißt, sie sind so gut wie in Stein gemeißelt. Sie können das Treffen natürlich absagen oder sich entschuldigen, aber in letzter Minute aus einem Meeting auszusteigen, kostet Sie Beziehungskapital und setzt Ihren Ruf aufs Spiel. Außerdem würden Sie den anderen Teilnehmern, die vielleicht Stunden mit der Vorbereitung des Treffens verbracht haben, einen äußerst schlechten Dienst erweisen. Deshalb ist es essenziell, Meetings in Ihrem Wochenüberblick zu berücksichtigen. Wenn Sie eine Einladung akzeptiert und in Ihren Tagesplan aufgenommen haben, bleibt Ihnen nur noch die Möglichkeit, zu erscheinen und teilzunehmen. Gelegentlich gibt es bei mir Tage, an denen pausenlos Besprechungen stattfinden, ohne dass noch Raum für Aufgaben wäre. Wahrscheinlich ist das bei Ihnen ähnlich. Ich sehe diese Tage jedoch bereits im Vorfeld auf mich zukommen und nehme mir auch gar nicht erst vor, dann noch irgendwelche Aufgaben zu erledigen. Stattdessen plane ich umgekehrt Tage ein, die ausschließlich für Aufgaben reserviert sind, und lehne alle Sitzungsanfragen für diesen Tag ab. Das ist ein wichtiger Schritt, wenn Sie wissen, dass Sie störungsfreie Zeit zum vertieften Arbeiten benötigen. Lassen Sie sich bei der Planung von Ihrer Idealen Woche leiten.

Ich nehme mir für jeden Tag drei, und zwar genau drei, Schlüsselaufgaben vor. Das sind meine Big 3 des Tages. Wenn das für Sie jetzt unmöglich oder sogar nicht wünschenswert klingt, kann ich das verstehen. Aber warten Sie noch etwas mit Ihrem Urteil. Wenn Sie es schaffen, wird das Ihre Arbeit, Ihre Produktivität und Ihre allgemeine Zufriedenheit bei der Arbeit und im Privatleben revolutionieren.

Die meisten Führungskräfte starten in den Tag mit einer riesigen Liste von Dingen, die sie erledigen müssen; mit Meetings, an denen sie teilnehmen, mit Leuten, mit denen sie reden, mit Projekten, die sie zu Ende bringen müssen und so weiter. Die meisten Menschen haben sich selbst zum Scheitern verurteilt, indem sie sich zu viel aufhalsen. Es ist nicht ungewöhnlich, dass man jeden Tag zehn bis zwanzig Aufgaben auf der To-do-Liste hat. Das ist ein Rezept für Enttäuschungen. Selbst wenn sie fünf oder sechs davon schaffen, fühlen sie sich als Versager, weil immer noch so viele unerledigte Dinge übrigbleiben.

Stephen, einer meiner Coaching-Klienten, den ich Ihnen bereits vorgestellt habe, arbeitete früher zwölf Stunden am Tag, fünf Tage in der Woche und manchmal mehr. „Meine Arbeitstage gingen von sechs bis sechs, und selbst nach so vielen Stunden Arbeit war ich gestresst, weil ich nicht alles erreicht hatte, was ich erreichen wollte", sagte er mir. „Ich arbeitete an vielen Aufgaben, an denen ich nicht hätte arbeiten sollen, und es führte einfach zu immer mehr Frustration und dann auch außerhalb der Arbeit zu immer mehr, was sich auf meinem geistigen Schreibtisch türmte." Die überlangen Arbeitsstunden und die geistige Erschöpfung kosteten ihn Zeit – sowohl qualitativ als auch quantitativ – mit seiner Frau und seinen Töchtern.

Die einzige Lösung, die Stephen zu dieser Zeit hatte, bestand darin, härter zu arbeiten. „Ich setzte mich immer weiter unter Druck und dachte: Irgendwann schaffe ich es. Irgendwann werde ich anfangen, weniger zu arbeiten." Aber denken Sie an die einschränkenden Überzeugungen aus Kapitel 2: „Vorübergehende Überstunden" sind etwas, mit dem wir uns beruhigen, um uns über die permanente Überarbeitung hinwegzutrösten. Wenn Sie mit der chronischen Überarbeitung Schluss machen wollen, sollten Sie eine Änderung vornehmen: Priorisieren Sie nicht mehr als drei Aufgaben.

Ich denke, es gilt das Pareto-Prinzip: Nach der 80-zu-20-Regel werden etwa 80 Prozent der Ergebnisse mit nur 20 Prozent des Aufwands erreicht. Meiner Erfahrung nach hat eine durchschnittliche Person zu jedem Zeitpunkt zwischen zwölf und achtzehn Aufgaben auf ihrer Liste. Um die Analyse zu erleichtern, sagen wir, es seien fünfzehn. Wenn die 80/20-Regel gilt, sind im Vergleich zu den anderen nur drei dieser Aufgaben von Bedeutung. Stellen Sie sich die Kraft vor, die sich daraus ergeben würde, sich auf die 20 Prozent der Aufgaben zu fokussieren, die die 80 Prozent der Gesamtleistung bringen. Diese Aufgaben sind Ihre Big 3 des Tages.[6]

Wie wählen Sie Ihre Big 3 des Tages aus? Als Erstes ziehen Sie Ihre Big 3 der Woche zu Rate. Denken Sie daran, dass dies die drei wichtigsten Dinge sind, die Sie in dieser Woche erreichen müssen, wenn Sie bei Ihren Zielen und Projekten Fortschritte machen wollen. Leiten Sie Ihre Tages-Big-3 von Ihren Wochen-Big-3 ab. Es sollte sich zunächst um Aufgaben handeln, die sich in Ihrer Wunschzone befinden sowie weiterhin um andere Aufgaben, die in Quadrant 1 oder 2 der Prioritätenmatrix liegen. Denken Sie an Ihre Big 3 der Woche und beginnen Sie mit den Aktivitäten in Ihrer Wunschzone. Gehen Sie dann zu den Aufgaben in Quadrant 1 (wichtig und dringlich) und schließlich zu den Aufgaben in Quadrant 2 (wichtig, nicht dringlich) über. Natürlich werden Sie Anfragen von außen erhalten und andere Aufgaben haben, die erledigt werden müssen. Folgen Sie auch hier der Prioritätsmatrix. Wenn Sie das nicht tun, wird Ihr Tag von Aufgaben aus Quadrant 3 (dringend für jemand anderen, aber nicht wichtig für Sie) überflutet werden.

> Wenn Sie frei sein wollen, um sich zu konzentrieren, priorisieren Sie drei – und nur drei! – Aufgaben.

Das mag Ihnen nun etwas starr erscheinen, aber es zwingt Sie dazu, Ihren Fokus wie einen Laser aufs Wesentliche auszurichten. Außerdem hält es Sie davon ab, sich überfordert zu fühlen.

Warum? Weil es keine lange Liste von Dingen gibt, die Sie nicht erledigen können. (Wer gibt sein Bestes, wenn er von Anfang an weiß, dass er es sowieso nicht schaffen wird?) Und noch besser: In 90 Prozent der Fälle werden Sie am Ende des Tages alles von Ihrer Liste abgehakt haben. Wie fantastisch würde sich das wohl anfühlen? Wenn Sie diesem Modell folgen, werden Sie sehen, dass Sie jeden Tag nur an Aufgaben arbeiten, die wichtig sind.

Nur drei Aufgaben für einen ganzen Arbeitstag auszusuchen, mag einem wie eine Ausflucht vorkommen, aber das erfordert mehr Disziplin und Anstrengung, als Sie vielleicht denken. Ein Dutzend verschiedene Aufgaben aufzuschreiben ist eine Form der Faulheit, auch wenn Sie mit der Liste den ganzen Tag beschäftigt sein werden. Es ist viel anstrengender, zwölf Dinge zu sehen, die man tun könnte, und sich dann auf die drei zu konzentrieren, die wirklich wichtig sind. Und wenn Sie Zweifel hegen, ob das Erledigen von nur drei Aufgaben pro Tag ausreicht, um langfristig erfolgreich zu sein, dann bedenken Sie, was es bedeutet, diese Praxis auf ein ganzes Jahr auszudehnen. Wenn Sie fünf Tage in der Woche arbeiten und 25 Tage im Jahr für Urlaub, Feiertage und wegen Krankheit freinehmen, kommen Sie auf 235 Arbeitstage im Jahr. Wenn Sie an jedem Arbeitstag drei Aufgaben mit hohem Impact erledigen, werden Sie das Jahr mit einer Erfolgsbilanz von 705 erledigten wichtigen Aufgaben abschließen. Können Sie sich vorstellen, was es für Auswirkungen auf Ihr Unternehmen hat, wenn Sie 705 wichtige Aufgaben aus Ihrer Wunschzone innerhalb eines Jahres erledigt bekommen?

Jim Koch, Gründer der Boston Beer Company und Brauer von Samuel Adams, baute sein 1,5-Milliarden-Dollar-Geschäft um dieses einfache Prinzip herum auf. In *Fast Company* beschreibt er seinen typischen Arbeitstag: „Jeden Morgen verschaffe ich mir einen Überblick, indem ich drei bis fünf Aufgaben, die an diesem Tag auf jeden Fall erledigt werden sollten, auf einen Post-it-Zettel schreibe. Das sind wichtige, aber nicht unbedingt dringende Aufgaben. Sobald mein Tag losgeht, behalte ich die Liste als Gedächtnisstütze in der Nähe – es ist einfach, diese Sachen liegenzulassen oder hinauszuzögern oder sie auf einen anderen Tag zu verschieben, aber ich mache es zu meiner Priorität, sie vor dem Ende des Tages von meiner Liste zu streichen."[7]

Die Big 3 des Tages funktionieren nicht nur für Getränke. Ratmir Timashev, Mitbegründer des Milliarden-Dollar-Datenmanagement-Unternehmens Veeam Software, hält seine Liste ebenfalls kurz. „Meine To-do-Liste ist unendlich lang, deshalb ist es wichtig für mich, Prioritäten zu setzen", sagt er. „Normalerweise mache ich täglich eine Liste mit den drei wichtigsten Dingen, die ich an diesem Tag erledigen muss. Das hilft mir wirklich, meinen Tag überschaubarer zu machen. Als Morgenmensch neige ich dazu, diese Aktivitäten noch vor dem Mittag abzuschließen, was mir dann Zeit gibt, mich um andere dringende Dinge zu kümmern, die im Laufe des Tages anstehen."[8]

Stephen machte die gleiche Erfahrung. Indem er sich auf eine begrenzte Anzahl von Aufgaben konzentriert, arbeitet Stephen nur halb so viel, während sein Geschäft wächst, und er ist gegen vier Uhr zu Hause, um den Nachmittag mit seinen Töchtern zu verbringen. Dasselbe gilt für meinen Klienten Caleb, den ich Ihnen in Kapitel 6 vorgestellt habe. „Meine Wochen haben mich überfordert und richtig gestresst", sagte er mir. „Ich hatte immer mehr auf meiner Liste und fühlte mich überwältigt, bevor der Tag überhaupt anfing. Ich dachte, ich werde es nie schaffen, meine Liste auf die Big 3 zu reduzieren. *Es gibt 20 Dinge, die heute erledigt werden müssen!*" So geht es uns allen – bis wir mit der Arbeit in unserer Wunschzone ernst machen und vom Rest so viel eliminieren, automatisieren und delegieren, wie wir können. Genau das hat Caleb getan und es hat sich gelohnt: „Es ist wirklich möglich. An den meisten Tagen bin ich in der Lage, meine

Big-3-Aktivitäten klar zu definieren. Jetzt, wo ich ein Team habe, kann ich andere Aktivitäten an sie delegieren und mich auf diese Big 3 konzentrieren."

Die Konzentration auf nur drei Schlüsselaufgaben hat Caleb eine deutliche Verbesserung seines Gefühls der Kontrolle verschafft. Die Arbeit überfordert ihn nicht mehr. „Es ist friedlich. Mir fällt kein besseres Wort ein als eben das: „friedlich" – und Sie haben so viel mehr Energie, die in Ihren Arbeitstag einfließen kann." Und weil er angefangen hat, ein Spiel zu spielen, das er gewinnen kann – nur drei Schlüsselaufgaben statt 20 zufällige, kräftezehrende Aufgaben – beendet er seinen Tag mit dem guten Gefühl, vorangekommen zu sein. „Ich komme in einem viel besseren Zustand nach Hause, denn ich habe einen Sieg errungen."

Mariel, die ich Ihnen in Kapitel 2 vorgestellt habe, hat ebenfalls von dem Frieden berichtet, der ihr durch ihre neue Tagesgestaltung erwächst. „Jeden Morgen wachte ich wegen all der Dinge, die ich an diesem Tag tun musste, in einer Panikattacke auf. Jetzt bin ich ein ruhigerer und viel friedlicherer Mensch. Dank der Systeme, die ich gelernt habe, weiß ich, dass ich das, was auf meiner Liste steht, erledigen und den Tag mit dem Wissen beenden kann, dass ich zumindest ein Minimum dafür getan habe, meinen Zielen näher zu kommen." Mariel weihte ihr gesamtes Team in das System ein. Das hat auf der ganzen Linie einen Unterschied gemacht. „Wir machen immer wieder Witze darüber, dass wir nicht wissen, wie wir einmal so arbeiten konnten wie früher."

Sie können Ihre Big 3 des Tages wie Koch auf ein Post-it schreiben, sie in ein Notizbuch eintragen oder mit einem digitalen System verwalten. Wenn Sie sich mit der Gestaltung Ihres Tages schwertun, könnte Ihnen der *Full Focus Planner* helfen, den benutze ich selbst auch. Aber wo auch immer Sie Ihre Big 3 festhalten: Machen Sie sich frei dafür, ihren Fokus nur auf das zu legen, was für Sie Priorität hat.

„Das Leben ist lang,
wenn man es zu
nutzen weiß."

– SENECA

Bestimmen Sie die Grenzen Ihrer Zeit

Seneca, ein römischer Philosoph, der zur Zeit Christi lebte, schrieb über die Herausforderung, vor der wir alle stehen: „Es ist nicht so, dass unsere Lebenszeit knapp bemessen ist. Vielmehr verschwenden wir viel davon. Das Leben ist lang, wenn man es zu nutzen weiß."

Seit 2.000 Jahren kämpfen wir also bereits mit diesem Problem – und wahrscheinlich noch viel länger. Wir passen nicht auf unsere Zeit auf und vergeuden das, was wir haben. „Die Menschen lassen niemanden ihren Besitz an sich reißen, aber sie erlauben es anderen, sich in ihr Leben einzumischen – ja, sie laden sogar solche zu sich ein, die ihr Leben übernehmen wollen," schrieb Seneca. „Die Menschen wachen sorgsam über ihren persönlichen Besitz; geht es aber um ihre Zeit, gehen sie verschwenderisch um mit der einen Sache, bei der es richtig wäre, geizig zu sein."[9]

Die Schwierigkeit besteht darin, dass die Zeit gestaltlos ist und die Zukunft keine festen Grenzen hat. Die Lösung besteht darin, das Was und Wann durch Zeitpläne festzulegen – zunächst für eine Woche und dann für jeden einzelnen Tag. Der Wochenüberblick sowie die Big 3 der Woche und des Tages sorgen nicht nur dafür, dass wir alle möglichen Aufgaben im Blick behalten; sie setzen unserer Zeit auch feste Grenzen. Das ist ein riesiger Schritt zur Verteidigung Ihrer Zeit vor Unterbrechungen und gegen die Zeiträuber, die Ihnen überall auflauern.

Jetzt, da Sie Ihre Verteidigung aufgestellt haben, ist es an der Zeit, unsere Aufmerksamkeit auf die Offensive zu richten. Das werden wir in Kapitel 9 tun.

GESTALTEN SIE IHRE WOCHEN UND TAGE

Nehmen Sie sich anhand der Richtlinien in diesem Kapitel schon jetzt die Zeit für Ihren ersten Wochenüberblick, einschließlich Ihrer Big 3 der Woche. Machen Sie sich keine Sorgen, wenn es Mitte der Woche ist. Sie können eine Kopie unter FreeToFocus.com/tools herunterladen. Auch im *Full Focus Planner* finden sie eine Vorlage. Wenn Sie fertig sind, legen Sie einen wöchentlichen, wiederkehrenden Kalendertermin mit sich selbst fest, um in Zukunft jede Woche Ihren Wochenüberblick durchzuführen.

Als nächstes verwenden Sie Ihre Big 3 der Woche, um Ihre Big 3 des Tages festzulegen. Identifizieren Sie die drei wichtigsten Aufgaben, die Sie heute erledigen müssen und stellen Sie sicher, dass Sie die Zeit dafür in Ihrem Zeitplan reservieren. Ich habe die Big 3 des Tages in die Tagesseiten des *Full Focus Planner* übernommen. Auf FreetoFocus.com/tools finden Sie ebenfalls eine Vorlage. Verpflichten Sie sich dazu, in den nächsten Wochen täglich Ihre Big 3 des Tages festzulegen. Nach drei Wochen sollten Sie auf 45 abgeschlossene High-Impact-Aufgaben zurückblicken können, durch die Sie sich selbst und Ihr Unternehmen vorangebracht haben.

9

Aktivieren

Schluss mit Unterbrechungen und Ablenkungen

Meine Erfahrung ist das, worauf ich bereit bin zu achten.

WILLIAM JAMES

Der exzentrische Verleger und Erfinder Hugo Gernsback war beunruhigt. Selbst 1925 gab es am Arbeitsplatz schon so viele Ablenkungen, dass es unmöglich schien, irgendetwas zu erreichen. Um das Problem zu lösen, erfand er ein neues Gerät namens Isolator. Ähnlich aufgebaut wie ein großer Taucherhelm, sollte der Isolator das Klick-Klack der Bürogeräte, das Klingeln von Telefonen und Türklingeln und das Geschwätz der Mitarbeiter abschirmen. Durch zwei kleine Gucklöcher konnte sich der Träger einzig auf die Arbeit vor sich konzentrieren und auf nichts anderes – zumindest bis die Sauerstoffflasche leer war.[1]

Störungen im Büro sind so alt wie das Büro selbst. Der Erfinder Hugo Gernsback schuf eine Lösung – den Isolator – im Jahr 1925! Es funktionierte hervorragend, bis der Sauerstoff ausging.

So vorausschauend Gernsback auch war, hätte ihn die Flut von Nachrichten und Inputs, die heute auf uns hereinprasselt, sicher verblüfft. Wir haben heute soziale Medien, E-Mails, Sofortnachrichten, Besprechungsanfragen, Anrufe von Bürotelefonen und Handys und mehr Umgebungsgeräusche, als wir verarbeiten können. Der Trend zu Großraumbüros und Coworking hat diese Situation für einige noch verschlimmert. Was wir angeblich durch Kooperation und Kosteneinsparungen gewinnen, verlieren wir durch den Mangel an Konzentration.[2] Das alles macht uns so zerstreut, dass eine ganze Industrie um die Praxis der Achtsamkeit herum entstanden ist – die Idee, dass man alles andere ausschließen und einfach nur präsent sein kann. Das ist schwieriger, als es sich anhört.

Die Ablenkungsökonomie will nichts lieber, als uns von dem ablenken, was heute ansteht. Und warum? Unsere Aufmerksamkeit ist wertvoll für uns selbst, doch sie ist es auch für andere. Jeder Ping, der unseren Blick ablenkt, und jede Benachrichtigung, die wir zur Kenntnis nehmen, entzieht uns etwas von Wert und überträgt diesen Wert jemand anderem – zum Beispiel einem Mitarbeiter oder einem Inserenten. Und leider machen wir dabei oft ein schlechtes Geschäft.

Sicher, echte Notfälle gibt es, aber viele der Störungen, mit denen wir zu tun haben, sind trivial und unwichtig. Und selbst Unterbrechungen, die wir als wichtig einordnen, können reduziert werden, wenn wir wissen, wie. Wenn unser Fokus auf unseren wichtigsten Projekten und Aufgaben liegt, können wir es uns nicht leisten, dass Unterbrechungen und Ablenkungen unsere Tagesplanung entgleisen lassen und uns daran hindern, unsere Ziele zu erreichen. In diesem Kapitel werden wir Strategien einführen, mit denen wir Störungen minimieren und unseren Fokus maximieren können. Nur so können wir sicherstellen, dass wir jeden Tag mit dem Gefühl beenden, dass wir erreicht haben, was wir uns vorgenommen hatten.

Unterbrechungen

Unterbrechungen stellen einen externen Input dar, der Ihre Konzentration stört – etwa ein Besuch, ein Anruf, eine E-Mail oder eine Kurznachricht, die Sie von der Arbeit ablenken, die Sie eigentlich gerade tun wollen. Das sind mehr als bloße Ärgernisse. Es sind Krebsgeschwüre, die an unserer sinnvollen Arbeit nagen. Selbst wenn Sie es schaffen, eine Aufgabe zu erledigen, sorgen Unterbrechungen dafür, dass Sie langsamer zum Ziel kommen und dass das Endergebnis weit hinter Ihren besten Möglichkeiten zurückbleibt. Die gute Nachricht ist, dass es mehr in Ihrer Macht liegt, Unterbrechungen zu widerstehen und zu reduzieren, als Sie vielleicht glauben. Durch zwei Maßnahmen können Sie einen effektiven virtuellen Isolator erschaffen, der Ihnen hilft, Ihre Produktivität zu maximieren.

Schränken Sie Sofort-Kommunikation ein. Die Geschwindigkeit der Kommunikation hat sich mit der Zeit gesteigert. Als ich anfing zu arbeiten, lief die meiste schriftliche Kommunikation über die US-Post. Bis ein Brief ankam, dauerte es normalerweise mehrere Tage, vielleicht eine Woche. Aber dann kamen das Fax, die E-Mail, Kurz- und Sofortnachrichten. Während früher das Telefon das einzige Mittel der Sofort-Kommunikation war, kommunizieren heute Einzelpersonen und Teams nonstop in Echtzeit über Team-Messenger und andere Nachrichten- und Gruppen-Tools.

Wir verwechseln Geschwindigkeit mit Wichtigkeit. Dieser Fehler hat das Tempo unserer Kommunikation und die Anzahl unserer Unterbrechungen erhöht. Ein Viertel der Befragten in einer Umfrage gab an, dass sie sich unter Druck gesetzt fühlen, Sofortnachrichten direkt nach Erhalt zu beantworten, selbst wenn sie gerade an etwas anderem arbeiten.[3] Das hat massive Auswirkungen auf die persönliche Produktivität.[4]

Es ist nicht möglich, sich für längere Zeit in sinnvolle Arbeit zu vertiefen, wenn Sie jedes Mal Ihren Fokus verlagern, sobald eine von 17 Apps oder Geräten Sie wegen einer eingehenden Nachricht, eines Kommentars, „Tags" oder einer anstehenden Aktion benachrichtigt. Fünf Jahre nach der Veröffentlichung des iPhones gab Apple damit an, dass seine Server bereits über sieben *Billionen* Push-Benachrichtigungen ausgeliefert haben. In den Jahren danach ist die Zahl noch weiter gestiegen.[5] Und es ist nicht nur Ihr Handy. Ihr Computer, Ihr Tablet und Ihre Smart-Watch – alles ausgestattet mit einem eigenen Ökosystem von Apps, Widgets und Programmen – bringen weitere Pings und Dings und eindringliche grafische Darstellungen ein. Jede dieser Benachrichtigungen ist darauf ausgelegt, Ihre Aufmerksamkeit zu mobilisieren, was bedeutet, dass Sie das selbst nicht mehr können.

Eine Studie von Hewlett Packard und der Universität London fand heraus, dass es unseren IQ um zehn Prozent senkt, wenn unsere Aufmerksamkeit mit eingehenden Anrufen und Nachrichten beschäftigt ist – das ist doppelt so viel wie beim Rauchen von Marihuana.[6] Obwohl das Ihre kognitiven Funktionen nicht dauerhaft beeinträchtigt, „wird es Sie vorübergehend dumm machen", sagen die Neuropsychologin Friederike Fabritius und der Leadership-Experte Hans Hagemann.[7]

Die einzige Antwort darauf besteht darin, sich, wo immer möglich, für eine verzögerte Form der Kommunikation zu entscheiden. Wenn Sie nicht gerade in einer Position im Kundenservice arbeiten, wo Sie „immer eingeschaltet" sein müssen, sollten Sie E-Mails oder Kurznachrichten nicht mehr als zwei- oder dreimal am Tag checken, es sei denn, Sie nutzen diese Dienste, um aktiv an Projekten mit hohem Impact wie den Big 3 des Tages zu arbeiten. Ich rate Ihnen, das Tool der Idealen Woche zusammen mit Ihren Ritualen vor und nach der Arbeit zu nutzen, um Zeit für verzögerte Kommunikation zu reservieren.

	Sofort	Verzögert
Erwartete Antwortzeit	Sie sind bereits spät dran	Sie antworten, sobald es passt
Auswirkung auf die Konzentration	Unterbrechung Ihres Fokus	Aufrechterhaltung der Konzentration
Kommunikationstiefe	Dringlichkeit geht mit Tendenz zu Oberflächlichkeit einher	Genug Zeit erlaubt durchdachtes Vorgehen
Abhängigkeitspotenzial	Dopaminausschüttung verstärkt zwanghaftes Verhalten	Keine Dopaminausschüttung, kein Suchtverhalten

Das Ausschalten Ihrer Benachrichtigungen ist essenziell für die Einschränkung von Sofortkommunikation. Ich fange am liebsten so an, dass ich alle Benachrichtigungen – auf meinem Computer,

Telefon und jedem anderen Gerät – deaktiviere und mich dann frage: „Gibt es Anwendungen, von denen ich unbedingt Benachrichtigungen erhalten muss? Wenn Sie sich entschieden haben, welche (wenigen) Anwendungen Sie benachrichtigen dürfen, sollten Sie sich für die am wenigsten aufdringliche und störende Art der Benachrichtigung entscheiden. Für mich bedeutet das: keine Nachrichtenvorschau, kein Klingeln oder Vibrationsalarm, keine Sperrbildschirm-Benachrichtigungen. Ein oft übersehener Trick, um Benachrichtigungen einzuschränken, besteht darin, die „Nicht-stören"-Funktion Ihres Handys maximal auszunutzen.

Außerdem empfehle ich, die meisten Textnachrichten und Telefonanrufe zu unterbinden, besonders wenn Sie mehrere Dutzend (oder mehr) am Tag erhalten. Ein Trick besteht darin, Ihre Handynummer zu ändern. Das ist weniger umständlich, als es sich anhört und lohnt sich im Hinblick auf die Vermeidung von Unterbrechungen. Besorgen Sie sich zusammen mit Ihrer neuen Handynummer eine andere neue (Internet-)Nummer. Geben Sie die neue Handynummer nur Ihrem engsten Familienkreis, vertrauten Arbeitskollegen und vielleicht einem oder zwei guten Freunden weiter. Die andere Nummer geht an alle anderen: Bekannte, die meisten Arbeitskollegen, Geschäfte, Onlinedienste etc. Laden Sie ggf. eine App für Ihre mobilen Geräte herunter. Wenn möglich, richten Sie sie so ein, dass Textnachrichten und Voice-Mails an Ihren E-Mail-Posteingang weitergeleitet werden. Sie können sie dann wie E-Mails bearbeiten, für die Sie bereits einige Zeitblöcke pro Tag reserviert haben. Sie können auf eine Textnachricht-Mail auch direkt antworten, sodass die andere Person wieder eine Textnachricht erhält.

Richten Sie eine automatische Nachricht in Ihrem E-Mail-Programm ein, wenn Sie den Leuten mitteilen möchten, dass Sie nur ein paar Mal am Tag Textnachrichten abrufen. Wenn Ihr E-Mail-Account mit dieser automatischen Nachricht antwortet, versendet er eine Textnachricht. Die einzigen Sofortnachrichten, die Sie jetzt noch erhalten, kommen von Ihrer Familie oder von Personen aus Ihrem engsten Kreis.

Wenn Sie Ihre Sofort-Kommunikation einschränken, werden Sie weniger Stress haben, Ihren Fokus verbessern und vertiefter arbeiten können. Dadurch werden Sie sich besser Ihren wichtigsten Aufgaben und Projekten widmen können. Und mit einer zusätzlichen Maßnahme können Sie das noch weiter verbessern.

Proaktiv Grenzen setzen und durchsetzen. Indem Sie sich für eine verzögerte Kommunikation entscheiden, schränken Sie den Zugriff ein, den andere auf Sie haben. Die Kunst besteht darin, ihre Erwartungen proaktiv zu beeinflussen, indem Sie ihnen das klarmachen. Informieren Sie die relevanten Personen, dass Sie eine Zeit lang offline gehen, um sich zu fokussieren. Warten Sie nicht darauf, dass sie bei Ihnen anklopfen, sondern sagen Sie es ihnen im Voraus. Sie können denjenigen, die es wissen sollten, eine E-Mail schicken oder sie über den Team-Messenger informieren. Veröffentlichen Sie ein Status-Update über die entsprechenden Kanäle. Legen Sie eine automatische E-Mail-Antwort fest. Oliver Burkeman sagt, dass ein E-Mail-Posteingang wie eine Aufgabenliste ist, in die jeder Mensch auf der Welt etwas eintragen kann.[8] Gewinnen Sie die Kontrolle zurück und behalten Sie sie, indem Sie eine automatische Antwort einrichten, die andere darüber informiert, wann Sie offline sind und wann mit einer Antwort zu rechnen ist. Sie können sogar ein „Bitte-nicht-stören"-Schild an Ihre Bürotür hängen.

> Ein E-Mail-Posteingang ist wie eine To–do–Liste, in die jeder Mensch auf der Welt etwas eintragen kann.

Wenn Sie Ihre (Nicht-)Verfügbarkeit proaktiv kommunizieren, behalten Sie die Oberhand. Die Veröffentlichung von Bürozeiten ist eine der Möglichkeiten, dies umzusetzen. Eine Politik der offenen Tür klingt gut, aber Sie werden nie sinnvolle Arbeit erledigen können, wenn Sie den Zugang zu Ihnen nicht einschränken. Durch die Festlegung und Bekanntgabe von Bürozeiten bleiben Sie für Ihr Team verfügbar, können diese Unterbrechungen aber einplanen und gleichzeitig Zeitblöcke einzig für die Erledigung Ihrer Arbeit reservieren.

Und was ist mit einem Chef, der von Ihnen erwartet, dass Sie immer erreichbar sind? Ihre Aufgabe besteht darin, Ihrem Chef zu erklären, warum Sie Zeit für gründliche, fokussierte Arbeit brauchen. Erklären Sie ihm, was für ihn dabei herausspringt. Je besser die Vorteile zu sehen sind, desto mehr Spielraum haben Sie, Ihre eigenen Grenzen zu setzen.

Aber ein Wort der Warnung: Die Menschen werden Ihre Grenzen nicht respektieren, wenn Sie selbst das nicht tun. Wenn sich jemand an Ihrer Verteidigung vorbeischleicht, seien Sie hart und halten Sie die Stellung. Wenn es sich um ein berechtigtes Anliegen handelt, verschieben Sie die Entscheidung auf einen passenderen Zeitpunkt. Vergessen Sie nicht, dass Ihre Zeit begrenzt ist. Wachen Sie also über sie wie über eine kostbare Ressource, denn genau das ist sie.

Ablenkung

Während eine Unterbrechung ein *äußerer* Reiz ist, der unsere Aufmerksamkeit einfordert, ist eine Ablenkung jede *innere* Regung, die unsere Konzentration stört oder zerstreut. In der Regel sind wir selbst unsere schlimmsten Feinde und lenken uns von der Arbeit ab, die getan werden muss. Wenn uns langweilig wird oder die Arbeit, die wir tun, besonders anstrengend ist, flüchten wir uns gern in E-Mails, SMS oder Telefonanrufe. Wir surfen im Internet, checken Nachrichten oder scrollen uns durch soziale Medien. Aber jedes Mal, wenn wir von einer Aufgabe wegdriften, trainieren wir unsere Gehirne darauf, noch leichter ablenkbar zu werden und verkürzen unsere eigene Aufmerksamkeitsspanne, was es wiederum schwieriger macht, unseren Fokus zu kultivieren.

Abgesehen vom knappen Sauerstoff ist das der Grund, warum Gernsbacks Isolator im wirklichen Leben niemals funktionieren würde. Wie er selbst zugegeben hat: „In 50 Prozent der Fälle sind Sie selbst der Störenfried."[9] Ich würde wetten, Sie sind es noch häufiger. Wir können die Schuld all dem Lärm und all den Eindrücken da draußen in die Schuhe schieben – oder wir können selbst die nötige Verantwortung übernehmen, um unser Verhalten zu ändern.

Der unterbrochene Fokus. Das ist das Kernproblem mit dem Multitasking: Es ist nicht nur ineffektiv, sondern auch ein Freifahrtschein für Ablenkungen. Eine Studie, die der Journalist John Naish zitiert, hat herausgefunden, dass Studierende 40 Prozent langsamer bei der Lösung komplexer Probleme waren, wenn sie versuchten, zwischen den Aufgaben hin und her zu springen. Natürlich fühlt sich Multitasking nicht langsam an. Es fühlt sich sogar so schnell an, als ob wir fliegen würden. Das ist ein Teil der Gründe, warum wir es immer wieder tun. Aber das Gefühl der Geschwindigkeit täuscht. Naish zitiert Forschungen, die zeigen, dass Multitasker tatsächlich schneller arbeiten – aber auch weniger produzieren.[10]

Nach Ansicht von Professor Clay Shirky von der New York University „sorgt Multitasking für emotionale Befriedigung", weil es „das Vergnügen der Prokrastination *in* die Arbeitsetappe *hinein* verschiebt."[11] Wir haben das Gefühl, Dinge zu erledigen, obwohl wir sie tatsächlich in die Länge ziehen. Wenn wir eine

E-Mail verfassen, dann aber eine Pause machen, um Twitter zu checken, dann einen Newsfeed abrufen, unseren Kaffee nachfüllen gehen und anschließend an unseren Schreibtisch zurückkehren, um die E-Mail fertigzuschreiben, haben wir das Denken unterbrochen, das notwendig ist, um die E-Mail zu beenden. Es wird länger dauern, bis wir den geistigen Prozess wieder in Gang gebracht haben, der für die Erledigung der ursprünglichen Aufgabe notwendig ist. Das gilt selbst für den Fall, dass wir mehrere ähnliche Dinge erledigen, aber jeweils nur teilweise oder bruchstückhaft. Auch das Beantworten eingehender Nachrichten während des Verfassens einer ausgehenden Nachricht verlängert die erforderliche Zeit.

In einer Umfrage von Salary.com geben sieben von zehn Befragten zu, jeden Tag bei der Arbeit Zeit zu verschwenden, und die meisten davon nutzten dafür das Internet. Die größte Anziehungskraft übten soziale Medien aus – Facebook führte das Rudel an, aber die Befragten berichteten auch über Onlineshopping und das Surfen auf Reise-, Sport- und Unterhaltungsseiten.[12] Wie oft ertappen wir uns dabei, wie wir gedankenlos von einer Seite zur anderen surfen oder endlos die Bildlaufleiste unseres Telefons betätigen, ohne dabei ein klares Ziel vor Augen zu haben?

Ich habe Leute sagen hören, dass soziale Medien für Pausen am Tag sorgen, so wie man früher spazieren oder zum Rauchen ins Freie ging. Das mag richtig sein, doch die ständige Zugänglichkeit der sozialen Medien bedeutet auch: Die Menschen arbeiten normalerweise nicht erst lange konzentriert, bevor sie dann eine Pause einlegen. Sie unterbrechen stattdessen ihre Konzentration während der Arbeitszeit mehrfach für das, was Cal Newport „Quick Checks" nennt. Anstatt eine echte Pause zu machen, unterbrechen sie ihre Konzentration.

Bergab-Arbeit. Vieles von alldem hat mit einer geringen Frustrationstoleranz zu tun. In ihrem Buch *Das überforderte Gehirn - Mit Steinzeitwerkzeug in der Hightech-Welt* schreiben die Professoren Adam Gazzaley und Larry Rosen, dass der Mensch von Natur aus nach Dingen sucht, die seine Aufmerksamkeit fesseln. Wenn uns langweilig oder unbehaglich ist oder wir nervös sind, ist es ein Leichtes, sofort *den Kanal zu wechseln,* um etwas Interessanteres zu finden. Gazzaley und Rosen zitieren eine Studie mit Stanford-Studierenden, deren Computer so eingestellt waren, dass sie den ganzen Tag über Screenshots von ihren Aktivitäten machten. Die Studierenden verweilten selten lange bei einem Bildschirminhalt. Tatsächlich hielt ihre Aufmerksamkeit im Durchschnitt etwa eine Minute an, aber die Hälfte der Bildwechsel vollzog sich bereits nach 19 Sekunden.

Noch interessanter ist allerdings das, was während des Umschaltens in ihren Gehirnen passierte. Sensoren, die an den Testpersonen angebracht waren, nahmen einige Sekunden, bevor die Studierenden zu etwas anderem wechselten, ein erhöhtes Erregungsniveau wahr – vor allem, wenn sie von einer schwierigen Aufgabe wie Schreiben und Recherchieren zu etwas Unterhaltsamerem wie Social Media oder YouTube wechselten.[13]

Auch Führungskräfte sind nicht frei davon. Wenn wir es mit einer schwierigen Aufgabe zu tun bekommen, ist es verlockend, unserem Gehirn eine Pause zu gönnen, indem wir zu etwas Unterhaltsamerem wechseln. Denken Sie an eine Steigung. Es ist einfacher, bergab zu gehen als bergauf. Bei einigen Aufgaben geht es bergauf (zum Beispiel Finanzanalyse oder Schreiben) und bei anderen bergab (zum Beispiel E-Mails oder andere Nachrichten abrufen). Die Aufgaben, bei denen es bergauf geht, sind in der Regel diejenigen, die die Ergebnisse bringen und Werte schaffen. Die Bergab-Aufgaben hingegen erfordern weniger Energie. Das ist einer der Gründe, warum die Leute so viel Scheinarbeit machen: es ist einfacher. Dadurch haben Sie eine Wirkung, die der Gravitation nicht unähnlich ist. Aber es ist mit enormen Produktivitätskosten verbunden, wenn wir uns in solchen Momenten von Bergab-Aufgaben ablenken lassen, in denen wir uns gerade eigentlich darauf konzentrieren müssen, bergauf zu gehen.

Wenn Sie an einer herausfordernden Aufgabe arbeiten und unterbrechen, um E-Mails oder anderweitige Nachrichten zu checken, braucht es zusätzliche Zeit und Energie, um zur ursprünglichen Aufgabe zurückzukehren. Der Absprung von der schweren Aufgabe ist leicht; das Loskommen von der leichten Aufgabe schwer. Das erfordert noch mehr Energie, als einfach bei der Bergauf-Tätigkeit zu bleiben.[14] Und das sind nur die kurzfristigen Auswirkungen. Die langfristigen Produktivitätskosten sind sogar noch höher. Wenn wir uns zu früh von den bergauf gehenden Aufgaben abbringen lassen, entsteht ein Muster, das es uns immer schwerer macht, bei einer schwierigen Aufgabe zu bleiben, bevor wir abspringen.

Der Wechsel von Bergauf- zu Bergab-Aufgaben (oder noch schlimmer, zu Nicht-Aufgaben wie zum Beispiel bei Social Media) bewirkt in unserem Gehirn eine Ausschüttung von Dopamin. Das wird als angenehme Belohnung für unser Verhalten registriert. Wir bemerken einen Schub der Erleichterung, wenn wir uns erlauben, von einer schwierigen Aufgabe zu etwas Leichterem überzugehen. Dadurch wird es schwieriger, wieder an die Arbeit zurückzukehren, was es in Folge noch leichter macht, beim nächsten Mal abzuspringen. Dieser heimtückische Zyklus – die Triebfeder jeder Art von Suchtverhalten – lässt unsere Aufmerksamkeitsspanne immer mehr schrumpfen. Es ist wie eine selbstverursachte Aufmerksamkeitsdefizitstörung. Tatsächlich nennt der ADS-Spezialist Edward Hallowell diese erlernte Gewohnheit „Attention Deficit Trait" (Aufmerksamkeitsdefizit-Merkmal) und sagt darüber, man finde es „überall, insbesondere am Arbeitsplatz."[15]

Fokus-Taktiken

Wenn wir unseren Fokus befreien wollen, brauchen wir keinen Isolator wie den von Gernsback. Stattdessen brauchen wir Taktiken, die uns helfen, unseren Fokus wiederzuerlangen, aufrechtzuerhalten und letztlich neu auszurichten. Sie bekommen nun schon genug Schlaf (Kapitel 3) und entziehen sich der Sofort-Kommunikation. Beides ist hilfreich. Es folgen einige weitere Anregungen:

Benutzen Sie Technik zum Verwalten von Technik. Wenn Sie nach „focus apps" oder „Fokus Apps" im Netz recherchieren, werden Sie eine neue Welle von Software-Anwendungen finden, die darauf abzielen, Online-Ablenkungen zu minimieren. Ich verwende derzeit eine namens Freedom, die plattformübergreifend ist und viele Einstellungsmöglichkeiten bietet. Sie ermöglicht es Ihnen, die Anwendungen und Websites anzupassen, auf die Sie in bestimmten Phasen intensiver Arbeit zugreifen können.

Da ich sehr viel online recherchiere, kann ich ohne das Internet nicht gut arbeiten. Ich kann jedoch ein Programm verwenden, um Social-Media-Dienste sowie Nachrichtenseiten und andere nach Aufmerksamkeit heischende Anwendungen vorübergehend zu blockieren, die ich im Moment nicht brauche. Das ist ein großartige Möglichkeit. Nachdem Sie es eine Weile benutzt haben, werden Sie überrascht sein, wie sehr das Ihre zwanghaften Gewohnheiten auf Ihrem Telefon und Computer eindämmt.

Hören Sie die richtige Art von Musik. Musik zu hören mag Ihnen beim Versuch, sich zu konzentrieren kontraproduktiv erscheinen. Besonders wenn Sie Zustände kennen, in denen Sie mentale Energie darauf verwenden, lästige Werbemelodien auszublenden, oder Ihr Hirn versucht, Liedtexte zu verarbeiten, wenn es eigentlich

Wenn wir mit einer schwierigen Aufgabe nicht weiterkommen, ist es verlockend, unserem Gehirn eine Pause zu gönnen, indem wir stattdessen etwas Unterhaltsameres machen gerade mit wichtigeren Dingen beschäftigt ist. Aber Musik bietet auch einige Möglichkeiten, sie vorteilhaft einzusetzen.

Hintergrundmusik, die vertraut, repetitiv, relativ einfach und nicht zu laut ist, kann die Konzentration fördern. Es gibt gute Belege dafür, dass heitere klassische Musik bei der kreativen Arbeit helfen kann.[16] Einige empfehlen sogar Videospiel-Soundtracks. Aber es gibt keine perfekte oder ideale Musikrichtung; da kommt es vor allem auf individuelle Vorlieben an. „Musik, die man mag, verstärkt den Fokus", sagt der Neurowissenschaftler Dean Burnett, „während Musik, die man nicht mag, ihn stört."[17] Für mich sind Barockmusik (wie Bach, Händel oder Telemann) und Film-Soundtracks hilfreich. Musik ist auch nützlich, um Lärm am Arbeitsplatz zu kaschieren, aber man muss darauf achten, dass das nicht selbst zu einer Art Ablenkung wird.

Ich höre Musik, wann immer ich mich aus der äußeren Welt in meine Arbeit zurückziehen möchte. Es gibt Streamingdienste, die speziell ausgewählte Musik übertragen, die Ihre Aufmerksamkeitsspanne verlängert und Ihre Konzentration verbessern kann. Außerdem können Sie damit auch zeitlich festgelegte Arbeitssitzungen einrichten.

Gestalten Sie Ihr Arbeitsumfeld. Sorgen Sie dafür, dass Ihr Umfeld stimmt. Wenn Sie Ihre Umgebung als störend empfinden, denken Sie über eine Veränderung nach. Ein Szenenwechsel kann uns neue Energie geben und die Vertiefung in die Arbeit erleichtern. Das ist einfach, wenn Sie von Zuhause aus arbeiten, aber selbst Büroangestellte haben hier mehr Flexibilität, als ihnen vielleicht bewusst ist.

Ich habe mit einem Redakteur zusammengearbeitet, der immer dann aus seinem Büro umzog, wenn ein Redigier-Marathon anstand: Er bezog dann einen Tisch auf der Terrasse im Freien, einen leeren Konferenzraum oder eine Ecke in der Cafeteria, sofern dort nicht gerade mittäglicher Hochbetrieb herrschte. Er konnte Cafés nicht ausstehen; stattdessen machte er in einem nahegelegenen Zigarrenladen ein Buch nach dem anderen für die Publikation fertig. Die Kunst besteht darin, eine Umgebung zu finden, die zu einem passt.[18] In seinem Buch *Willpower Doesn't Work* erwähnt Benjamin Hardy einen Unternehmer, der nie an zwei aufeinanderfolgenden Tagen am selben Ort arbeitet. Stattdessen hat er mehrere verschiedene Arbeitsbereiche und wechselt diese durch, um den Bedürfnissen seiner Idealen Woche gerecht zu werden.[19]

Die Flucht ist aber nicht die einzige Möglichkeit, Ihren Arbeitsbereich für Sie arbeiten zu lassen. Eine andere besteht darin, Ihren derzeitigen Arbeitsplatz auf Fokus zu optimieren. Eliminieren Sie zum Beispiel Gegenstände, von denen Sie leicht abgelenkt werden, und bemühen Sie sich, Ihren Raum zu verschönern. Bei der Gestaltung des Arbeitsbereichs von Michael Hyatt & Company haben wir einen ruhigen Raum vorgesehen, in dem in Ruhe gearbeitet werden kann. Aber wir haben auch darauf geachtet, dass das gesamte Büro ästhetisch ansprechend gestaltet ist. Niemand muss im Büro arbeiten, aber das gesamte lokale Team verbringt dort jede Woche Zeit, weil es eine optimale Umgebung für Produktivität ist.

Halten Sie Ordnung am Arbeitsplatz. Studien zeigen, dass Unordnung zwar einige Vorteile hat, vor allem bei kreativer Arbeit, aber für konzentriertes Arbeiten sehr ungünstig ist.[20] Wie die Autorin Erin Doland schreibt, fanden Forscher des Princeton Neuroscience Institute heraus: „Wenn Ihre Umgebung unübersichtlich ist, schränkt das Chaos Ihre Fähigkeit zur Konzentration ein. Das Durcheinander vermindert auch die Fähigkeit Ihres Gehirns, Informationen zu verarbeiten. Unordnung führt dazu, dass Sie abgelenkt sind und Informationen nicht so gut verarbeiten können wie in einer übersichtlichen, organisierten und ruhigen Umgebung."[21]

Wenn Sie in einem Messie-Büro arbeiten, ist es an der Zeit aufzuräumen. Es ist mir egal, wie beschäftigt Sie sind: Das ist eine Aufgabe, die Sie definitiv als dringlich und wichtig einstufen sollten. Durcheinander kommt Ihnen in die Quere, ob Sie sich dessen nun bewusst sind oder nicht. Ich empfehle Ihnen, einen Termin mit sich auszumachen und diesen in Ihren Kalender aufzunehmen, um Ihr Büro neu zu organisieren. Wenn das weit außerhalb Ihrer Wunschzone liegt, dann können Sie es vielleicht an jemand anderen delegieren – am besten an jemanden, der sehr ordentlich ist. Das ist gut investierte Zeit (und, falls nötig, auch Geld).

Unordnung bezieht sich auch auf Ihren digitalen Arbeitsbereich. Wenn Ihre Computerdateien überall verstreut sind und Ihre Dateiablage keinem Prinzip und keinem roten Faden folgt, planen Sie etwas Zeit ein, um auch das zu organisieren. Wenn Sie einen Großteil Ihres Lebens am Computer verbringen, sollte er mindestens ebenso aufgeräumt sein wie Ihr Büro.

Steigern Sie Ihre Frustrationstoleranz. Wenn Sie zu schnell und zu häufig zu Bergab-Arbeit überwechseln, können Sie Ihren Fokus verbessern, indem Sie an Ihrer Frustrationstoleranz ansetzen. Je länger Sie sich der Herausforderung wichtiger Bergauf-Aufgaben – und den damit verbundenen unangenehmen Emotionen – stellen können, desto effektiver werden Sie sein und desto wahrscheinlicher werden Sie Ihre Projekte abschließen und Ihre Ziele erreichen.

Der erste Schritt besteht darin, darauf zu achten, wann der Impuls zum Abspringen kommt. Wenn Sie ihn bemerken, können Sie sich dafür entscheiden, ihn zu ignorieren. Und je öfter Sie sich dafür entscheiden, an der schwierigen Aufgabe festzuhalten, desto besser wird Ihre Frustrationstoleranz. So trainieren Sie aktiv Ihren Fokus.[22] Aber wie bemerken Sie diesen Impuls? Wenige Dinge funktionieren da so gut wie eine Kultivierung der

Achtsamkeit. Je mehr wir uns unseres Denkens und unserer Gefühle bewusst sind, desto wahrscheinlicher bemerken wir, wenn wir ängstlich, gestresst oder anderweitig anfällig für Ablenkung sind. Laut Fabritius und Hagemann „hat sich herausgestellt, dass ein Achtsamkeitstraining die Aufmerksamkeitsfähigkeit des Gehirns stärkt, indem es die Fähigkeit erhöht, sowohl innere als auch äußere Ablenkungen zu ignorieren und sich stattdessen auf das zu konzentrieren, was im Moment geschieht."[23] Ich finde das Führen eines Tagebuchs ebenfalls hilfreich, da es mir ermöglicht, zu reflektieren und zu analysieren, was im Hinblick auf meine Leistungsfähigkeit funktioniert hat (und was nicht).

Wir brauchen keinen Isolator

Selbst die Verantwortung für seine Zeit zu übernehmen, kann nicht nur eine Herausforderung sein, sondern einen regelrecht ängstigen. Wer daran gewöhnt ist, den ganzen Tag nur von einem Feuer zum nächsten zu springen und sich dann fragt, ob es möglich ist, sich von all den Störfaktoren abzukapseln, bei dem taucht vielleicht die Frage auf: *Wer löscht all diese Feuer, wenn ich es nicht tue?* Im Lauf der Jahre habe ich gelernt, dass Leistungsträger für alle um sie herum zu den Problemlösern werden. Und wie wir alle wissen, ist die Lösung eines Problems für jemand anderen praktisch ein Garant dafür, dass diese Person in Zukunft mit immer weiteren Problemen zu Ihnen kommen wird.

Wenn Sie frei werden wollen, selbst Ihren Fokus zu setzen, können Sie nicht den ganzen Tag damit verbringen, an den Prioritäten anderer Leute zu arbeiten. So werden Sie nie zu dem kommen, was Sie sich selbst wünschen. Und Sie können es sich auch nicht erlauben, sich von der Leichtigkeit der Bergab-Aufgaben von der Arbeit abbringen zu lassen, die für das Erreichen Ihrer Ziele unerlässlich ist.

Und wo wir schon dabei sind: Nehmen Sie sich eine Minute Zeit und schauen Sie sich Ihre Quartalsziele, Ihre Big 3 der Woche und des Tages durch. Was sind Ihnen diese wert? Was würde die Erreichung dieser Ziele in Ihrem Leben und für Ihr Unternehmen bewirken? Gernsbacks Isolator mag eine clevere Erfindung sein, aber Sie brauchen ihn nicht. Jetzt, da Sie in der Lage sind, Unterbrechungen und Ablenkungen auszuschalten, kann nichts mehr zwischen Sie und Ihre wichtigsten Projekte und Ziele kommen.

STÖRUNGEN AUSSCHALTEN MIT PLAN

Nun sollten Sie die Strategien und Praktiken in diesem Kapitel nutzen, um Ihren persönlichen Aktionsplan zur Minimierung von Störungen zu entwickeln. Laden Sie sich ein Exemplar des Arbeitsblatts Focus Defense unter FreeToFocus.com/tools herunter.

Ihr erstes Ziel ist die Beseitigung von Unterbrechungen. Beginnen Sie mit der Erstellung eines Reminders. Hierbei handelt es sich um eine einfache Erinnerung an Ihre Absicht, eine Anleitung, die Ihnen bei der Umsetzung positiver Maßnahmen helfen soll. In diesem Fall könnte das etwa das Aufhängen eines „Bitte-nicht-stören"-Schilds an Ihrer Tür sein. Listen Sie als nächstes die Hindernisse auf, die Ihnen Ihrer Meinung nach im Weg stehen könnten. Bestimmen Sie dann Ihre Reaktion im Voraus und entwickeln Sie eine Taktik zum proaktiven Handeln.

Wiederholen Sie den gleichen Vorgang für Ablenkungen. Wenn Sie fertig sind, verfügen Sie über eine klare, umsetzbare Strategie, um Zeiträuber ein für alle Mal aus Ihrem Tagesablauf zu verbannen.

Bringen Sie Ihren Fokus auf Touren!

Amateure sitzen herum und warten auf eine Inspiration. Der Rest von uns steht auf und macht sich an die Arbeit.

STEPHEN KING

1816 spannte Francis Ronalds in seinem Hinterhof acht Meilen Draht zwischen zwei Masten. Über den Draht sendete er Signale, welche die Buchstaben des Alphabets codierten und in Echtzeit empfangen und entschlüsselt werden konnten. Vor der Erfindung des Telegrafen durch Ronalds konnten Nachrichten nur so schnell übertragen werden, wie sie physisch über die erforderliche Entfernung abgeliefert werden konnten. Ronalds schrieb an die britische Admiralität eine Nachricht über seinen außerordentlichen Durchbruch und erwartete eine enthusiastische Reaktion. Stattdessen antwortete ihm ein Beamter, die Regierung habe keinen Bedarf für seine Erfindung. Wie der Historiker Ian Mortimer erklärt: „Die Admiralität glaubte, dass das Semaphorsystem, das sie damals vor kurzem eingeführt hatte – das heißt

Männer, die sich gegenseitig mittels Flaggenschwenken Signale gaben – überlegen war."[1] Können Sie das glauben?

Es ist leicht, die Bürokraten zu verspotten, aber wir alle sind anfällig für denselben grundlegenden Fehler. Wir überbewerten unsere aktuellen Systeme und widersetzen uns Veränderungen – selbst wenn diese Veränderungen unmittelbare, lebensverändernde Vorteile mit sich bringen. Ich erzähle diese Geschichte, weil Sie jetzt vor der Wahl stehen: Sie können sich für einen neuen, transformativen Produktivitätsansatz entscheiden – oder Sie können mit Fahnen wedeln. Die alten Methoden zur Steigerung der Produktivität haben uns so weit gebracht, wie sie konnten, und für viele von uns führte das geradewegs in den Burn-out. Es ist Zeit für einen neuen Ansatz. Die Welt hat Ronalds Erfindung aufgegriffen und eine Revolution der Kommunikation in Gang gesetzt, die uns auch heute noch betrifft. Ich möchte, dass Sie sich der Produktivitätsrevolution *Setze deinen Fokus* anschließen.

Wir sind in dieses Buch gestartet mit der ungewöhnlichen Aufforderung zum Stopp. Ich habe Ihnen damals erläutert, dass der beste Anfang in einem Aufhören besteht, weil ich mir sicher war, dass Sie viel zu viel Zeit und Energie für Dinge aufwenden, die letztlich keine Rolle spielen. Aber das war vor langer Zeit. Das war, bevor Sie lernten, wie Sie sich zur Steigerung Ihrer Produktivität Ihr *Warum* klarmachen, bevor Sie lernten, wie Sie die unnötigen Aufgaben und Zeitverschwender aus Ihrem Zeitplan streichen können, bevor Sie lernten, wie Sie all diese Prinzipien am geschicktesten in die Tat umsetzen. Jetzt, ausgerüstet mit all dem Gelernten, ist es an der Zeit *anzufangen*.

Ihr Weg zum Erfolg

Hier finden Sie den kompletten Weg zum Erfolg. Sie können jetzt gleich aufbrechen.

1. **Machen Sie reinen Tisch.** Schaffen Sie sich ein wenig Spielraum, damit Sie sich auf die Umsetzung des *Setze deinen Fokus*-Programms konzentrieren können. Schauen Sie in Ihren Kalender und treffen Sie alle Vorkehrungen, um sich etwas Zeit zu verschaffen. Wenn Sie einen Assistenten haben, binden Sie ihn in den Prozess ein.
2. **Finden Sie Ihre Grundlinie.** Benutzen Sie das am Anfang erwähnte Assessment, um festzustellen, wie produktiv Sie im Moment sind. Sie können es finden auf FreeToFocus.com/assessment.
3. **Definieren Sie die Zielsetzung.** Klären Sie das Ziel ab, das Sie mit Ihrer Produktivität verfolgen. Es geht darum, mehr vom Richtigen zu tun, nicht einfach mehr. Höchstleistung um ihrer selbst willen ist ein Weg zum Burn-out.
4. **Finden Sie Ihren wahren Norden.** Verwenden Sie den Aufgabenfilter und den Freiheitskompass, um herauszufinden, was jetzt für Sie funktioniert und was nicht.
5. **Planen Sie Ihre Freizeit.** Reservieren Sie den Morgen, den Abend und die Wochenenden für die Regeneration, damit Sie über die geistige und seelische Kraft verfügen, die Sie brauchen, um Ihren Fokus zu maximieren.
6. **Streichen Sie das, was nicht gebraucht wird.** Erstellen Sie mit Ihrem Freiheitskompass eine Aufgabenliste und fangen Sie an, alles, was möglich ist, aus Ihrem Kalender und Ihrer Aufgabenliste zu streichen – sowohl Aktuelles als auch Zukünftiges.
7. **Hören Sie auf, über alles nachzudenken.** Schauen Sie sich Ihre regulären Aktivitäten an – besonders morgens und abends und zu Arbeitsbeginn und -ende – und legen Sie einige Rituale fest, die Sie befolgen können. Erfinden Sie das Rad einmal richtig, sodass es immer weiter rollt, auch wenn Sie

gar nicht mehr daran denken. Identifizieren Sie als nächstes drei oder vier notwendige Aufgaben oder Prozesse, die Sie automatisieren können, und fangen Sie sofort damit an.

8. **Geben Sie alles ab, was Sie können.** Beginnen Sie mithilfe der Delegationshierarchie, Aufgaben auf andere Mitglieder Ihres Teams zu übertragen. Sie haben kein Team? Finden Sie freiberufliche Helfer. Je mehr Zeit Sie in Ihrer Wunschzone verbringen, desto größer ist der Beitrag, den Sie leisten, und das bedeutet, dass Sie sich die Hilfe leisten können.

9. **Planen Sie eine ideale Woche.** Die Zukunft ist unklar. Geben Sie ihr einige feste Konturen, indem Sie festlegen, *wann* Sie *was* tun wollen. Das ist der beste Weg, um sicherzustellen, dass Sie über den nötigen Spielraum verfügen und Zeit haben, sich auf das Wesentliche zu konzentrieren.

10. **Gestalten Sie Ihre Woche und Ihren Tag.** Verwenden Sie das Tool des Wochenüberblicks zusammen mit den Big 3 der Woche und des Tages, um Ihre Ziele und Schlüsselprojekte im Auge zu behalten und jeden Tag Ihre wesentlichen Aufgaben erledigen zu können.

11. **Überwinden Sie Unterbrechungen und Ablenkungen.** Unterbrechungen und Ablenkungen können Ihren Tag zum Entgleisen bringen, aber dazu besteht keine Notwendigkeit. Sie haben viel mehr Kontrolle über Störungen, als Ihnen vielleicht bewusst ist. Folgen Sie den Anregungen in Kapitel 9 und machen Sie Schluss damit.

Es kann eine Weile dauern, bis Sie auf Kurs sind, aber Sie haben alles, was Sie dafür brauchen. Als Leistungsträger sind Sie nicht nur bereit für die Herausforderung, sondern auch dafür prädestiniert, daran zu wachsen und die Früchte zu ernten.

Halten Sie den Kurs!

Sobald Sie mit dem *Setze deinen Fokus*-System angefangen haben, sollten Sie den Schwung beibehalten – auch wenn neue Hindernisse und Herausforderungen auftauchen. Denn sie werden auftauchen. Erfolgreiche Menschen sind immer in Bewegung. Halten Sie sich an Ihren Freiheitskompass und lassen Sie sich von ihm durch die Irrungen und Wirrungen führen. Jetzt wissen Sie, wie man navigiert. Wenn Sie auf Hindernisse stoßen, die Ihrer Produktivität im Wege stehen, kommen Sie einfach auf die drei primären Schritte des Systems zurück: Stopp, Schnitt und Handeln. Diese Schritte sorgen für eine rasche Kurskorrektur, damit Sie auch bei Hochbetrieb auf Ihrem Weg bleiben.

Stopp. Niemand trifft im Trubel der Betriebsamkeit kluge Entscheidungen. Drücken Sie stattdessen den Pause-Knopf. Verlassen Sie Ihren Schreibtisch. Machen Sie einen Spaziergang. Schlafen Sie ausgiebig – was immer nötig ist, um den Kopf frei zu bekommen. Dann evaluieren Sie. Denken Sie über Ihr wahres Ziel nach, machen Sie sich klar, warum es wichtig ist, und überlegen Sie, welche Änderungen Sie an Ihrer Strategie vornehmen müssen, um es zu erreichen.

Schnitt. Wahrscheinlich haben Sie nicht nur einfach das Gefühl, zu viel zu tun zu haben – Sie haben tatsächlich zu viel zu tun. Selbst nachdem Sie das *Setze deinen Fokus*-System eingeführt haben, werden Sie vielleicht noch feststellen, dass sich immer wieder Aufgaben auf Ihre Liste schleichen, die sich langsam negativ auf Ihre Produktivität auswirken. Nutzen Sie das, was Sie gelernt haben, um so viele dieser Aufgaben wie möglich zu eliminieren, zu automatisieren und zu delegieren.

Handeln. Nun, da Sie einen klaren Weg vor Augen haben, ist es Zeit, ihn zu beschreiten. Der Anfang ist die halbe Miete, also ermitteln Sie die nächsten Schritte, die Ihnen so viel Dynamik geben sollten wie möglich. In der anderen Hälfte der Schlacht geht es darum, den Fokus beizubehalten. Unterbrechungen und Ablenkungen können selbst Ihre besten Bemühungen sabotieren. Identifizieren Sie Strategien, die Sie anwenden, um konzentriert zu bleiben – ob Sie nun Ihre Benachrichtigungen abschalten oder ein „Bitte-nicht-stören"-Schild an Ihre Bürotür hängen. Sie werden erstaunt sein, wie viel Sie erreichen können, wenn Sie Kontrolle über Ihren Fokus haben.

Denken Sie an das Zitat von Herbert Simon am Anfang des Buches: „Informationen verbrauchen die Aufmerksamkeit ihrer Empfänger." Wir arbeiten in der Ablenkungsökonomie. Aufmerksamkeit ist eine knappe Ressource und fast jeder da draußen versucht, Ihren Fokus für sich selbst zu nutzen. Wenn Sie nicht vorsichtig sind, werden Sie Ihre wertvollste Ressource dafür ausgeben, die Ziele eines anderen umzusetzen.

Die Lösung besteht darin, Ihren Fokus bewusst dafür zu nutzen, Fortschritte mit Maßnahmen und Projekten zu erzielen, die Ihren eigenen Erfolg vorantreiben. Das ist es, was *Setze deinen Fokus* Ihnen gezeigt hat. Genauso wichtig ist, dass es Ihnen beigebracht hat, wie Sie endlich Ihre Freizeit zurückgewinnen können. 40 (oder noch weniger) Stunden Arbeitszeit pro Woche bedeutet, dass Sie genügend Zeit haben, um in Ihre wichtigsten Beziehungen, Ihre Gesundheit, Ihre Hobbys und all die anderen Dinge zu investieren, die Sie auf lange Sicht fit, wach und produktiv halten.

Beginnen Sie also mit der Umsetzung. Beginnen Sie damit, die Kontrolle über Ihren Zeitplan zu übernehmen und Ihre Energie für die Dinge zu maximieren, die wirklich wichtig sind. Beginnen Sie in Ihrem Unternehmen eine Produktivitätsrevolution. Beginnen Sie damit, mehr zu erreichen, indem Sie weniger tun.

Danksagung

Schreiben ist harte, anstrengende Arbeit. Sie erfordert Jahre (und manchmal Jahrzehnte) an Recherche, Praxis, Feedback und Überarbeitung – besonders ein praxisbezogenes Buch wie dieses, das den Lesern in Aussicht stellt, mehr mit weniger zu erreichen. Dieses Buch würde nicht existieren ohne den Einfluss meiner Mentoren, Kollegen, Kunden, Klienten und meiner Familie.

Ich habe viele Mentoren, von deren Büchern, Workshops und persönlichem Coaching ich profitiert habe. Dazu gehören David Allen, Ken Blanchard, Larry Bossidy, Stephen R. Covey, Charles Duhigg, Carol Dweck, Peter F. Drucker, Todd Duncan, Tim Ferriss, Daniel Harkavy, Charles Hobbs, Gary Keller, Jim Loehr, Leslie H. Matthies, Chris McChesney, Greg McKeown, Dan Meub, Ilene Muething, Cal Newport, Hyrum W. Smith, Dan Sullivan, Rory Vaden und Stephanie Winston. Meine Arbeit baut auf dem auf, was Ihr geschaffen habt.

Joel Miller, unser Chief Content Officer bei Michael Hyatt & Company, entwarf das Manuskript unter Verwendung des Inhalts meines Free-to-Focus-Kurses, verschiedener Blog-Beiträge, Podcasts und Webinare sowie meiner Interaktionen mit Studierenden sowohl online als auch offline. Er (und sein Mitarbeiter Allen Harris) arbeiteten unermüdlich daran, dieses Projekt inmitten einer für unser Unternehmen ungewöhnlich arbeitsreichen Zeit fertigzustellen. Ich bin dankbar für Joels Fähigkeit, meine Inhalte zu analysieren, zusammenzustellen und in die endgültige Form zu bringen.

Mein literarischer Agent, Bryan Norman von Alive Communications, ist ein unschätzbarer Teil unseres Teams. Er ist mein vertrauter Berater bei all meinen Veröffentlichungen. Er ist nicht nur extrem klug, sondern auch überaus reaktionsschnell und makellos in der Ausführung. Sein schneller Verstand und seine Unbeschwertheit sind das Sahnehäubchen auf dem Kuchen.

Meinem Herausgeber, Chad Allen, bin ich dankbar für seinen Weitblick, seinen kreativen Input und seine Geduld bei der Zusammenarbeit mit Joel und mir bei diesem Projekt. Sein Enthusiasmus war ansteckend und lieferte den kreativen Treibstoff, den wir brauchten, um es über die Ziellinie zu bringen.

Ich möchte auch all meinen Freunden von Baker Books danken, darunter Dwight Baker, Brian Vos, Mark Rice, Patti Brinks und Barb Barnes. Dies ist unser drittes gemeinsames Projekt und es werden noch einige weitere folgen. Ich bin zutiefst dankbar für unsere Verlagspartnerschaft. Als Autor könnte ich nicht glücklicher sein.

Meine Frau Gail ist eine ständige Quelle der Ermutigung. Nichts schafft es jemals in den Druck ohne ihren Beitrag. Alle meine Ideen prüfe ich zuerst an ihr. Dankenswerterweise unterstützt sie mich mit Freuden. Auch hält sie sich nicht zurück, ihre Meinung zu äußern – hilft mir, besser zu werden. Sie fordert mich ständig heraus, die Dinge klarer, einfacher und überzeugender zu sagen.

Es ist schwierig, ohne einen großartigen Assistenten maximale Produktivität zu erreichen. In meinem fast vier Jahrzehnte währenden Berufsleben sind drei davon als außergewöhnlich zu bezeichnen. Tricia Sciortino war meine erste virtuelle Assistentin. Durch ihr eigenes Beispiel hat sie gezeigt, dass Assistenten zu weit mehr fähig sind, als ich je für möglich gehalten hätte. Es ist nicht überraschend, dass sie heute Präsidentin von Belay Solutions ist, dem weltweit führenden Anbieter von Dienstleistungen für virtuelle Assistenten.

Nach Tricia war Suzie Barbour meine Assistentin. Auch sie hat eine erstaunliche Arbeit geleistet – so sehr, dass wir sie zur Leiterin unseres internen Pools von Assistenten befördert haben. Dann haben wir sie erneut befördert. Gegenwärtig ist sie unsere Betriebsdirektorin. Sie übertrifft weiterhin meine Erwartungen und legt die Messlatte höher für das, was möglich ist.

Jim Kelly ist mein derzeitiger Assistent. Er erkennt meine Bedürfnisse, und zwar nicht nur bevor ich sie artikuliere, sondern oft schon, bevor ich mir ihrer überhaupt bewusst bin. Meine einzige Erklärung ist, dass er Gedanken lesen kann. All dies tut er mit ungewöhnlicher Professionalität und Freundlichkeit und ganz ohne Drama.

Mein besonderer Dank gilt den Absolventen meines Onlinekurses *Free to Focus* und den Kunden von BusinessAccelerator, einschließlich derer, die ihre Geschichten für dieses Buch beigesteuert haben: Rene Banglesdorf, Roy Barberi, Mariel Diaz, Matt Lapp, Caleb Roney und Stephen Roney. Sie sind mehr als nur Kunden und Klienten – Sie sind meine Lehrer.

Schließlich wäre ich nachlässig, wenn ich mein fantastisches Team bei Michael Hyatt & Company nicht erwähnen würde. Sie inspirieren mich jeden Tag und ermöglichen es mir, das zu tun, was ich am besten kann. Sie sind wirklich das beste Team der Welt. Dazu gehören Adam Hill, Aleshia Curry, Andrew Fockel, Chad Cannon, Charae Price, Courtney Baker, Danielle Rodgers, Dave Yankowiak, Deidra Romero, Jamie Cartwright, Jamie Hess, Jeremy Lott, Jim Kelly, Joel Miller, John Meese, Justin Barbour, Kyle Wyley, Larry Wilson, Mandi Rivieccio, Megan Hyatt Miller, Megan Greer, Mike „Verbs" Boyer, Mike Burns, Neal Samudre, Sarah McElroy, Susan Caldwell und Suzie Barbour.

Quellen

In den Fokus gerückt

1. Herbert A. Simon, Designing Organizations for an Information-Rich World, *Computers, Communication, and the Public Interest*, Hg. Martin Greenberger (Baltimore: Johns Hopkins Press, 1971), 40.
2. Oliver Burkeman, Attentional Commons, *New Philosopher*, August–Oktober 2017.
3. Richard Ovenden, Virtual Memory: The Race to Save the Information Age, *Financial Times*, 19. Mai 2016, www.ft.com/content/907fe3a6-1ce3-11e6-b286-cddde55ca122.
4. Brian Dumaine, The Kings of Concentration, *Inc.*, Mai 2014, www.inc.com/magazine/201405/brian-dumaine/how-leaders-focus-with-distractions.html.
5. Rachel Emma Silverman, Workplace Distractions: Here's Why You Won't Finish This Article, *Wall Street Journal*, 11. Dezember, 2012, www.wsj.com/articles/SB10001424127887324339204578173252223022388.
6. Silverman, Workplace Distractions.
7. Brent D. Peterson und Gaylan W. Nielson, *Fake Work* (New York: Simon Spotlight Entertainment, 2009), xx.
8. Susanna Huth, Employees Waste 759 Hours Each Year Due to Workplace Distractions, *London Telegraph*, 22. Juni 2015, www.telegraph.co.uk/finance/jobs/11691728/Employees-waste-759-hours-each-year-due-to-workplace-distractions.html. Brigid Schulte, "Work Interruptions Can Cost You 6 Hours a Day," *Washington Post*, June 1, 2015, www.washingtonpost.com/news/inspired-life/wp/2015/06/01/interruptions-at-work-can-cost-you-up-to-6-hours-a-day-heres-how-to-avoid-them.
9. Jonathan B. Spira, *Overload!* (New York: Wiley, 2011), xiv.

10. Joseph Carroll, Time Pressures, Stress Common for Americans, Gallup, 2. Januar 2008, news.gallup.com/poll/103456/Time-Pressures-Stress-Common-Americans.aspx.
11. Maurie Backman, Work-Related Stress: Is Your Job Making You Sick? *USA Today*, 10. Februar 2018, www.usatoday.com/story/money/careers/2018/02/10/is-your-job-making-you-sick/110121176/.
12. Jennifer J. Deal, Always On, Never Done? Center for Creative Leadership, August 2013, 3.amazonaws.com/s3.documentcloud.org/documents/1148838/always-on-never-done.pdf.
13. Patricia Reaney, Love Them or Loathe Them, Emails Are Here to Stay, Reuters, 26. August 2015, www.reuters.com/article/usa-work-emails/love-them-or-loathe-them-emails-are-here-to-stay-survey-idUSL1N10Z29D20150826.
14. Nach derselben Umfrage checken fast 8 Prozent der Befragten ihre Arbeitsmails bei der Einschulung ihrer Kinder und mehr als 6 Prozent auf Hochzeiten. 4 Prozent checken Mails, während die Partnerin in den Wehen liegt und einige tun es sogar auf Beerdigungen. Melanie Hart, Hail Mail or Fail Mail? *TechTalk*, 24. Juni 2015, techtalk.gfi.com/hail-mail-or-fail-mail.
15. Lewis Carroll, *Alice hinter den Spiegeln (Insel Verlag, 1974).*, 42.
16. Alan Schwarz, Workers Seeking Productivity in a Pill Are Abusing A.D.H.D. Drugs, *New York Times*, 18. April 2015, www.nytimes.com/2015/04/19/us/workers-seeking-productivity-in-a-pill-are-abusing-adhd-drugs.html. Carl Cederström, "Like It or Not, 'Smart Drugs' Are Coming to the Office," *Harvard Business Review*, May 19, 2016, hbr.org/2016/05/like-it-or-not-smart-drugs-are-coming-to-the-office. Andrew Leonard, How LSD Microdosing Became the Hot New Business Trip, *Rolling Stone*, 20. November 2015, www.rollingstone.com/culture/features/how-lsd-microdosing-became-the-hot-new-business-trip-20151120. Lila MacLellan, The Science behind the 15 Most Common Smart Drugs, *Quartz*, 20. September 2017, qz.com/1064224/the-science-behind-the-15-most-common-smart-drugs/.
17. Burkeman, Attentional Commons.

Kapitel 1: Visionieren

1. Zitiert in Nikil Saval, *Cubed: A Secret History of the Workplace* (New York: Doubleday, 2014), 50. Mehr zu Taylor und Taylorismus auf den Seiten 45–62. Taylors Schüler weiteten seinen Ansatz später auf Büroangestellte aus und untersuchten, wie lange sie für einfache Tätigkeiten wie das Öffnen von Schreibtischschubladen oder das Drehen in einem Bürostuhl brauchten. (Falls Sie sich fragen, wie lange: 4 bzw. 0,9 Sekunden. „Taylor und seine Schüler machten Effizienz zu einer Wissenschaft, " sagt Jeremy Rifkin. „Sie haben ein neues Ethos begründet. So konnte Effizienz offiziell zum wichtigsten

Wert der heutigen Zeit werden." Siehe Rifkin, *Time Wars* (New York: Touchstone, 1989), 131–32.
2. Lydia Saad, The '40-Hour' Workweek Is Actually Longer—by Seven Hours, Gallup, 29. August 2014, news.gallup.com/poll/175286/hour-workweek-actually-longer-seven-hours.aspx.https://www.baua.de/DE/Angebote/Publikationen/Berichte/F2398-4.pdf?__blob=publicationFile&v=7
3. Heather Boushey und Bridget Ansel, Overworked America, Washington Center for Equitable Growth, Mai 2016, cdn.equitablegrowth.org/wp-content/uploads/2016/05/16164629/051616-overworked-america.pdf.
4. Leslie A. Perlow und Jessica L. Porter, Making Time Off Predictable—and Required, *Harvard Business Review*, Oktober 2009, hbr.org/2009/10/making-time-off-predictable-and-required.
5. Josef Pieper, *Leisure as the Basis of Culture*, übersetzt von Alexander Dru (San Francisco: Ignatius, 2009), 20.
6. "The North American Workplace Survey," WorkplaceTrends, 29. Juni 2015, workplacetrends.com/north-american-workplace-survey/.
7. The Employee Burnout Crisis: Study Reveals Big Workplace Challenge in 2017, Kronos, 9. Januar 2017, www.kronos.com/about-us/newsroom/employee-burnout-crisis-study-reveals-big-workplace-challenge-2017.
8. Willis Towers Watson, Global Benefits Attitudes Survey 2015/16, www.willistowerswatson.com/en/insights/2016/02/global-benefit-attitudes-survey-2015-16.
9. Michael Blanding, National Health Costs Could Decrease If Managers Reduce Work Stress, Harvard Business School Working Knowledge, 26. Januar 2015, hbswk.hbs.edu/item/national-health-costs-could-decrease-if-managers-reduce-work-stress.
10. Chris Weller, Japan Is Facing a 'Death by Overwork' Problem, *Business Insider*, 18. Oktober 2017, www.businessinsider.com/what-is-karoshi-japanese-word-for-death-by-overwork-2017-10. Jake Adelstein, der in einem japanischen Medienunternehmen gearbeitet hat, schreibt in einem Artikel, 80 bis 100 Wochenstunden seien Routine: Japan Is Literally Working Itself to Death: How Can It Stopp? *Forbes*, 20. Oktober 2017, www.forbes.com/sites/adelsteinjake/2017/10/30/japan-is-literally-working-itselfto-death-how-can-it-stop.
11. Man on Cusp of Having Fun Suddenly Remembers Every Single One of His Responsibilities, *Onion*, 30. Mai 2013, www.theonion.com/article/man-on-cusp-of-having-fun-suddenly-remembers-every-32632.
12. Liz Alderman, In Sweden, an Experiment Turns Shorter Workdays into Bigger Gains, *New York Times*, 20. Mai 2016, www.nytimes.com/2016/05/21/business/international/in-sweden-an-experiment-turns-shorter-workdays-into-bigger-gains.html.
13. Ford Factory Workers Get 40-Hour Week, History.com, www.history.com/this-day-in-history/ford-factory-workers-get-40-hour-week.

14. "Ford Factory Workers," History.com.
15. Basil the Great, Letter 2 (to Gregory of Nazianzus), übersetzt von Roy J. Deferrari (Cambridge: Harvard University Press, 1926), Loeb 190, 1.9.

Kapitel 2: Evaluieren

1. Siehe dazu Anders Ericsson und Robert Pool, *Peak* (New York: Houghton Mifflin Harcourt, 2016). auch Mihaly Csikszentmihalyi, *Flow* (New York: Harper Perennial, 2008).
2. Siehe Tom Rath, *StrengthsFinder 2.0* (New York: Gallup, 2007), 105–8.
3. Um das Thema der einschränkenden Glaubenssätze zu vertiefen, *siehe* „Step 1: Believe the Possibility" in meinem Buch, *Your Best Year Ever* (Grand Rapids: Baker Books, 2018), 25–62. Der Abschnitt enthält auch eine Anleitung zur Umwandlung einschränkender Glaubenssätze in befreiende Wahrheiten.

Kapitel 3: Regenerieren

1. Alexandra Michel, Participation and Self-Entrapment, *The Sociological Quarterly* 55, 2014, alexandramichel.com/Self-entrapment.pdf.
2. John M. Nevison, Overtime Hours: The Rule of Fifty, New Leaf Management, Dezember 1997.
3. Morten T. Hansen, *Great at Work* (New York: Simon and Schuster, 2018), 46. Ausgehend von seinen Forschungen, kommt Hansen zu dem Schluss, dass es zwar prinzipiell möglich sei, mehr als 50 Stunden pro Woche effektiv zu arbeiten, er rät jedoch davon ab. Der Kognitionspsychologe Daniel J. Levitin schreibt dazu: „Eine 60-Stunden-Woche ist zwar 50 % länger als eine 40-Stunden-Woche. Dadurch sinkt aber die Produktivität um 25 %, sodass man zwei Überstunden braucht um so viel Arbeit zu erledigen wie sonst in einer Stunde." *The Organized Mind* (New York: Dutton, 2016), 307.
4. Sarah Green Carmichael, The Research Is Clear: Long Hours Backfire for People and for Companies, *Harvard Business Review*, 19. August 2015, hbr.org/2015/08/the-research-is-clear-long-hours-backfire-for-people-and-for-companies.
5. Bambi Francisco Roizen, Elon Musk: Work Twice as Hard as Others, Vator. TV, 23. Dezember 2010, vator.tv/news/2010-12-23-elon-musk-work-twice-as-hard-as-others.
6. Michael D. Eisner, *Work in Progress* (New York: Hyperion, 1999), 301.
7. Jeffrey M. Jones, In U.S., 40 % Get Less Than Recommended Amount of Sleep, Gallup, 19. Dezember 2013, news.gallup.com/poll/166553/less-recommended-amount-sleep.aspx.

8. Diane S. Lauderdale et al., Objectively Measured Sleep Characteristics among Early-Middle-Aged Adults, *American Journal of Epidemiology* 164, Nr. 1 (1. Juli 2006), academic.oup.com/aje/article/164/1/5/81104.
9. Tanya Basu, CEOs Like PepsiCo's Indra Nooyi Brag They Get 4 Hours of Sleep. That's Toxic, *The Daily Beast*, 11. August 2018, www.thedailybeast.com/ceos-like-pepsicos-indra-nooyi-brag-they-get-4-hours-of-sleep-thats-to xic. Katie Pisa, Why Missing a Night of Sleep Can Damage Your IQ, CNN, 20. April 2015, www.cnn.com/2015/04/01/business/sleep-and-leadership. Geoff Colvin, Do Successful CEOs Sleep Less Than Everyone Else? *Fortune*, 18. November 2015, fortune.com/2015/11/18/sleep-habits-donald-trump. Einer Studie zufolge schlafen 42 Prozent der Führungskräfte höchstens sechs Stunden pro Nacht. Christopher M. Barnes, Sleep Well, Lead Better, *Harvard Business Review*, September–Oktober 2018.
10. Nick van Dam and Els van der Helm, The Organizational Cost of Insufficient Sleep, *McKinsey Quarterly*, Februar 2016, www.mckinsey.com/business-functions/organization/our-insights/the-organizational-cost-of-insufficient-sleep.
11. N. J. Taffinder et al., Effect of Sleep Deprivation on Surgeons' Dexterity on Laparoscopy Simulator, *The Lancet*, 10 Oktober 1998, www.thelancet.com/pdfs/journals/lancet/PIIS0140673698000348.pdf.
12. Maggie Jones, How Little Sleep Can You Get Away With? *New York Times Magazine*, 15. April 2011, www.nytimes.com/2011/04/17/magazine/mag-17Sleep-t.html.
13. Zu diesem und verwandten Themen *siehe* Shawn Stevenson, *Sleep Smarter* (New York: Rodale, 2016); David K. Randall, *Dreamland* (New York: Norton, 2012); und Penelope A. Lewis, *The Secret World of Sleep* (New York: Palgrave Macmillan, 2014).
14. Lewis, *The Secret World of Sleep*, 18.
15. Jeff Bezos, Why Getting 8 Hours of Sleep Is Good for Amazon Shareholders, Thrive Global, 30. November 2016, www.thriveglobal.com/stories/7624-jeff-bezos-why-getting-8-hours-of-sleep-is-good-for-amazon-shareholders.
16. Matthew J. Belvedere, Why Aetna's CEO Pays Workers Up to $500 to Sleep, CNBC, 5. April 2016, www.cnbc.com/2016/04/05/why-aetnas-ceo-pays-workers-up-to-500-to-sleep.html.
17. Alex Hern, Netflix's Biggest Competitor? Sleep, *Guardian*, 18. April 2017, www.theguardian.com/technology/2017/apr/18/netflix-competitor-sleep-uber-facebook.
18. Alex Soojung-Kim Pang, *Pause* (New York: Basic, 2016), 110–128.
19. Barbara Holland, *Endangered Pleasures* (Boston: Little, Brown, 1995), 38.
20. Für die Optimierung des Nachtschlafs empfehle ich Shawn Stevensons *Sleep Smarter* and für das Thema Mittagschlaf Sara C. Mednicks *Take a Nap! Change Your Life* (New York: Workman, 2006).
21. Just One-in-Five Employees Take Actual Lunch Break, Right Management ThoughtWire, 16. Oktober 2012, www.right.com/wps/wcm/connect/right-us-

en/home/thoughtwire/categories/media-center/Just+OneinFive+Employees+Take+Actual+Lunch+Break.
22. We're Not Taking Enough Lunch Breaks. Why That's Bad for Business, NPR, 5. März 2015, www.npr.org/sections/thesalt/2015/03/05/390726886/were-not-taking-enough-lunch-breaks-why-thats-bad-for-business.
23. Physical Activity and Health, Centers for Disease Control and Prevention, 13. Februar 2018, www.cdc.gov/physicalactivity/basics/pa-health/index.htm.
24. Physical Activity and Health, CDC.
25. Ben Opipari, Need a Brain Boost? Exercise, *Washington Post*, 27. Mai 2014, www.washingtonpost.com/lifestyle/wellness/need-a-brain-boost-exercise/2014/05/27/551773f4-db92-11e3-8009-71de85b9c527_story.html.
26. Russell Clayton, How Regular Exercise Helps You Balance Work and Family," *Harvard Business Review*, 3. Januar 2014, hbr.org/2014/01/how-regular-exercise-helps-you-balance-work-and-family.
27. Clayton, Regular Exercise.
28. Tom Jacobs, Want to Get Rich? Get Fit, *Pacific Standard*, 31. Januar 2014, psmag.com/social-justice/want-get-rich-get-fit-72515.
29. Henry Cloud, *The Power of the Other* (New York: Harper Business, 2016), 9, 81.
30. Emily Stone, Sitting Near a High-Performer Can Make You Better at Your Job, *KelloggInsight*, 8. Mai 2017, insight.kellogg.northwestern.edu/article/sitting-near-a-high-performer-can-make-you-better-at-your-job.
31. Cloud, *Power of the Other*, 81.
32. Stone, Sitting Near a High-Performer Can Make You Better at Your Job.
33. Virginia Postrel, *The Future and Its Enemies* (New York: Free Press, 1998), 188.
34. Stuart Brown, *Play* (New York: Avery, 2010), 127.
35. Jeremy Lott, Hobbies of Highly Effective People, MichaelHyatt.com, 7. November 2017, michaelhyatt.com/hobbies-and-effectiveness/.
36. Paul Johnson, *Churchill* (New York: Penguin, 2009), 128, 163.
37. Winston S. Churchill, *Painting as a Pastime* (London: Unicorn, o. J.). Der Text wurde 1948 geschrieben.
38. Shirley S. Wang, Coffee Break? Walk in the Park? Why Unwinding Is Hard, *Wall Street Journal*, 30. August 2011, www.wsj.com/articles/SB10001424053111904199404576538260326965724.
39. Chris Mooney, Just Looking at Nature Can Help Your Brain Work Better, Study Finds, *Washington Post*, 26. Mai 2015, www.washingtonpost.com/news/energy-environment/wp/2015/05/26/viewing-nature-can-help-your-brain-work-better-study-finds/.
40. Ruth Ann Atchley et al., Creativity in the Wild: Improving Creative Reasoning through Immersion in Natural Settings, *PLOS One* 7, Nr. 12 (12.

Dezember 2012), journals.plos.org/plosone/article?id=10.1371/journal.pone.0051474.
41. Netta Weinstein, Andrew K. Przybylski und Richard M. Ryan, Can Nature Make Us More Caring? *Personality and Social Psychology Bulletin*, 5. August 2009, journals.sagepub.com/doi/abs/10.1177/0146167209341649. Diane Mapes, Looking at Nature Makes You Nicer, NBCNews.com, 14. Oktober 2009, www.nbcnews.com/id/33243959/ns/health-behavior/t/looking-nature-makes-you-nicer.
42. Jill Suttie, How Nature Can Make You Kinder, Happier, and More Creative, *Greater Good*, 2. März 2016, greatergood.berkeley.edu/article/item/how_nature_makes_you_kinder_happier_more_creative. Cecily Maller et al., Healthy Nature Healthy People: 'Contact with Nature' as an Upstream Health Promotion Intervention for Populations, *Health Promotion International* 21, Nr. 1 (März 2006), academic.oup.com/heapro/article/21/1/45/646436. "How Does Nature Impact Our Wellbeing?" *Taking Charge of Your Health & Wellbeing* (University of Minnesota), www.takingcharge.csh.umn.edu/enhance-your-wellbeing/environment/nature-and-us/how-does-nature-impact-our-wellbeing.
43. Unplugged for 24 hours, *New Philosopher*, Februar–April 2016.

Kapitel 4: Eliminieren

1. Steve Turner, *Beatles '66* (New York: Ecco, 2016), 47.
2. Wie Friederike Fabritius und Hans W. Hagemann sagen: „Niemand stellt in Frage, dass Sie keine Zeit haben, wenn Sie sich gerade in einem wichtigen Meeting befinden, aber oft herrscht die unausgesprochene Erwartung, dass Sie verfügbar sind, wenn Sie gerade kein Meeting haben. Doch wenn Sie sich konzentrieren müssen, haben Sie eben auch ein wichtiges Meeting – mit sich selbst." *Neurohacks: Gehirngerecht und glücklich arbeiten (Campus Verlag, 2009).*
3. -5. William Ury, *Nein sagen und trotzdem erfolgreich verhandeln: Von Autor des Harvard-Konzepts (Campus Verlag, 2009).*

Kapitel 5: Automatisieren

1. Ritual, Dictionary.com, www.dictionary.com/browse/ritual.
2. Mason Currey, *Daily Rituals* (New York: Knopf, 2015), xiv. Siehe auch Pangs Beitrag zu Morgenroutinen in *Pause*.
3. Atul Gawande, The Checklist, *New Yorker*, 10. Dezember 2007, www.newyorker.com/magazine/2007/12/10/the-checklist. See also Gawande's book, *The Checklist Manifesto* (New York: Metropolitan Books, 2009).

Kapitel 6: Delegieren

1. Ashley V. Whillans et al., Buying Time Promotes Happiness, *PNAS*, 8. August 2017, www.pnas.org/content/114/32/8523.
2. Übernommen von Stephanie Winston, *The Organized Executive* (New York: Norton, 1983), 249–50.

Kapitel 7: Verdichten

1. John Naish, "Is Multi-tasking Bad for Your Brain? Experts Reveal the Hidden Perils of Juggling Too Many Jobs," *Daily Mail*, August 11, 2009, www.dailymail.co.uk/health/article-1205669/Is-multi-tasking-bad-brain-Experts-reveal-hidden-perils-juggling-jobs.html.
2. Konzentriert arbeiten: Regeln für eine Welt voller Ablenkungen (Redline Verlag, 2017).
3. Christine Rosen, The Myth of Multitasking, *New Atlantis*, Nr. 20, Frühling 2008, www.thenewatlantis.com/publications/the-myth-of-multitasking.
4. Rosen, Myth of Multitasking.
5. Heute produzieren wir für unseren Podcast *Lead to Win* drei oder vier Episoden auf einmal. Ein Tag im Monat ist dafür reserviert.
6. Jason Fried und David Heinemeier, *ReWork* (New York: Crown Business, 2010), 105.
7. Silverman, Workplace Distractions.
8. William Shakespeare, *Wie es euch gefällt 2.7.*
9. Die Hintergrundgeschichte zum Zitat finden Sie bei Garson O'Toole: Plans Are Worthless, But Planning Is Everything, *Quote Investigator*, 18. November 2017, quoteinvestigator.com/2017/11/18/planning.
10. Auf das Konzept der Idealen Woche bin ich zum ersten Mal in Todd Duncans Arbeit gestoßen, hier vor allem: *Time Traps* (Nashville: Thomas Nelson, 2006). Außerdem in Stephanie Winstons *The Organized Executive* (New York: Warner Books, 1994). Ich habe diese Idee im Laufe der Zeit in meine eigene Praxis übernommen und wende sie auch in der Arbeit mit meinen Klienten an.
11. Pang, *Pause: Tue weniger, erreiche mehr (*Arkana, 2017*)*
12. Daniel H. Pink, *When: Der richtige Zeitpunkt (*Ecowin Verlag, 2018*)*. Vgl. auch Pang in *Pause: Tue weniger, erreiche mehr*; siehe hier seine Ausführungen zu Rhythmen.
13. Rosen, Myth of Multitasking.

Kapitel 8: Organisieren

1. Air Traffic Organization, *Air Traffic by the Numbers*, Federal Aviation Administration, Oktober 2017, www.faa.gov/air_traffic/by_the_numbers/media/Air_Traffic_by_the_Numbers_2017_Final.pdf.
2. Kiera Butler et al., Harrowing, Heartbreaking Tales of Overworked Americans, *Mother Jones*, Juli/August 2011, www.motherjones.com/politics/2011/06/stories-overworked-americans.
3. Matt Potter, Harrowing Tales of Lindbergh Field Air Traffic, *San Diego Reader*, 6. Dezember 2013, www.sandiegoreader.com/news/2013/dec/06/ticker-harrowing-tales-lindbergh-field-landings.
4. J. D. Meier stellt ein ähnliches Konzept vor in seinem Buch *Getting Results the Agile Way* (Bellevue: Innovative Playhouse, 2010), 56, 88.
5. Siehe Stephen R. Covey, *The 7 Habits of Highly Effective People* (New York: Simon and Schuster, 2004), 160ff; Stephen R. Covey, A. Roger Merrill und Rebecca R. Merrill, *First Things First* (New York: Fireside, 1994), 37ff. Das einfache Vier-Zonen-Diagramm wurde von Covey entwickelt in Anlehnung an General Eisenhowers Zitat eines unbekannten College-Professors: „‚Es gibt zwei Sorten von Problemen: dringliche und wichtige. Die dringlichen sind nicht wichtig und die wichtigen sind nie dringlich.' Ich denke, das beschreibt das Dilemma des modernen Menschen." Dwight D. Eisenhower, Address at the Second Assembly of the World Council of Churches, Evanston, Illinois, 19. August 1954, www.presidency.ucsb.edu/documents/address-the-second-assembly-the-world-council-churches-evanston-illinois.
6. Meier stellt eine Version dieses Konzepts vor in *Getting Results the Agile Way*, 56, 65. Er nennt es die Regel der Drei und sagt, es funktioniere, drei Fokusobjekte zu wählen, da unser Gehirn normalerweise mit Dreiergruppen arbeitet. *Siehe* Chris Bailey, *The Productivity Project* (New York: Crown Business, 2016), 40.
7. Gwen Moran, What Successful Leaders' To-Do Lists Look Like, *Fast Company*, 25. März 2014, www.fastcompany.com/3028094/what-successful-leaders-to-do-lists-look-like.
8. Christina DesMarais, The Daily Habits of 35 People at the Top of Their Game, *Inc.*, 13. Juli 2015, www.inc.com/christina-desmarais/the-daily-habits-of-35-people-at-the-top-of-their-game.html.
9. Seneca, *On the Shortness of Life*, trans. C. D. N. Costa (New York: Penguin, 2005), 1-2, 4.

Kapitel 9: Aktivieren

1. Matt Novak, "Thinking Cap", *Pacific Standard*, 2. Mai 2013, psmag.com/environment/thinking-cap-gernsback-isolator-56505.
2. Nikil Saval geht in seinem Buch *Cubed* auf die Geschichte dieses Trends ein und Cal Newport beschreibt die Auswirkungen auf die Konzentration in *Konzentriert arbeiten: Regeln für eine Welt voller Ablenkungen*.
3. Can We Chat? Instant Messaging Apps Invade the Workplace, *ReportLinker*, 8. Juni 2017, www.reportlinker.com/insight/instant-messaging-apps-invade-workplace.html.
4. Zum ersten Mal habe ich angefangen, über die Auswirkungen von Sofort- und verzögerten Nachrichtendiensten nachzudenken, als ich 2017 die negativen Auswirkungen von Sofortnachrichten auf mein Team bemerkte. *Siehe* Allan Christensen, How Doist Makes Remote Work Happen, ToDoist Blog, 25 Mai 2017, blog.todoist.com/2017/05/25/how-doist-works-remote; Amir Salihefendic, Why We're Betting Against Real-Time Team Messaging, Doist, 13. Juni 2017, blog.doist.com/why-were-betting-against-real-time-team-messaging-521804a3da09; und Aleksandra Smelianska, Asynchronous Communication for Remote Teams, YouTeam.io, youteam.io/blog/asynchronous-communication-for-remote-teams.
5. David Pierce, "Turn Off Your Push Notifications. All of Them," *Wired*, 23. Juli 2017, www.wired.com/story/turn-off-your-push-notifications/.
6. "'Infomania' Worse Than Marijuana," BBC News, 22. April 2005, news.bbc.co.uk/2/hi/uk_news/4471607.stm.
7. Fabritius und Hagemann, *Neurohacks: Gehirngerecht und glücklich arbeiten (Campus Verlag, 2009)*.
8. Burkeman, Attentional Commons.
9. Novak, Thinking Cap.
10. Naish, Is Multi-tasking Bad for Your Brain?
11. Clay Shirky, Why I Just Asked My Students to Put Their Laptops Away, Medium, 8. September 2014, medium.com/@cshirky/why-i-just-asked-my-students-to-put-their-laptops-away-7f5f7c50f368.
12. Aaron Gouveia, Everything You've Always Wanted to Know about Wasting Time in the Office, SFGate.com, 28. Juli 2013, www.sfgate.com/jobs/salary/article/2013-Wasting-Time-at-Work-Survey-4374026.php.
13. Adam Gazzaley und Larry Rosen, *Das überforderte Gehirn – Mit Steinzeitwerkzeug in der Hightech-Welt (Redline Verlag, 2017)*.
14. *Siehe* David Rock, *Your Brain at Work: Intelligenter arbeiten, mehr erreichen (Campus Verlag, 2011)*
15. Edward M. Hallowell, *Driven to Distraction at Work* (Boston: Harvard Business Review Press, 2015), 6.
16. Chris Bailey, *HyperFocus* (New York: Viking, 2018), 105–6; Benjamin Hardy, *Willpower Doesn't Work* (New York: Hachette, 2018), 192; sowie Simone M. Ritter und Sam Ferguson, Happy Creativity: Listening to Happy Music

Facilitates Divergent Thinking, *PLOS One*, September 6, 2017, journals.plos. org/plosone/article?id=10.1371/journal.pone.0182210.
17. Dean Burnett, Does Music Really Help You Concentrate? *The Guardian*, 20. August 2016, www.theguardian.com/education/2016/aug/20/does-music-really-help-you-concentrate.
18. *Siehe* Fabritius und Hagemann, *Neurohacks: Gehirngerecht und glücklich arbeiten (Campus Verlag, 2009).*
19. Hardy, *Willpower Doesn't Work*, 190–95.
20. Zu den Vorteilen *siehe* Tim Harford, *Messy: The Power of Disorder to Transform our Lives* (New York: Riverhead, 2016).
21. Erin Doland, Scientists Find Physical Clutter Negatively Affects Your Ability to Focus, Process Information, Unclutterer.com, 29 März 2011, unclutter er.com/2011/03/29/scientists-find-physical-clutter-negatively-affects-your-ability-to-focus-process-information/.
22. *Siehe* das Kapitel über Ablenkung in Rock, *Your Brain at Work*, 45–59.
23. Fabritius und Hagemann, *Neurohacks: Gehirngerecht und glücklich arbeiten (Campus Verlag, 2009).*

Bringen Sie Ihren Fokus auf Touren!

1. Ian Mortimer, *Millennium* (New York: Pegasus, 2016), 237–38.

Abbildungsverzeichnis

Seite 18: © CBS Photo Archives,CBS, Getty Imags
Seite 218: © Bettmann, Getty Images
Seite 266: © Kristin Sweeting
Shutterstock:Seiten 12, 28, 31, 41, 78, 92, 112, 122, 141, 171, 197, 213, 230: ©Notion Pic (1403308610)

Index

A

Abendrituale 119, 121
Ablenkungen 3, 13, 27, 115, 130, 172, 196, 217, 219, 225, 229, 234-235, 240, 242
Ablenkungsökonomie 3-4, 8, 193, 218, 242
Ablenkungszone 45, 97, 99, 147, 177
Affirmation 105
Aktivieren 13, 217, 255
Alleinzone 172
American Psychological Association 6
Angriff 104-105, 137, 195, 202
Angst, etwas zu verpassen 99, 203
Arbeitsblatt 96, 114, 137, 163
  Aufgabenfilter 114, 137, 163
  Focus Defense 235
  Freedom Compass 60
  Tägliche Rituale 137
  Task Filter 60
Arbeitsplatz organisieren 232
Attention Deficit Trait 228
Aufgaben abgeben 150
Aufgabenfilter 95-96, 114, 239
Aufgaben verteilen 60
Aufmerksamkeit, endlich und wertvoll 115
Aufmerksamkeitsdefizitstörung 228
Ausschalten aller Bildschirme 68
Automatisieren 11, 60, 115, 147, 175, 177, 253

B

Backstage 173-178, 180, 185-186, 207
Basilius der Große 33
Beeinträchtigung 66
Befreiende Wahrheiten 54, 59, 250
Beitrag 40, 42, 46, 240, 244, 253
Bequemer Trott 98
Bergab-Aufgaben 227-228, 234
Bergauf-Aufgaben 233
Bertolini, Mark 67
Bewegung 25, 62, 65, 71-74, 76, 81, 86, 204, 241
Beziehungen 7, 27, 62, 71, 74, 76, 85-86, 114, 162, 181, 242
Beziehungs-Audit 76
Beziehungspflege 65, 74, 76, 84, 204
Bezos, Jeff 67, 251

Big 3 120, 195, 200, 203, 206-207, 209, 211-212, 214-215, 221, 235, 240
Brin, Sergey 79
Brown, Stuart 77, 252
Buffet, Warren 79
Burkeman, Oliver 1, 4, 7, 223, 247
Burnett, Dean 231, 256
Burnout 23-24, 101, 147, 249
Bush, George W. 79

C

Carter, Jimmy 79
Center for Creative Leadership 6, 248
Centers for Disease Control and Prevention (CDC) 71, 252
Chesterfield, Lord 168, 188
Churchill, Winston 68, 79
Clayton, Russell 73, 252
Cloud, Henry 75, 252
Computerprogrammierung 132
Costolo, Dick 79
Covey, Stephen R. 243, 255
Curreys, Mason 117

D

Delegationshierarchie 144, 149, 240
Delegieren 11, 60, 139-140, 163, 175
 Delegationsprozess 148
 Delegationsstufen 153-156, 158-159
 klug und organisatorisch sinnvoll 142
 Mentoring 150
 Umfang bestimmen 151
Desinteresse-Zone 44-45, 116, 146
Dillard, Annie 167
Disziplin 55, 59, 210

Dokumentieren 127
Doland, Erin 232
Dopamin 228
Durchbruch 9, 173, 237

E

Edison, Thomas 68
Effizienz 8, 20, 22-23, 26, 29, 34, 68, 74, 195, 248
Eignung 40-41
Einschränkende Überzeugungen 54, 59
Eisenhower, Dwight 79, 179
Eisenhower-Prioritäten-Matrix 200
Eisner, Michael 65
Eliminieren, Prozess des 11, 60, 89, 96, 111, 147, 175, 177, 198, 232, 253
E-Mail 2, 83-84, 104, 107, 120, 123-125, 129, 131-132, 134, 151, 168-169, 176, 178, 203, 205, 219-220, 222-223, 226
 Filtersoftware 132
 Signatur 125
 Vorlagen 107, 123-125, 134, 178
Energie, Dynamik der 64
Energiemanagement 74-75, 85
Energieniveau 64, 68, 70-71, 74
Energievampire 74
Energydrinks 70
Entgegenkommen 104-105
Entspannung 30, 177, 181, 185
enttäuschen, andere 90, 98, 107, 111
Entwicklungspotenzial 56
Entwicklungszone 48, 54, 60, 147
Erfolg 23
 Wege zum 238

Erholung 33, 62, 79, 81, 181
Ericsson, Anders 49
Ernährung 64, 68-70, 86
Erschöpfung 62-63, 208
Essen 1, 65, 68-69, 71, 81, 204
Evaluieren 11, 37, 147, 250
Evernote 128

F

Fabrikarbeiter 20, 33
Fabritius, Friederike 221, 253
Facebook 67, 75-76, 150, 226, 228-229
Familie und Freunde 83
Feedback 106-107, 152, 187, 243
Fließband 17-19
Fluglotsen 191
Focus@Will 231
Fokus 1, 237
Fokus-Taktiken 229
Ford, Henry und Edsel 33
Ford Motors 33
Freedom 229
Free-to-Focus-Programm 239
Freiheit 26
  da zu sein, wirklich 27
  fokussieren, sich zu 26
  nichts zu tun 30
  Spontaneität zu 30
  spontan sein zu dürfen 29
Freiheitskompass 39, 50, 53, 60, 95, 150, 174, 239, 241
Freizeit 25, 53, 76-77, 79, 84, 113, 137, 162, 177, 185, 204, 239, 242
  Bekenntnis zur 113
Freundschaften, Zeit für 76
Fried, Jason 172

Frontstage 173-174, 176-181, 185-186, 207
Frustrationstoleranz 227, 233
Full Focus Planner 180, 190, 206, 212, 215, 267
Fünfzig-Stunden-Regel 63

G

Gartenarbeit 96
Gates, Bill 79
Gazzaley, Adam 227, 256
Gernsback, Hugo 217
Gesundheit 3, 7, 27, 64, 71, 73, 81, 242
Google-Voice-App 222
Grant, Ulysses 79
Grenzen 54, 57, 99, 101, 105, 107, 184-185, 189, 214, 223-224
Grundlinie 239

H

Hagemann, Hans 221
Hallowell, Edward 228
Handeln 11, 162, 165, 241-242
Hansen, Morten T. 63, 250
Hardy, Benjamin 232, 256
Hastings, Reed 67
Heinemeier, David 172, 254
Hektik 4, 80, 172
Hobbys 35, 77, 185, 204, 206, 242
höhere Abwesenheits- und niedrigere Produktivitätsraten 25
Holland, Barbara 68, 251

I

Ideale Woche 102, 167, 169, 179-180, 188-190, 240
 Vorlage für die 190
Identifizieren 126
I Love Lucy (amerikanische Sitcom) 17
Informationsökonomie 3
Innovation 69, 113
Instandhaltung 175-176
Isolator 217, 219, 225, 229, 234-235

J

Jobs, Steve 89, 113
Johnson, Paul 79, 252
Jones, Charlie "Tremendous" 44

K

karoshi (Tod durch Überarbeitung) 25
Kennedy, John F. 68
King, Stephen 237
Knappheitsmentalität 98
Koch, Jim 210
Kompetenz 40-50, 142, 144, 150, 174
Kontraproduktive Produktivität 8
Koordination 175
Kreativität 69, 77, 80, 113, 118, 143, 172, 188
 Abschalten und 30
 Freisetzen von 136
 Natur in der 80
 Umgebungswechsel und 69
 Kultur der sofortigen Bedürfnisbefriedigung 82

L

Lebensziele 32
Leidenschaft 39, 42-50, 60, 110, 142, 144, 147, 150, 174, 177
Lewis, Penelope A. 67, 251

M

MacArthur, Douglas 68
Macro recorder 132
Mahlzeiten 71, 181, 204
McCartney, Paul 98
McKeown, Greg 191, 243
Meetings 4, 18, 102, 114, 159, 170, 172-173, 178, 185, 199-200, 206-207
MegaBatching 169-170, 172-173, 179, 188-189
Mentoring 150
Michel, Alexandra 61, 250
Michelangelo 11, 99
Mikromanagement 152
Mikropausen 80
Miller, Megan Hyatt 48, 245
Mindset 49, 54, 58, 73, 123
Minor, Dylan 75
Mitarbeiter 20, 25, 27, 32, 75, 125, 149, 152-159, 217, 219, 243
Mittagessen 64, 68-69, 71, 107
Morgenrituale 119, 121
Mortimer, Ian 237, 257
Multitasking 167-168, 225, 254
Musik 40, 143, 229, 231
Musiker 40, 45, 187
Musk, Elon 64, 250

N

Nahrungsergänzungsmittel 70
Naish, John 167, 225, 254
Nashville 2, 40, 45, 254, 267
Natur 20, 44, 48, 80-81, 93, 127, 227
Natürliche Lebensmittel 70
Nein sagen 99
Netflix 67, 251
Newport, Cal 145, 167, 226, 243, 255, 271
Nichtstun 30
Nickerchen 68, 184, 204
Notion 128
Not-to-do-Liste 91, 98-99, 114
Nozbe (App) 198, 212
Nullsummenspiel 91, 93

O

Offstage 173, 177, 179-181, 205
Opipari, Ben 72, 252
Optimieren 128
Organisieren 13, 191, 254

P

Pang, Alex Soojung-Kim 187
Pareto-Prinzip 208
Pieper, Josef 25, 249
Pink, Daniel H. 187, 254
Planen 167, 204, 239-240
Poker 91
positives Nein 105
Postrel, Virginia 77, 252
Priorisieren 191, 199, 208
Prioritäten 2, 58-59, 102, 105, 117, 162, 200, 202-203, 206, 211, 234

Produktivität 9-11, 14, 19-21, 23, 25-26, 29-30, 32-36, 39, 46, 50, 52, 54-56, 58-59, 63, 66, 71-72, 75, 86, 91, 94-95, 98, 113, 115, 130, 137, 139, 149, 153, 170, 172, 176, 179, 184, 188, 202, 205, 207, 219-220, 232, 238-239, 241, 244, 250, 267, 269
   Free to Focus Productivity Assessment 14
   Produktivitäts-Score 14
   richtigen Dinge erledigen, die 30
   Überprüfen der eigenen 14
Produktivitätssystem 8, 10, 68, 100, 270
Produktivitätsvision 36, 39, 85
   entwickeln der eigenen 36
Produktivitätsziele 60
Produktivitätszonen 42
Project Vision Caster 163
Projektvisionen 163
Prozess-Automatisierung 116, 126, 128, 135, 137

R

Reflexion 65, 81-82, 84, 204-205
Regeneration 59, 64, 66, 76-77, 79-81, 177, 181, 184-185, 194, 204, 239
Regenerations-Assessment 86
Regenerieren 11, 61, 250
Reinen Tisch machen 239
Rituale 117-119, 135, 137, 169, 175, 186, 239
   Arbeitsbeginn zum 120
   Arbeitsende zum 121
Ronalds, Francis 237

Rosen, Larry 227, 256
Routinen 20, 116, 135
Rückschnitt 96
rückwärts arbeiten 62

S

Scheinarbeit 5, 98, 227
Schinderei-Zone 42-43, 53, 110, 144-147, 149
Schlaf 7, 62, 65-68, 76, 84, 119, 204, 229
Schlafmangel 67, 83
Schnitt 11, 85, 87, 162, 241
Schuldgefühle 203
Screencast-Tools 135
Selbst-Automatisierung 116, 121, 135, 137
Selbst (Thema) 85
Seneca 214, 255
Shirky, Clay 225, 256
Silverman, Rachel Emma 4, 172, 247
Simon, Herbert 3, 242
Slack 6, 115, 120-121, 169, 178, 180, 186, 219-221, 223, 227-228
Smartphone 22, 27
Social Media 120, 134, 150, 169, 227
Sofort-Kommunikation 220, 223, 229
Spiel 25, 36, 77, 81, 90, 93, 116-117, 169, 194, 207, 212
  Freizeit und 65, 76, 204
Staffelungsverlust 192
Stage 175, 180
Stecker ziehen 65, 82-83, 85, 204-205
Stopp 10, 15, 81, 241, 249
Stress 2, 6, 11, 23, 66, 70-71, 73, 160, 223, 248-249
Stresskiller 80

Sullivan, Dan 75, 243
SweetProcess 128

T

Tagebuch führen 119, 205
Taylor, Frederick Winslow 20
Taylorismus 20, 248
Technik 23, 58-59, 102, 130-131, 169, 229
  Automatisierung durch 116, 130, 136-137
Telegraph 247
Testen 129
Textbausteinverwaltung 134
Textnachrichten 222
Themen, Einteilen der 184
Thomas Nelson Publishers 37
Timashev, Ratmir 211
Time-Blockings 102
Tolkien, J. R. R. 68
totale Arbeitswelt 25
Trade-offs 94-95, 99, 202
Training 71-72
Twitter 66, 75, 79, 150, 226, 229

U

überfüllte Zeitpläne 25
überlange Arbeitszeiten 63
Umschalten 167, 227
Umstände 57, 59, 76
Unordnung 98, 176, 232-233
Unterbrechungen 3-4, 13, 27, 29, 168, 187, 196, 205-206, 214, 219-220, 222, 224, 240, 242
Ury, William 103, 253

V

Verdichten 167, 188, 254
Vermeidung 104, 222
Verpflichtungen 24, 57, 90-91, 95, 99, 106, 108-109, 184
  Eliminierung von 95-97, 108, 111
Verschieben 199
Versuch und Irrtum 143
vertiefte Arbeit 172
Verwirrung 154
Verzögern 221
verzögerte Kommunikation 221, 223
Visionieren 10, 17, 248
Vorlagen 123, 125, 175, 178
  Automatisierung durch 116, 121, 123, 135, 137

W

wahren Norden, finden 50
wahren Norden, Finden 239
„Warum" als Wert oder Prinzip 90
Weitergeben 129
Whillans, Ashley 140
Whitehead, Alfred North 115
Wissensarbeiter 20
Wöchentliche Big 3 199-201, 215
Wochenüberblick 189, 194-195, 206-207, 214-215
Workflow 126-130, 137, 150
Workflow Optimizer 130, 137
Workout 93, 184, 204
Wunschzone 46-50, 52-55, 59-60, 95-96, 100, 108, 111, 113, 116, 142-143, 145-147, 149-150, 161-162, 174, 209-211, 233, 240

Z

Zeit
  als fix 100
  begrenzte Ressource 100, 117
  Dynamik der 91
  Grenzen der, Bestimmen 214
  Kontrolle über die 57, 194
  Nullsummenspiel 99
  zurückkaufen 161
Zeitmangel 139
Zeit und Energie 13, 29, 35, 42, 52, 64, 91, 101, 144, 228, 238
Ziele abklären 19

Über den Autor

Michael Hyatt ist der Gründer und CEO von Michael Hyatt & Company, einem Unternehmen für Führungscoaching und -mentoring, das zweimal in der Inc.-5.000-Liste der am schnellsten wachsenden US-Unternehmen aufgeführt wurde. Als langjährige Führungskraft im Verlagswesen war Michael Hyatt der Vorsitzende und CEO des Verlags Thomas Nelson, der jetzt zu HarperCollins gehört. Er ist ein Bestsellerautor der *New York Times*, des *Wall Street Journals* und von *USA Today*, der mehrere Bücher geschrieben hat, darunter *Your Best Year Ever*, *Living Forward* und *Platform: Get Noticed in a Noisy World*. Michael ist der Schöpfer des *Full Focus Planner*, der vierteljährliche Zielevaluation und tägliche Produktivität in einem bewährten System für persönlichen und beruflichen Erfolg kombiniert. Sein Blog und sein wöchentlicher Podcast *Lead to Win* sind Anlaufstellen für Hunderttausende von Unternehmern, leitenden Angestellten und angehenden Führungskräften. Michael und seine Frau Gail sind seit 40 Jahren verheiratet, haben fünf Töchter, drei Schwiegersöhne und acht Enkelkinder. Sie leben in der Nähe von Nashville, Tennessee. Weitere Informationen finden Sie unter MichaelHyatt.com.

Stimmen zum Buch

„Eine Brücke zwischen unseren Träumen und ihrer Erfüllung zu schlagen, erfordert massiven und entschlossenen Einsatz. Ein Grund dafür, dass so wenige von uns das erreichen, was sie wirklich wollen, liegt darin, dass wir keinen Fokus haben; wir konzentrieren nie unsere Kräfte. Keiner hat das besser verstanden als Michael Hyatt, der in seinem neuen Buch *Setze deinen Fokus!* einen neuen, einfach nachzuvollziehenden Ansatz entwickelt, um diese Kraft nutzbar zu machen."
Tony Robbins, Autor des Nr.-1-Bestsellers der New-York-Times
Unangreifbar: Deine Strategie für finanzielle Freiheit

„Michael Hyatt ist einer der führenden amerikanischen Experten auf dem Gebiet der Produktivität. Er weiß wirklich, wovon er spricht! Deshalb bin ich mir sicher, dass Sie dem, was Sie in *Setze deinen Fokus!* finden, absolut vertrauen können. Das Buch wird Sie dazu bringen, Ihre Zeit sinnvoll zu nutzen und eine bessere Version der Person zu werden, die in Ihnen angelegt ist."
Dave Ramsey, Bestsellerautor, Geschäftsmann und Radiomoderator

„Ich war dort, wo Sie sich jetzt vielleicht gerade befinden – begraben unter einem Berg täglicher Aufgaben, habe ich zugesehen, wie meine vorrangigsten Ziele und Projekte immer weiter in unerreichbare Ferne rückten. Hier kommt die Lösung: Michael Hyatt hat ein Produktivitätssystem geschaffen, das wirklich funktioniert. *Setze deinen Fokus* wird Sie nicht enttäuschen."
Lewis Howes, Autor des New-York-Times-Bestsellers *The School of Greatness*

„Raus aus dem Hamsterrad! Einfach nur schneller laufen bringt Sie nicht dorthin, wo Sie hinwollen – außer Sie jagen den richtigen Dingen hinterher. *Setze deinen Fokus* bietet einen praktischen, flexiblen Rahmen, um Ihr Leben auf das Wesentliche zu konzentrieren und jeden Tag Ihre volle Kraft zu entfalten. Michael Hyatt hat Tausenden von Menschen geholfen, die Kontrolle über ihr Leben zurückzugewinnen, und das wird er auch für Sie tun."
Todd Henry, Autor von *The Accidental Creative*

„Man will uns weismachen, dass Erfolg Knochenarbeit und endlose Stunden im Büro erfordert. Und dann treffen wir die wirklich Erfolgreichen, die scheinbar in kürzerer Zeit mehr schaffen als alle anderen. Michael Hyatt beleuchtet in seinem neuen Buch *Setze deinen Fokus!* die Geheimnisse der produktivsten Menschen. Mit seinen bewährten Methoden, untermauert von solider Wissenschaft, werden Sie schneller starten, weiter kommen und besser performen, als Sie es je für möglich gehalten hätten."
Skip Prichard, CEO bei OCLC, Inc.,
Autor des Wall-Street-Journal-Bestsellers *The Book of Mistakes: 9 Secrets to Creating a Successful Future*

„Ich kenne Michael seit Langem und dieses Buch ist eines seiner besten. Er gibt uns nicht nur eine riesige Werkzeugkiste an die Hand, sondern erklärt uns auch, warum wir die Werkzeuge brauchen und hilft uns, für jede Aufgabe das passende auszuwählen."
Bob Goff, Autor der New-York-Times-Bestseller *Everybody Always* und *Lebe. Liebe. Los!*

„Letztendlich wird das, was Sie in irgendeinem Bereich Ihres Lebens schaffen, von Ihrer Fähigkeit bestimmt, sich auf etwas zu fokussieren. Was Sie mit *Setze deinen Fokus!* in der Hand haben, ist ein funktionierendes ‚Benutzerhandbuch', das darlegt, wie Sie Ihren Fokus in jedem Bereich Ihres Lebens einsetzen können. Vieles von dem, was Sie in diesem Buch finden, wird neu für Sie sein – und vielleicht sogar eher kontraintuitiv –, aber es basiert auf den Daten tausender Klienten, mit denen Michael gearbeitet hat. Lesen Sie dieses Buch, um Ihren Fokus zu finden."
Jeff Walker, Autor des Nr.-1-Bestsellers der New-York-Times *Launch*

„Fleiß an sich ist bedeutungslos. Worauf es ankommt, ist die konsequente Erledigung der Arbeit, auf die es wirklich ankommt. Dieses Buch zeigt Ihnen wie."
Cal Newport, Autor des New-York-Times-Bestsellers *Digitaler Minimalismus: Besser leben mit weniger Technologie*

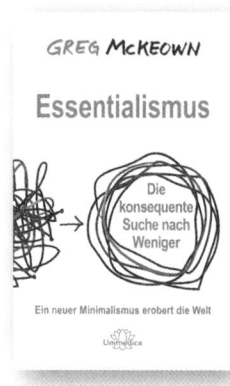

Greg McKeown
Essentialismus
Die konsequente Suche nach Weniger. Ein neuer Minimalismus erobert die Welt

304 Seiten, kart., € 19,80

Sich nicht zu verzetteln und mit ganzem Herzen das zu verfolgen, was wirklich wichtig ist: Das ist der Weg des Essentialisten. Der Google-Coach und Bestseller-Autor Greg McKeown teilt in diesem Buch seine Erfahrungen im Umgang mit den Top-Managern der erfolgreichsten Unternehmer dieser Welt mit, um zu zeigen, wie man mit weniger sehr viel mehr erreichen kann.
Die Strategie von McKeown, der Weg des Essentialisten, hat schon viele aus dem Griff der Belanglosigkeiten und konstanten Überforderung befreit. Die Geheimformel: Weniger, aber besser!
In vier praktischen Schritten zeigt McKeown, der nach der Promotion in Stanford eine Firma für Strategie und Leadership im Silicon Valley gegründet hat, auszusortieren und die richtigen Fragen zu stellen, die Energie auf das zu lenken, was wirklich zählt. Dabei ist sein Buch keine neue Zeitmanagementstrategie oder Produktivitätstechnik. Es geht vielmehr darum, das Wesentliche vom Unwesentlichen zu unterscheiden und mit Disziplin das zu verfolgen, was die eigene größte Stärke ist.

Nagisa Tatsumi
Die Kunst des Wegwerfens
Wie man sich von unnötigem Ballast befreit und dadurch mehr Freude am Leben hat. Über 2 Millionen Exemplare weltweit verkauft.

160 Seiten, kart., € 16,80

Der Bestseller von Nagisa Tatsumi ist zum Auslöser einer weltweiten und extrem erfolgreichen Aufräum- und Ordnungsbewegung geworden.
Nagisa Tatsumi zeigt, dass man sich mit ein paar Tricks vom Ballast überflüssiger Sachen nachhaltig befreien kann. Zehn einfache Grundregeln führen in die Kunst des Entrümpelns ohne Reue ein. Praktische Tipps erleichtern das Aussortieren und ressourcenschonende Entsorgen.
Ein unverzichtbarer Ratgeber für alle, die sich innerlich wie äußerlich mehr Leichtigkeit und Ordnung in ihrem Leben wünschen. Die Kunst des Wegwerfens wurzelt tief im japanischen Minimalismus und schärft den Blick für die Dinge, die wirklich glücklich machen.

Michael Greger / Gene Stone
How Not To Die
Entdecken Sie Nahrungsmittel, die Ihr Leben verlängern und bewiesenermaßen Krankheiten vorbeugen und heilen

512 Seiten, geb., € 24,80

Bereits über 100.000 verkaufte Exemplare der Deutschen Ausgabe.
Die meisten aller frühzeitigen Todesfälle ließen sich verhindern – und zwar, so überraschend es klingen mag, durch einfache Änderungen der eigenen Lebens- und Ernährungsweise.
Dr. Michael Greger, international renommierter Arzt, Ernährungswissenschaftler und Gründer des Online-Informationsportals Nutritionfacts.org, lüftet in seinem weltweit außergewöhnlich erfolgreichen Bestseller das am besten gehütete Geheimnis der Medizin: Wenn die Grundbedingungen stimmen, kann sich der menschliche Körper selbst heilen.
In How Not To Die analysiert Greger die häufigsten 15 Todesursachen der westlichen Welt, zu denen z. B. Herzerkrankungen, Krebs, Diabetes, Bluthochdruck und Parkinson zählen, und erläutert auf Basis der neuesten wissenschaftlichen Forschungsergebnisse, wie diese verhindert, in ihrer Entstehung aufgehalten oder sogar rückgängig gemacht werden können.

Pete Walker
Posttraumatische Belastungsstörung
Vom Überleben zu neuem Leben. Ein praktischer Ratgeber zur Überwindung von Kindheitstraumata

360 Seiten, geb., € 22,80

Eine komplexe Posttraumatische Belastungsstörung (K-PTBS) ist weder angeboren noch charakterbedingt. Von dieser grundlegenden These ausgehend, hat der Autor und Therapeut Pete Walker seinen einzigartigen multimodalen Ansatz zur (Selbst-)Hilfe entwickelt, der ihn international bekannt machte. Geschrieben aus der Sicht eines Betroffenen und eines zugleich hoch spezialisierten Therapeuten, vereinigt Walker in diesem Buch Authentizität und fachliche Kompetenz zu einem eigenständigen methodischen Konzept, das unzähligen Betroffenen bereits neue Lebensqualität geschenkt hat.